计量史学译丛

主编 [法] 克洛德·迪耶博 Claude Diebolt
[美] 迈克尔·豪珀特 Michael Haupert

政府、健康与福利

曾江 霍钊 译

格致出版社 上海人民出版社

中文版推荐序一

量化历史研究是交叉学科，是用社会科学理论和量化分析方法来研究历史，其目的是发现历史规律，即人类行为和人类社会的规律。量化历史研究称这些规律为因果关系；量化历史研究的过程，就是发现因果关系的过程。

历史资料是真正的大数据。当代新史学的发展引发了“史料革命”，扩展了史料的范围，形成了多元的史料体系，进而引发了历史资料的“大爆炸”。随着历史大数据时代的到来，如何高效处理大规模史料并从中获得规律性认识，是当代历史学面临的新挑战。中国历史资料丰富，这是中华文明的优势，但是，要发挥这种优势、增加我们自己乃至全人类对我们过去的认知，就必须改进研究方法。

量化分析方法和历史大数据相结合，是新史学的重要内容，也是历史研究领域与时俱进的一种必然趋势。量化历史既受益于现代计算机、互联网等技术，也受益于现代社会科学分析范式的进步。按照诺贝尔经济学奖获得者、经济史学家道格拉斯·诺思的追溯，用量化方法研究经济史问题大致起源于 1957 年。20 世纪六七十年代，量化历史变得流行，后来其热度又有所消退。但 20 世纪 90 年代中期后，新一轮研究热潮再度引人注目。催生新一轮研究的经典作品主要来自经济学领域。在如何利用大数据论证历史假说方面，经济史学者做了许多方法论上的创新，改变了以往只注重历史数据描述性分析、相关性分析的传统，将历史研究进一步往科学化的方向推进。量化历史不是“热潮不热潮”的问题，而是史学研究必须探求的新方法。否则，我们难以适应新技术和海量历史资料带来的便利和挑战。

理解量化历史研究的含义，一般需要结合三个角度，即社会科学理论、量化分析方法、历史学。量化历史和传统历史学研究一样注重对历史文献的考证、确认。如果原始史料整理出了问题，那么不管采用什么研究方法，由此推出的结论都难言可信。两者的差别在于量化方法会强调在史料的基础上尽可能寻找其中的数据，或者即使没有明确的数据也可以努力去量化。

不管哪个领域，科学研究的基本流程应该保持一致：第一，提出问题和假说。第二，根据提出的问题和假说去寻找数据，或者通过设计实验产生数据。第三，做统计分析，检验假说的真伪，包括选择合适的统计分析方法识别因果关系、做因果推断，避免把虚假的相关性看成因果关系。第四，根据分析检验的结果做出解释，如果证伪了原假说，那原假说为什么错了？如果验证了原假说，又是为什么？这里，挖掘清楚“因”导致“果”的实际传导机制甚为重要。第五，写报告文章。传统历史研究在第二步至第四步上做得不够完整。所以，量化历史方法不是要取代传统历史研究方法，而是对后者的一种补充，是把科学研究方法的全过程带入历史学领域。

量化历史方法不仅仅“用数据说话”，而且提供了一个系统研究手段，让我们能同时把多个假说放在同一个统计回归分析里，看哪个解释变量、哪个假说最后能胜出。相比之下，如果只是基于定性讨论，那么这些不同假说可能听起来都有道理，无法否定哪一个，因而使历史认知难以进步。研究不只是帮助证明、证伪历史学者过去提出的假说，也会带来对历史的全新认识，引出新的研究话题与视角。

统计学、计量研究方法很早就发展起来了，但由于缺乏计算软件和数据库工具，在历史研究中的应用一直有限。最近四十年里，电脑计算能力、数据库化、互联网化都突飞猛进，这些变迁带来了最近十几年在历史与社会科学领域的知识革命。很多原来无法做的研究今天可以做，由此产生的认知越来越广、越来越深，同时研究者的信心大增。今天历史大数据库也越来越多、越来越可行，这就使得运用量化研究方法成为可能。研究不只是用数据说话，也不只是统计检验以前历史学家提出的假说，这种新方法也可以带来以前人们想不到的新认知。

强调量化历史研究的优势，并非意味着这些优势很快就能够实现，一项好的量化历史研究需要很多条件的配合，也需要大量坚实的工作。而量化历史研究作为一个新兴领域，仍然处于不断完善的过程之中。在使用量化历史研究方法的过程中，也需要注意其适用的条件，任何一种方法都有其适用的范围和局限，一项研究的发展也需要学术共同体的监督和批评。量化方法作为“史无定法”中的一种方法，在历史大数据时代，作用将越来越大。不是找到一组历史数据并对其进行回归分析，然后就完成研究了，而是要认真考究史料、摸清史料的历史背景与社会制度环境。只有这样，才能更贴切地把握所研究的因果关系链条和传导机制，增加研究成果的价值。

未来十年、二十年会是国内研究的黄金期。原因在于两个方面：一是对量化方法的了解、接受和应用会越来越多，特别是许多年轻学者会加入这个行列。二是中国史料十分丰富，但绝大多数史料以前没有被数据库化。随着更多历史数据库的建立并且可以低成本地获得这些数据，许多相对容易做的量化历史研究一下子就变得可行。所以，从这个意义上讲，越早进入这个领域，越容易产出一些很有新意的成果。

我在本科和硕士阶段的专业都是工科，加上博士阶段接受金融经济学和量化方法的训练，很自然会用数据和量化方法去研究历史话题，这些年也一直在推动量化历史研究。2013年，我与清华大学龙登高教授、伦敦经济学院马德斌教授等一起举办了第一届量化历史讲习班，就是希望更多的学人关注该领域的研究。我的博士后熊金武负责了第一届和第二届量化历史讲习班的具体筹备工作，也一直担任“量化历史研究”公众号轮值主编等工作。2019年，他与格致出版社唐彬源编辑联系后，组织了国内优秀的老师，启动了“计量史学译丛”的翻译工作。该译丛终于完成，实属不易。

“计量史学译丛”是《计量史学手册》(*Handbook of Cliometrics*)的中文译本，英文原书于2019年11月由施普林格出版社出版，它作为世界上第一部计量史学手册，是计量史学发展的一座里程碑。该译丛是全方位介绍计量史学研究方法、应用领域和既有研究成果的学术性研究丛书，涉及的议题非常广泛，从计量史学发展的学科史、人力资本、经济增长，到银行金融业、创新、公共政策和经济周期，再到计量史学方法论。其中涉及的部分研究文献已经在“量化历史研究”公众号上被推送出来，足以说明本套译丛的学术前沿性。

同时，该译丛的各章均由各研究领域公认的顶级学者执笔，包括2023年获得诺贝尔经济学奖的克劳迪娅·戈尔丁，1993年诺贝尔经济学奖得主罗伯特·福格尔的长期研究搭档、曾任美国经济史学会会长的斯坦利·恩格尔曼，以及量化历史研讨班授课教师格里高利·克拉克。这套译丛既是向学界介绍计量史学的学术指导手册，也是研究者开展计量史学研究的方法性和写作范式指南。

“计量史学译丛”的出版顺应了学界当下的发展潮流。我们相信，该译丛将成为量化历史领域研究者的案头必备之作，而且该译丛的出版能吸引更多学者加入量化历史领域的研究。

陈志武

香港大学经管学院金融学讲座教授、

香港大学香港人文社会研究所所长

中文版推荐序二

马克思在1868年7月11日致路德维希·库格曼的信中写道："任何一个民族，如果停止劳动，不用说一年，就是几个星期，也要灭亡，这是每一个小孩都知道的。人人都同样知道，要想得到和各种不同的需要量相适应的产品量，就要付出各种不同的和一定数量的社会总劳动量。这种按一定比例分配社会劳动的必要性，决不可能被社会生产的一定形式所取消，而可能改变的只是它的表现形式，这是不言而喻的。自然规律是根本不能取消的。在不同的历史条件下能够发生变化的，只是这些规律借以实现的形式。"在任何时代，人们的生产生活都涉及数量，大多表现为连续的数量，因此一般是可以计算的，这就是计量。

传统史学主要依靠的是定性研究方法。定性研究以普遍承认的公理、演绎逻辑和历史事实为分析基础，描述、阐释所研究的事物。它们往往依据一定的理论与经验，寻求事物特征的主要方面，并不追求精确的结论，因此对计量没有很大需求，研究所得出的成果主要是通过文字的形式来表达，而非用数学语言来表达。然而，文字语言具有多义性和模糊性，使人难以精确地认识历史的真相。在以往的中国史研究中，学者们经常使用诸如"许多""很少""重要的""重大的""严重的""高度发达""极度衰落"一类词语，对一个朝代的社会经济状况进行评估。由于无法确定这些文字记载的可靠性和准确性，研究者的主观判断又受到各种主客观因素的影响，因此得出的结论当然不可能准确，可以说只是一些猜测。由此可见，在传统史学中，由于计量研究的缺失或者被忽视，导致许多记载和今天依据这些记载得出的结论并不可靠，难以成为信史。

因此，在历史研究中采用计量研究非常重要，许多大问题，如果不使用计量方法，可能会得出不符合事实甚至是完全错误的结论。例如以往我国历史学界的一个主流观点为：在中国传统社会中，建立在“封建土地剥削和掠夺”的基础上的土地兼并，是农民起义爆发的根本原因。但是经济学家刘正山通过统计方法表明这些观点站不住脚。

如此看来，运用数学方法的历史学家研究问题的起点就与通常的做法不同；不是从直接收集与感兴趣的问题相关的材料开始研究，而是从明确地提出问题、建立指标体系、提出假设开始研究。这便规定了历史学家必须收集什么样的材料，以及采取何种方法分析材料。在收集和分析材料之后，这些历史学家得出有关结论，然后用一些具体历史事实验证这些结论。这种研究方法有两点明显地背离了分析历史现象的传统做法：研究对象必须经过统计指标体系确定；在历史学家研究具体史料之前，已经提出可供选择的不同解释。然而这种背离已被证明是正确的，因为它不仅在提出问题方面，而且在解决历史学家所提出的任务方面，都表现出精确性和明确性。按照这种方法进行研究的历史学家，通常用精确的数量进行评述，很少使用诸如“许多”“很少”“重要的”“重大的”这类使分析结果显得不精确的词语进行评估。同时，我们注意到，精确、具体地提出问题和假设，还节省了历史学家的精力，使他们可以更迅速地达到预期目的。

但是，在历史研究中使用数学方法进行简单的计算和统计，还不是计量史学(Cliometrics)。所谓计量史学并不是一个严谨的概念。从一般的意义上讲，计量史学是对所有有意识地、系统地采用数学方法和统计学方法从事历史研究的工作的总称，其主要特征为定量分析，以区别于传统史学中以描述为主的定性分析。

计量史学是在社会科学发展的推动下出现和发展起来的。随着数学的日益完善和社会科学的日益成熟，数学在社会科学研究中的使用愈来愈广泛和深入，二者的结合也愈来愈紧密，到了20世纪更成为社会科学发展的主要特点之一，对于社会科学的发展起着重要的作用。1971年国际政治学家卡尔・沃尔夫冈・多伊奇(Karl Wolfgone Deutsch)发表过一项研究报告，详细地列举了1900—1965年全世界的62项社会科学方面的重大进展，并得出如下的结论：“定量的问题或发现(或者兼有)占全部重大进展的三分之二，占1930年以来重大进展的六分之五。”

作为一个重要的学科，历史学必须与时俱进。20世纪70年代，时任英国历史学会会长的历史学家杰弗里·巴勒克拉夫(Geoffrey Barractbugh)受联合国教科文组织委托，总结第二次世界大战后国际历史学发展的情况，他写道:“推动1955年前后开始的‘新史学’的动力，主要来自社会科学。”而“对量的探索无疑是历史学中最强大的新趋势”，因此当代历史学的突出特征就是“计量革命”。历史学家在进行研究的时候，必须关注并学习社会科学其他学科的进展。计量研究方法是这些进展中的一个主要内容，因此在“计量革命”的背景下，计量史学应运而生。

20世纪中叶以来，电子计算机问世并迅速发展，为计量科学手段奠定了基础，计量方法的地位日益提高，逐渐作为一种独立的研究手段进入史学领域，历史学发生了一次新的转折。20世纪上半叶，计量史学始于法国和美国，继而扩展到西欧、苏联、日本、拉美等国家和地区。20世纪60年代以后，电子计算机的广泛应用，极大地推动了历史学研究中的计量化进程。计量史学的研究领域也从最初的经济史，扩大到人口史、社会史、政治史、文化史、军事史等方面。应用计量方法的历史学家日益增多，有关计量史学的专业刊物大量涌现。

计量史学的兴起大大推动了历史研究走向精密化。传统史学的缺陷之一是用一种模糊的语言解释历史，缺陷之二是历史学家往往随意抽出一些史料来证明自己的结论，这样得出的结论往往是片面的。计量史学则在一定程度上纠正了这种偏差，并使许多传统的看法得到检验和修正。计量研究还使历史学家发现了许多传统定性研究难以发现的东西，加深了对历史的认识，开辟了新的研究领域。历史学家马尔雪夫斯基说:“今天的历史学家们给予‘大众’比给予‘英雄’以更多的关心，数量化方法没有过错，因为它是打开这些无名且无记录的几百万大众被压迫秘密的一把钥匙。”由于采用了计量分析，历史学家能够更多地把目光转向下层人民群众以及物质生活和生产领域，也转向了家庭史、妇女史、社区史、人口史、城市史等专门史领域。另外，历史资料的来源也更加广泛，像遗嘱、死亡证明、法院审判记录、选票、民意测验等，都成为计量分析的对象。计算机在贮存和处理资料方面拥有极大优势，提高了历史研究的效率，这也是计量史学迅速普及的原因之一。

中国史研究中使用计量方法始于20世纪30年代。在这个时期兴起的社会经济史研究，表现出了明显的社会科学化取向，统计学方法受到重视，并在经济史的一些重要领域（如户口、田地、租税、生产，以及财政收支等）被广泛采用。1935年，史学家梁方仲发表《明代户口田地及田赋统计》一文，并对利用史籍中的数字应当注意的问题作了阐述。由此他被称为"把统计学的方法运用到史学研究的开创者之一"。1937年，邓拓的《中国救荒史》出版，该书统计了公元前18世纪以来各世纪自然灾害的频数，并按照朝代顺序进行了简单统计。虽然在统计过程中对数据的处理有许多不完善的地方，但它是中国将统计方法运用在长时段历史研究中的开山之作。1939年，史学家张荫麟发表《北宋的土地分配与社会骚动》一文，使用北宋时期主客户分配的统计数字，说明当时几次社会骚动与土地集中无关。这些都表现了经济史学者使用计量方法的尝试。更加专门的计量经济史研究的开创者是巫宝三。1947年，巫宝三的《国民所得概论（一九三三年）》引起了海内外的瞩目，成为一个标志性的事件。但是在此之后，中国经济史研究中使用计量方法的做法基本上停止了。

到了改革开放以后，使用计量方法研究历史的方法重新兴起。20世纪末和21世纪初，中国的计量经济史研究开始进入一个新阶段。为了推进计量经济史的发展，经济学家陈志武与清华大学、北京大学和河南大学的学者合作，于2013年开始每年举办量化历史讲习班，参加讲习班接受培训的学者来自国内各高校和研究机构，人数总计达数百人。尽管培训的实际效果还需要时间检验，但是如此众多的中青年学者踊跃报名参加培训这件事本身，就已表明中国经济史学界对计量史学的期盼。越来越多的人认识到：计量方法在历史研究中的重要性是无人能够回避的；计量研究有诸多方法，适用于不同题目的研究。

为了让我国学者更多地了解计量史学的发展，熊金武教授组织多位经济学和历史学者翻译了这套"计量史学译丛"，并由格致出版社出版。这套丛书源于世界上第一部计量史学手册，同时也是计量史学发展的一座里程碑。丛书全面总结了计量史学对经济学和历史学知识的具体贡献。丛书各卷均由各领域公认的大家执笔，系统完整地介绍了计量史学对具体议题的贡献和计量史学方法论，是一套全方位介绍计量史学研究方法、应用领域和既有研究成果的学术性研究成果。它既是向社会科学同行介绍计量史学的学术指导手册，也是研究者实际开展计量史学研究的方法和写作范式指南。

在此，衷心祝贺该译丛的问世。

李伯重
北京大学人文讲席教授

中文版推荐序三

许多学术文章都对计量史学进行过界定和总结。这些文章的作者基本上都是从一个显而易见的事实讲起，即计量史学是运用经济理论和量化手段来研究历史。他们接着会谈到这个名字的起源，即它是由“克利俄”(Clio，司掌历史的女神)与“度量”(metrics，“计量”或“量化的技术”)结合而成，并由经济学家斯坦利·雷特与经济史学家兰斯·戴维斯和乔纳森·休斯合作创造。实际上，可以将计量史学的源头追溯至经济史学的发端。19世纪晚期，经济史学在德国和英国发展成为独立的学科。此时，德国的施穆勒和英国的约翰·克拉彭爵士等学术权威试图脱离标准的经济理论来发展经济史学。在叛离古典经济学演绎理论的过程中，经济史成了一门独特的学科。经济史最早的形式是叙述，偶尔会用一点定量的数据来对叙述予以强化。

历史学派的初衷是通过研究历史所归纳出的理论，来取代他们所认为的演绎经济学不切实际的理论。他们的观点是，最好从实证和历史分析的角度出发，而不是用抽象的理论和演绎来研究经济学。历史学派与抽象理论相背离，它对抽象理论的方法、基本假设和结果都批评甚多。19世纪80年代，经济历史学派开始分裂。比较保守的一派，即继承历史学派衣钵的历史经济学家们完全不再使用理论，这一派以阿道夫·瓦格纳(Adolph Wagner)为代表。另一派以施穆勒为代表，第一代美国经济史学家即源于此处。在英国，阿尔弗雷德·马歇尔(Alfred Marshall)和弗朗西斯·埃奇沃斯(Francis Edgeworth)代表着“老一派”的对立面，在将正式的数学模型纳入经济学的运动中，他们站在最前沿。

在20世纪初，经济学这门学科在方法上变得演绎性更强。随着自然科学声望日隆，让经济学成为一门科学的运动兴起，此时转而形成一种新认知，即经济学想要在社会科学的顶峰占据一席之地，就需要将其形式化，并且要更多地依赖数学模型。之后一段时期，史学运动衰落，历史经济学陷入历史的低谷。第一次世界大战以后，经济学家们研究的理论化程度降低了，他们更多采用统计的方法。第二次世界大战以后，美国经济蓬勃发展，经济学家随之声名鹊起。经济学有着严格缜密的模型，使用先进的数学公式对大量的数值数据进行检验，被视为社会科学的典范。威廉·帕克(William Parker)打趣道，如果经济学是社会科学的女王，那么经济理论就是经济学的女王，计量经济学则是它的侍女。与此同时，随着人们越来越注重技术，经济学家对经济增长的决定因素越来越感兴趣，对所谓世界发达地区与欠发达地区之间差距拉大这个问题也兴趣日增。他们认为，研究经济史是深入了解经济增长和经济发展问题的一个渠道，他们将新的量化分析方法视为理想的分析工具。

"新"经济史，即计量史学的正式形成可以追溯到1957年经济史协会(1940年由盖伊和科尔等"老"经济史学家创立)和"收入与财富研究会"(归美国国家经济研究局管辖)举办的联席会议。计量史学革命让年轻的少壮派、外来者，被老前辈称为"理论家"的人与"旧"经济史学家们形成对立，而后者更像是历史学家，他们不太可能会依赖定量的方法。他们指责这些新手未能正确理解史实，就将经济理论带入历史。守旧派声称，实际模型一定是高度概括的，或者是特别复杂的，以致不能假设存在数学关系。然而，"新"经济史学家主要感兴趣的是将可操作的模型应用于经济数据。到20世纪60年代，"新""旧"历史学家之间的争斗结束了，结果显而易见：经济学成了一门"科学"，它构建、检验和使用技术复杂的模型。当时计量经济学正在兴起，经济史学家分成了两派，一派憎恶计量经济学，另一派则拥护计量经济学。憎恶派的影响力逐渐减弱，其"信徒"退守至历史系。

"新""旧"经济史学家在方法上存在差异，这是不容忽视的。新经济史学家所偏爱的模型是量化的和数学的，而传统的经济史学家往往使用叙事的模式。双方不仅在方法上存在分歧，普遍接受的观点也存在分裂。计量史学家使用自己新式的工具推翻了一些人们长期秉持的看法。有一些人们公认的观点被计量史学家推翻了。一些人对"新"经济史反应冷淡，因为他们认为"新"经济史对传统史学的方法构成了威胁。但是,另外一些人因为"新"经济史展示出的可能性而对它表示热烈欢迎。

计量史学的兴起导致研究计量史学的经济学家与研究经济史的历史学家之间出现裂痕,后者不使用形式化模型,他们认为使用正规的模型忽略了问题的环境背景,过于迷恋统计的显著性,罔顾情境的相关性。计量史学家将注意力从文献转移到了统计的第一手资料上,他们强调使用统计技术,用它来检验变量之间的假定关系是否存在。另一方面,对于经济学家来说计量史学也没有那么重要了,他们只把它看作经济理论的另外一种应用。虽然应用经济学并不是什么坏事,但计量史学并没有什么特别之处——只不过是将理论和最新的量化技术应用在旧数据上,而不是将其用在当下的数据上。也就是说,计量史学强调理论和形式化模型,这一点将它与"旧"经济史区分开来,现在,这却使经济史和经济理论之间的界线模糊不清,以至于有人质疑经济史学家是否有存在的必要,而且实际上许多经济学系已经认为不再需要经济史学家了。

中国传统史学对数字和统计数据并不排斥。清末民初,史学研究和统计学方法已经有了结合。梁启超在其所著的《中国历史研究法》中,就强调了统计方法在历史研究中的作用。巫宝三所著的《中国国民所得(一九三三年)》可谓中国史领域中采用量化历史方法的一大研究成果。此外,梁方仲、吴承明、李埏等经济史学者也重视统计和计量分析工具,提出了"经济现象多半可以计量,并表现为连续的量。在经济史研究中,凡是能够计量的,尽可能做些定量分析"的观点。

在西方大学的课程和经济学研究中,计量经济学与经济史紧密结合,甚至被视为一体。然而,中国的情况不同,这主要是因为缺乏基础性历史数据。欧美经济学家在长期的数据开发和积累下,克服了壁垒,建立了一大批完整成熟的历史数据库,并取得了一系列杰出的成果,如弗里德曼的货币史与货币理论,以及克劳迪娅·戈尔丁对美国女性劳动历史的研究等,为计量经济学的科学研究奠定了基础。然而,整理这样完整成熟的基础数据库需要巨大的人力和资金,是一个漫长而艰巨的过程。

不过,令人鼓舞的是,国内一些学者已经开始这项工作。在量化历史讲习班上,我曾提到,量化方法与工具从多个方面推动了历史研究的发现和创新。量化历史的突出特征就是将经济理论、计量技术和其他规范或数理研究方法应用于社会经济史研究。只有真正达到经济理论和定量分析方法的互动融合，才可以促进经济理论和经济史学的互动发展。然而，传统史学也有不容忽视的方面，例如人的活动、故事的细节描写以及人类学的感悟与体验，它们都赋予历史以生动性与丰富性。如果没有栩栩如生的人物与细节，历史就变成了手术台上被研究的标本。历史应该是有血有肉的，而不仅仅是枯燥的数字，因为历史是人类经验和智慧的记录，也是我们沟通过去与现在的桥梁。通过研究历史，我们能够深刻地了解过去的文化、社会、政治和经济背景，以及人们的生活方式和思维方式。

中国经济史学者在国际量化历史研究领域具有显著的特点。近年来，中国学者在国际量化历史研究中崭露头角，通过量化历史讲习班与国际学界密切交流。此外，大量中国学者通过采用中国历史数据而作出的优秀研究成果不断涌现。这套八卷本"计量史学译丛"的出版完美展现了当代经济史、量化历史领域的前沿研究成果和通用方法，必将促进国内学者了解国际学术前沿，同时我们希望读者能够结合中国历史和数据批判借鉴，推动对中国文明的长时段研究。

龙登高

清华大学社会科学学院教授、中国经济史研究中心主任

英文版总序

目标与范畴

新经济史[New Economic History，这个术语由乔纳森·休斯(Jonathan Hughes)提出]，或者说计量史学[Cliometrics，由斯坦·雷特(Stan Reiter)创造]最近才出现，它字面上的意思是对历史进行测量。人们认为，阿尔弗雷德·康拉德(Alfred Conrad)和约翰·迈耶(John Meyer)是这个领域的拓荒者，他们1957年在《经济史杂志》(*Journal of Economic History*)上发表了《经济理论、统计推断和经济史》(Economic Theory, Statistical Inference and Economic History)一文，该文是二人当年早些时候在经济史协会(Economic History Association)和美国国家经济研究局(NBER)"收入与财富研究会"(Conference on Research in Income and Wealth)联席会议上发表的报告。他们随后在1958年又发表了一篇论文，来对计量史学的方法加以说明，并将其应用在美国内战前的奴隶制问题上。罗伯特·福格尔(Robert Fogel)关于铁路对美国经济增长影响的研究工作意义重大，从广义上讲是经济学历史上一场真正的革命，甚至是与传统的彻底决裂。它通过经济学的语言来表述历史，重新使史学在经济学中占据一席之地。如今，甚至可以说它是经济学一个延伸的领域，引发了新的争论，并且对普遍的看法提出挑战。计量经济学技术和经济理论的使用，使得对经济史的争论纷纭重起，使得对量化的争论在所难免，并且促使在经济学家们中间出现了新的历史意识(historical awareness)。

计量史学并不仅仅关注经济史在有限的、技术性意义上的内容,它更在整体上改变了历史研究。它体现了社会科学对过往时代的定量估计。知晓奴隶制是否在美国内战前使美国受益,或者铁路是否对美国经济发展产生了重大影响,这些问题对于通史和经济史来说同样重要,而且必然会影响到任何就美国历史进程所作出的(人类学、法学、政治学、社会学、心理学等)阐释或评价。

此外,理想主义学派有一个基本的假设,即认为历史永远无法提供科学证据,因为不可能对独特的历史事件进行实验分析。计量史学对这一基本假设提出挑战。计量史学家已经证明,恰恰相反,通过构造一个反事实,这种实验是能做到的,可以用反事实来衡量实际发生的事情和在不同情况下可能发生的事情之间存在什么差距。

众所周知,罗伯特·福格尔用反事实推理来衡量铁路对美国经济增长的影响。这个方法的原理也许和历史的时间序列计量经济学一样,是计量史学对一般社会科学研究人员,特别是对历史学家最重要的贡献。

方法上的特点

福格尔界定了计量史学方法上的特征。他认为,在承认计量和理论之间存在紧密联系的同时,计量史学也应该强调计量,这一点至关重要。事实上,如果没有伴随统计和/或计量经济学的处理过程和系统的定量分析,计量只不过是另一种叙述历史的形式,诚然,它用数字代替了文字,却并未带来任何新的要素。相比之下,当使用计量史学尝试对过去经济发展的所有解释进行建模时,它就具有创新性。换言之,计量史学的主要特点是使用假说-演绎(hypothetico-deductive)的模型,这些模型要用到最贴近的计量经济学技术,目的在于以数学形式建立起特定情况下变量之间的相关关系。

计量史学通常要构建一个一般均衡或局部均衡的模型,模型要反映出所讨论的经济演进中的各个因素,并显示各因素之间相互作用的方式。因此,可以建立相关关系和/或因果关系,来测量在给定的时间段内各个因素孰轻孰重。

计量史学方法决定性的要素，与“市场”和“价格”的概念有关。即使在并未明确有市场存在的领域，计量史学方法通常也会给出类似于“供给”“需求”和“价格”等市场的概念，来对主题进行研究。

时至今日，假说-演绎的模型主要被用来确定创新、制度和工业过程对增长和经济发展的影响。由于没有记录表明，如果所论及的创新没有发生，或者相关的因素并没有出现会发生什么，所以只能通过建立一个假设模型，用以在假定的另一种情况下（即反事实）进行演绎，来发现会发生什么。的确，使用与事实相反的命题本身并不是什么新鲜事，这些命题蕴含在一系列的判断之中，有些是经济判断，有些则不是。

使用这种反事实分析也难逃被人诟病。许多研究人员依旧相信，使用无法被证实的假设所产生的是准历史（quasi history），而不是历史本身（history proper）。再者，煞费苦心地使用计量史学，所得到的结果并不如许多计量史学家所希冀的那般至关重大。毫无疑问，批评者们得出的结论是没错的：经济分析本身，连同计量经济学工具的使用，无法为变革和发展的过程与结构提供因果解释。在正常的经济生活中，似乎存在非系统性的突变（战争、歉收、市场崩溃时的群体性癔症等），需要对此进行全面分析，但这些突变往往被认为是外源性的，并且为了对理论假设的先验表述有利，它们往往会被弃之不理。

然而，尽管有一些较为极端的论证，令计量史学让人失望，但计量史学也有其成功之处，并且理论上在不断取得进步。显然，这样做的风险是听任经济理论忽略一整套的经验资料，而这些资料可以丰富我们对经济生活现实的认知。反过来说，理论有助于我们得出某些常量，而且只有掌握了理论，才有可能对规则的和不规则的、能预测的和难以预估的加以区分。

主要的成就

到目前为止，计量史学稳扎稳打地奠定了自己主要的成就：在福格尔的传统中，通过计量手段和理论方法对历史演进进行了一系列可靠的经济分析；循着道格拉斯·诺思（Douglass North）的光辉足迹，认识到了新古典主义理论的局限性，在经济模型中将制度的重要作用纳入考量。事实上，聚焦于后者最终催生了一个新的经济学分支，即新制度经济学。现在，没有什么能够取代基于成体系的有序数据之上的严谨统计和计量经济分析。依赖不可靠的数字和谬误的方法作出的不精确判断，其不足之处又凭主观印象来填补，现在已经无法取信于人。特别是经济史，它不应该依旧是“简单的”故事，即用事实来说明不同时期的物质生活，而应该成为一种系统的尝试，去为具体的问题提供答案。我们的宏愿，应该从**“理解”**(Verstehen)认识论(epistemology)转向**“解释”**(Erklären)认识论。

进一步来说，对事实的探求越是被问题的概念所主导，研究就越是要解决经济史在社会科学中以何种形式显明其真正的作用。因此，智识倾向(intellectual orientation)的这种转变，即计量史学的重构可以影响到其他人文社会科学的学科(法学、社会学、政治学、地理学等)，并且会引发类似的变化。

事实上，社会科学中势头最强劲的新趋势，无疑是人们对量化和理论过分热衷，这个特征是当代学者和前辈学人在观念上最大的区别。即使是我们同僚中最有文学性的，对于这一点也欣然同意。这种兴趣没有什么好让人惊讶的。与之前的几代人相比，现今年轻一代学者的一个典型特征无疑是，在他们的智力训练中更加深刻地打上了科学与科学精神的烙印。因此，年轻的科学家们对传统史学没有把握的方法失去了耐心，并且他们试图在不那么“手工式”(artisanal)的基础之上开展研究，这一点并不让人奇怪。

因此，人文社会科学在技术方面正变得更加精细，很难相信这种趋势有可能会发生逆转。然而，有相当一部分人文社会科学家尚未接受这些新趋势，这一点也很明显。这些趋势意在使用更加复杂的方法，使用符合新标准且明确的概念，以便在福格尔传统下发展出一门真正科学的人文社会科学。

史学的分支?

对于许多作者(和计量史学许多主要的人物)来说，计量史学似乎首先是史学的一个分支。计量史学使用经济学的工具、技术和理论，为史学争论而非经济学争论本身提供答案。

对于(美国)经济史学家来说，随着时间的推移，“实证”一词的含义发生了很大的变化。人们可以观察到，从“传统的历史学家”(对他们而言，在自己的论证中所使用的不仅仅是定量数据，而且还有所有从档案中检索到的东西）到（应用）经济学家（实证的方面包含对用数字表示的时间序列进行分析），他们对经验事实（empirical fact）概念的理解发生了改变。而且历史学家和经济学家在建立发展理论方面兴趣一致，所以二者的理论观点趋于一致。

在这里，西蒙·库兹涅茨（Simon Kuznets）似乎发挥了重要作用。他强调在可能确定将某些部门看作经济发展的核心所在之前，重要的是一开始就要对过去经济史上发生的重要宏观量变进行严肃的宏观经济分析。应该注意，即使他考虑将历史与经济分析结合起来，但他所提出的增长理论依旧是归纳式的，其基础是对过去重要演变所做的观察，对经济史学家经年累月积累起来的长时段时间序列进行分析给予他启迪。

因此，这种（归纳的）观点尽管使用了较为复杂的技术，但其与经济学中的历史流派，即德国历史学派（German Historical School）密切相关。可以说，这两门学科变得更加紧密，但可能在“归纳”经济学的框架之内是这样。除此之外，尽管早期人们对建立一种基于历史（即归纳）的发展经济学感兴趣，但计量史学主要试图为史学的问题提供答案——因此，它更多是与历史学家交谈，而不是向标准的经济学家讲述。可以用计量经济学技术来重新调整时间序列，通过插值或外推来确定缺失的数据——顺便说一句，这一点让专业的历史学家感到恼火。但是，这些计量史学规程仍旧肩负历史使命，那就是阐明历史问题，它将经济理论或计量经济学看作历史学的附属学科。当使用计量史学的方法来建立一个基于被明确测度的事实的发展理论时，它发展成为一门更接近德国历史学派目标的经济学，而不是一门参与高度抽象和演绎理论运动的经济学，而后者是当时新古典学派发展的特征。

库兹涅茨和沃尔特·罗斯托（Walt Rostow）之间关于经济发展阶段的争执，实际上是基于罗斯托理论的实证基础进行争论，而不是在争论一个高度概括和非常综合的观点在形式上不严谨（没有使用增长理论），或者缺乏微观基础的缺陷。在今天，后者无疑会成为被批判的主要议题。简而言之，要么说计量史学仍然是（经济）史的一个（现代化的）分支——就像考古学方法的现代化（从碳 14 测定到使用统计技术，比如判别分析）并未将该学科转变为自然科学的一个分支一样；要么说运用计量史学方法来得到理论结果，更多是从收集到的时间序列归纳所得，而不是经由明确运用模型将其演绎出来。也就是说，经济理论必须首先以事实为依据，并由经验证据归纳所得。

如此，就促成了一门与德国历史学派较为接近，而与新古典观点不甚相近的经济科学。

经济学的附属学科?

但故事尚未结束。(严格意义上的)经济学家最近所做的一些计量史学研究揭示，计量史学也具备成为经济学的一门附属学科的可能性。因此，所有的经济学家都应该掌握计量史学这种工具并具备这份能力。然而，正如"辅助学科"(anxiliary discipline)一词所表明的那样，如果稍稍(不要太多)超出标准的新古典经济学的范畴，它对经济学应有的作用才能发挥。它必定是一个复合体，即应用最新的计量经济学工具和经济理论，与表征旧经济史的制度性与事实性的旧习俗相结合。

历史学确实一直是一门综合性的学科，计量史学也该如此。不然，如果计量史学丧失了它全部的"历史维度"(historical dimension)，那它将不复存在(它只会是将经济学应用于昔日，或者仅仅是运用计量经济学去回溯过往)。想要对整个经济学界有所助益，那么计量史学主要的工作，应该是动用所有能从历史中收集到的相关信息来丰富经济理论，甚或对经济理论提出挑战。这类"相关信息"还应将文化或制度的发展纳入其中，前提是能将它们对专业有用的一面合宜地呈现出来。

经济学家(实际上是开尔文勋爵)的一个传统看法是"定性不如定量"。但是有没有可能，有时候确实是"定量不如定性"? 历史学家与经济学家非常大的一个差别，就是所谓的历史批判意识和希望避免出现年代舛误。除了对历史资料详加检视以外，还要对制度、社会和文化背景仔细加以审视，这些背景形成了框定参与者行为的结构。诚然，(新)经济史不会建立一个一般理论——它过于相信有必要在经济现象的背景下对其进行研究——但是它可以基于可靠的调查和恰当估计的典型事实(stylized facts)，为那些试图彰显经济行为规律的经济学家们提供一些有用的想法和见解[经济学与历史学不同，它仍旧是一门法则性科学(nomological science)]。经济学家和计量史学家也可以通力合作，在研究中共同署名。达龙·阿西莫格鲁(Daron Acemoglu)、西蒙·约翰逊(Simon Johnson)、詹姆斯·罗宾逊(James

Robinson)和奥戴德·盖勒(Oded Galor)等人均持这一观点,他们试图利用撷取自传统史学中的材料来构建对经济理论家有用的新思想。

总而言之,可以说做好计量史学研究并非易事。由于计量史学变得过于偏重“经济学”,因此它不可能为某些问题提供答案,比如说,对于那些需要有较多金融市场微观结构信息,或者要有监管期间股票交易实际如何运作信息的问题,计量史学就无能为力了——对它无法解释的现象,它只会去加以测度。这就需要用历史学家特定的方法(和细枝末节的信息),来阐述在给定的情境之下(确切的地点和时期),为什么这样的经济理论不甚贴题(或者用以了解经济理论的缺陷)。也许只有这样,计量史学才能通过提出研究线索,为经济学家提供一些东西。然而,如果计量史学变得太偏重“史学”,那它在经济学界就不再具有吸引力。经济学家需要新经济史学家知晓,他们在争论什么,他们的兴趣在哪里。

经济理论中的一个成熟领域?

最后但同样重要的一点是,计量史学有朝一日可能不仅仅是经济学的一门附属学科,而是会成为经济理论的一个成熟领域。确实还存在另外一种可能:将计量史学看作制度和组织结构的涌现以及路径依赖的科学。为了揭示各种制度安排的效率,以及制度变迁起因与后果的典型事实(stylized facts),经济史学会使用该学科旧有的技术,还会使用最先进的武器——计量经济学。这将有助于理论家研究出真正的制度变迁理论,即一个既具备普遍性(例如,满足当今决策者的需求)而且理论上可靠(建立在经济学原理之上),又是经由经济与历史分析共同提出,牢固地根植于经验规律之上的理论。这种对制度性形态如何生成所做的分析,将会成为计量史学这门科学真正的理论部分,会使计量史学自身从看似全然是实证的命运中解放出来,成为对长时段进行分析的计量经济学家的游乐场。显然,经济学家希望得到一般性结论,对数理科学着迷,这些并不鼓励他们过多地去关注情境化。然而,像诺思这样的新制度主义经济学家告诫我们,对制度(包括文化)背景要认真地加以考量。

因此,我们编写《计量史学手册》的目的,也是为了鼓励经济学家们更系统地去对这些以历史为基础的理论加以检验，不过，我们也力求能够弄清制度创设或制度变迁的一般规律。计量史学除了对长时段的定量数据集进行研究之外，它的一个分支越来越重视制度的作用与演变，其目的在于将经济学家对找到一般性结论的愿望，与关注经济参与者在何种确切的背景下行事结合在一起，而后者是历史学家和其他社会科学家的特征。这是一条中间道路，它介乎纯粹的经验主义和脱离实体的理论之间，由此，也许会为我们开启通向更好的经济理论的大门。它将使经济学家能够根据过去的情况来解释当前的经济问题，从而更深刻地理解经济和社会的历史如何运行。这条途径能为当下提供更好的政策建议。

本书的内容

在编写本手册的第一版时，我们所面对的最大的难题是将哪些内容纳入书中。可选的内容不计其数，但是版面有限。在第二版中，给予我们的版面增加了不少，结果显而易见：我们将原有篇幅扩充到三倍，在原有22章的基础上新增加了43章，其中有几章由原作者进行修订和更新。即使对本手册的覆盖范围做了这样的扩充，仍旧未能将一些重要的技术和主题囊括进来。本书没有将这些内容纳入进来，绝对不是在否定它们的重要性或者它们的历史意义。有的时候，我们已经承诺会出版某些章节，但由于各种原因，作者无法在出版的截止日期之前交稿。对于这种情况，我们会在本手册的网络版中增添这些章节，可在以下网址查询：https://link.Springer.com/referencework/10.1007/978-3-642-40458-0。

在第二版中新增补的章节仍旧只是过去半个世纪里在计量史学的加持下做出改变的主题中的几个案例，20世纪60年代将计量史学确立为"新"经济史的论题就在其中，包括理查德·萨奇(Richard Sutch)关于奴隶制的章节，以及杰里米·阿塔克(Jeremy Atack)关于铁路的章节。本书的特色是，所涵章节有长期以来一直处于计量史学分析中心的议题，例如格雷格·克拉克(Greg Clark)关于工业革命的章节、拉里·尼尔(Larry Neal)关于金融市场的章节，以及克里斯·哈内斯(Chris Hanes)论及大萧条的文章。我们还提供了一些主题范围比较窄的章节，而它们的发展主要得益于计量史学的方法，比如弗朗齐斯卡·托尔内克(Franziska Tollnek)和约尔格·贝滕(Joerg Baten)讨论年龄堆积(age heaping)的研究、道格拉斯·普弗特(Douglas Puffert)关于路径依赖的章节、托马斯·拉夫(Thomas Rahlf)关于统计推断的文章，以及弗洛里安·普洛克利(Florian Ploeckl)关于空间建模的章节。介于两者之间的是斯坦利·恩格尔曼(Stanley Engerman)、迪尔德丽·麦克洛斯基(Deirdre McCloskey)、罗杰·兰瑟姆(Roger Ransom)和彼得·特明(Peter Temin)以及马修·贾雷姆斯基(Matthew Jaremski)和克里斯·维克斯(Chris Vickers)等年轻学者的文章，我们也都将其收录在手册中，前者在计量史学真正成为研究经济史的"新"方法之时即已致力于斯，后者是新一代计量史学的代表。贯穿整本手册一个共同的纽带是关注计量史学做出了怎样的贡献。

《计量史学手册》强调，计量史学在经济学和史学这两个领域对我们认知具体的贡献是什么，它是历史经济学(historical economics)和计量经济学史(econometric history)领域里的一个里程碑。本手册是三手文献，因此，它以易于理解的形式包含着已被系统整理过的知识。这些章节不是原创研究，也不是文献综述，而是就计量史学对所讨论的主题做出了哪些贡献进行概述。这些章节所强调的是，计量史学对经济学家、历史学家和一般的社会科学家是有用的。本手册涉及的主题相当广泛，各章都概述了计量史学对某一特定主题所做出的贡献。

本书按照一般性主题将65章分成8个部分。* 开篇有6章，涉及经济史和计量史学的历史，还有论及罗伯特·福格尔和道格拉斯·诺思这两位最杰出实践者的文稿。第二部分的重点是人力资本，包含9个章节，议题广泛，涉及劳动力市场、教育和性别，还包含两个专题评述，一是关于计量史学在年龄堆积中的应用，二是关于计量史学在教会登记簿中的作用。

第三部分从大处着眼，收录了9个关于经济增长的章节。这些章节包括工业增长、工业革命、美国内战前的增长、贸易、市场一体化以及经济与人口的相互作用，等等。第四部分涵盖了制度，既有广义的制度(制度、政治经济、产权、商业帝国)，也有范畴有限的制度(奴隶制、殖民时期的美洲、

---

* 中译本以"计量史学译丛"形式出版，包含如下八卷：《计量史学史》《劳动力与人力资本》《经济增长模式与测量》《制度与计量史学的发展》《货币、银行与金融业》《政府、健康与福利》《创新、交通与旅游业》《测量技术与方法论》。——编者注

水权)。

第五部分篇幅最大,包含12个章节,以不同的形式介绍了货币、银行和金融业。内容安排上,以早期的资本市场、美国金融体系的起源、美国内战开始,随后是总体概览,包括金融市场、金融体系、金融恐慌和利率。此外,还包括大萧条、中央银行、主权债务和公司治理的章节。

第六部分共有8章,主题是政府、健康和福利。这里重点介绍了计量史学的子代,包括人体测量学(anthropometrics)和农业计量史学(agricliometrics)。书中也有章节论及收入不平等、营养、医疗保健、战争以及政府在大萧条中的作用。第七部分涉及机械性和创意性的创新领域、铁路、交通运输和旅游业。

本手册最后的一个部分介绍了技术与计量,这是计量史学的两个标志。读者可以在这里找到关于分析叙述(analytic narrative)、路径依赖、空间建模和统计推断的章节,另外还有关于非洲经济史、产出测度和制造业普查(census of manufactures)的内容。

我们很享受本手册第二版的编撰过程。始自大约10年之前一个少不更事的探寻(为什么没有一本计量史学手册?),到现在又获再版,所收纳的条目超过了60个。我们对编撰的过程甘之如饴,所取得的成果是将顶尖的学者们聚在一起,来分析计量史学在主题的涵盖广泛的知识进步中所起的作用。我们将它呈现给读者,谨将其献给过去、现在以及未来所有的计量史学家们。

克洛德·迪耶博
迈克尔·豪珀特

参考文献

Acemoglu, D., Johnson, S., Robinson, J. (2005) "Institutions as a Fundamental Cause of Long-run Growth, Chapter 6", in Aghion, P., Durlauf, S.(eds) *Handbook of Economic Growth*, *1st edn*, *vol.1*. North-Holland, Amsterdam, pp. 385—472. ISBN 978-0-444-52041-8.

Conrad, A., Meyer, J.(1957) "Economic Theory, Statistical Inference and Economic History", *J Econ Hist*, 17:524—544.

Conrad, A., Meyer, J.(1958) "The Economics of Slavery in the Ante Bellum South", *J Polit Econ*, 66:95—130.

Carlos, A.(2010) "Reflection on Reflections: Review Essay on Reflections on the Cliometric Revolution: Conversations with Economic Historians", *Cliometrica*, 4:97—111.

Costa, D., Demeulemeester, J-L., Diebolt, C.(2007) "What is 'Cliometrica'", *Cliometrica*

1:1—6.

Crafts, N.(1987)"Cliometrics, 1971—1986: A Survey", *J Appl Econ*, 2:171—192.

Demeulemeester, J-L., Diebolt, C.(2007)"How Much Could Economics Gain from History: The Contribution of Cliometrics", *Cliometrica*, 1:7—17.

Diebolt, C.(2012)"The Cliometric Voice", *Hist Econ Ideas*, 20:51—61.

Diebolt, C.(2016)"Cliometrica after 10 Years: Definition and Principles of Cliometric Research", *Cliometrica*, 10:1—4.

Diebolt, C., Haupert M.(2018)"A Cliometric Counterfactual: What If There Had Been Neither Fogel Nor North?", *Cliometrica*, 12:407—434.

Fogel, R.(1964) *Railroads and American Economic Growth: Essays in Econometric History*. The Johns Hopkins University Press, Baltimore.

Fogel, R.(1994)"Economic Growth, Population Theory, and Physiology: The Bearing of Long-term Processes on the Making of Economic Policy", *Am Econ Rev*, 84:369—395.

Fogel, R., Engerman, S.(1974) *Time on the Cross: The Economics of American Negro Slavery*. Little, Brown, Boston.

Galor, O.(2012)"The Demographic Transition: Causes and Consequences", *Cliometrica*, 6:1—28.

Goldin, C.(1995)"Cliometrics and the Nobel", *J Econ Perspect*, 9:191—208.

Kuznets, S.(1966) *Modern Economic Growth: Rate, Structure and Spread*. Yale University Press, New Haven.

Lyons, J.S., Cain, L.P., Williamson, S.H.(2008) *Reflections on the Cliometrics Revolution: Conversations with Economic Historians*. Routledge, London.

McCloskey, D.(1976)"Does the Past Have Useful Economics?", *J Econ Lit*, 14:434—461.

McCloskey, D.(1987) *Econometric History*. Macmillan, London.

Meyer, J.(1997)"Notes on Cliometrics' Fortieth", *Am Econ Rev*, 87:409—411.

North, D.(1990) *Institutions, Institutional Change and Economic Performance*. Cambridge University Press, Cambridge.

North, D.(1994)"Economic Performance through Time", *Am Econ Rev*, 84(1994):359—368.

Piketty, T.(2014) *Capital in the Twenty-first Century*. The Belknap Press of Harvard University Press, Cambridge, MA.

Rostow, W.W.(1960) *The Stages of Economic Growth: A Non-communist Manifesto*. Cambridge University Press, Cambridge.

Temin, P.(ed)(1973) *New Economic History*. Penguin Books, Harmondsworth.

Williamson, J.(1974) *Late Nineteenth-century American Development: A General Equilibrium History*. Cambridge University Press, London.

Wright, G.(1971)"Econometric Studies of History", in Intriligator, M.(ed) *Frontiers of Quantitative Economics*. North-Holland, Amsterdam, pp.412—459.

英文版前言

欢迎阅读《计量史学手册》第二版，本手册已被收入斯普林格参考文献库(Springer Reference Library)。本手册于2016年首次出版，此次再版在原有22章的基础上增补了43章。在本手册的两个版本中，我们将世界各地顶尖的经济学家和经济史学家囊括其中，我们的目的在于促进世界一流的研究。在整部手册中，我们就计量史学在我们对经济学和历史学的认知方面具体起到的作用予以强调，借此，它会对历史经济学与计量经济学史产生影响。

正式来讲，计量史学的起源要追溯到1957年经济史协会和“收入与财富研究会”(归美国国家经济研究局管辖)的联席会议。计量史学的概念——经济理论和量化分析技术在历史研究中的应用——有点儿久远。使计量史学与“旧”经济史区别开来的，是它注重使用理论和形式化模型。不论确切来讲计量史学起源如何，这门学科都被重新界定了，并在经济学上留下了不可磨灭的印记。本手册中的各章对这些贡献均予以认可，并且会在各个分支学科中对其予以强调。

本手册是三手文献，因此，它以易于理解的形式包含着已被整理过的知识。各个章节均简要介绍了计量史学对经济史领域各分支学科的贡献，都强调计量史学之于经济学家、历史学家和一般社会科学家的价值。

如果没有这么多人的贡献，规模如此大、范围如此广的项目不会成功。我们要感谢那些让我们的想法得以实现，并且坚持到底直至本手册完成的人。首先，最重要的是要感谢作者，他们在严苛的时限内几易其稿，写出了质量上乘的文章。他们所倾注的时间以及他们的专业知识将本手册的水准提升到最高。其次，要感谢编辑与制作团队，他们将我们的想法落实，最终将本手册付印并在网上发布。玛蒂娜·比恩(Martina Bihn)从一开始就在润泽着我们的理念，本书编辑施卢蒂·达特(Shruti Datt)和丽贝卡·乌尔班(Rebecca Urban)让我们坚持做完这项工作，在每一轮审校中都会提供诸多宝贵的建议。再次，非常感谢迈克尔·赫尔曼(Michael Hermann)无条件的支持。我们还要感谢计量史学会(Cliometric Society)理事会，在他们的激励之下，我们最初编写一本手册的提议得以继续进行，当我们将手册扩充再版时，他们仍旧为我们加油鼓劲。

最后，要是不感谢我们的另一半——瓦莱里(Valérie)和玛丽·艾伦(Mary Ellen)那就是我们的不对了。她们容忍着我们常在电脑前熬到深夜，经年累月待在办公室里，以及我们低头凝视截止日期的行为举止。她们一边从事着自己的事业，一边包容着我们的执念。

克洛德·迪耶博

迈克尔·豪珀特

2019 年 5 月

作者简介

理查德·H. 斯特克尔(Richard H. Steckel)

美国俄亥俄州立大学。

吉多·阿尔法尼(Guido Alfani)

意大利博科尼大学唐代纳中心(Dondena Centre)及因诺琴佐·加斯帕里尼经济研究所(IGIER)。

文森特·皮尼利亚(Vicente Pinilla)

西班牙萨拉戈萨大学经济与商业研究学院应用经济系,阿拉贡农业食品研究所(Instituto Agroalimentario de Aragon-IA2-)(萨拉戈萨大学农业食品研究和技术中心)。

李·A. 克雷格(Lee A. Craig)

美国北卡罗来纳州立大学经济学系。

格雷戈里·T. 尼梅什(Gregory T. Niemesh)

美国迈阿密大学经济学系。

梅利萨·A. 托马森(Melissa A. Thomasson)

美国国家经济研究局。

普赖斯·费什巴克(Price Fishback)

美国亚利桑那大学经济学系。

亚里·埃洛兰塔(Jari Eloranta)

芬兰赫尔辛基大学。

罗杰·兰塞姆(Roger Ransom)

美国加利福尼亚大学河滨分校。

目　录

第一章

人体测量学

理查德·H.斯特克尔

摘要

本章描述了新的人体测量学历史的起源、进化和持续发展。人体测量学是一种评估过去的人类生活水平的跨学科方法，采用的是身高、体重等生理方面的数据，这些数据来自丰富的历史资料，包括征兵、身份证系统、奴隶清单、监狱记录等。在广泛评估个人福利和生活水平时，通过将人体测量数据与经济学者使用的传统数据来源（如工资、收入和职业）进行比较，学者们发现了很多有趣的异同点。本章简要介绍了人类学家和人类生物学家使用人体测量学方法的历史，并概述了社会学家使用人类测量数据进行解释的方法，随后讨论了人体测量学证据在诸如奴隶制、不平等、工业化、死亡率、种族主义和经济发展等许多问题上的应用。最后，对该领域的研究者和研究前沿非常重要的是，本章总结了使用人体测量数据时可能存在的陷阱。

关键词

健康　身高　体重　生活水平

引　言

1154

"人体测量学"(anthropometrics)一词源于希腊语词根 anthropos("人")和metron("度量"),因此该术语指的是对人的测量,传统上指的是物理意义上的测量。人类学家曾进行了数百次测量尝试,在19世纪,他们花了大量的时间研究头颅的尺寸和"种族"的关系(Gould, 1996)。现在,人类学家早已放弃了这种对种族或民族的识别方法,但这个术语仍然存在。

在计量史学中,这个术语指的是对身高和体重的研究,主要是因为这些测量方法在人类生物学中有意义,而且在历史记录中很容易获得这些数据(尤其是身高)。人们可以找到关于鞋码、胸围差、手臂长度等方面的报告,但这些很难与生活水平的生物体现联系起来进行解释。

本章简要介绍了经济史研究中的人体测量学,开始于它最早在分析重要的历史问题时的应用,包括奴隶制的性质、不平等的程度、工业化的后果以及殖民化的影响等。它的应用场景十分广泛,而且还在不断增加,部分原因是全球身高记录的数量已高达数千万。股骨长度和骨骼遗骸损伤评估数据最近也开始进入了经济史实验室。

起　源

令人惊讶的是,对人体及其维度的兴趣并非始于人类学或人类生物学,而是始于艺术(Tanner, 1981)。文艺复兴时期的艺术家们通过对古希腊和古罗马的雕像进行细致的测量来恢复古代关于人体形态和功能的知识,他们的目标是学习理想的身体比例。第一个对人体测量感兴趣的医学工作者可能是约翰·埃尔斯霍尔茨(Johann Elsholtz, 1623—1688),他最早提出了"人体测量学"一词。

1155

通过国民收入核算法衡量人类福利,和研究人类成长的生长发育学,这两种方法的思想史具有两个共同点:第一次重大的努力都发生在17世纪和

18世纪；早期的研究只是零星的、不精确的个人尝试。与国民收入法不同的是，生长发育学的研究人员可以在小范围内进行有效的人体测量。即使到了20世纪，系统的国民收入数据仍然有待政府的介入和支持，而在19世纪中叶，生长发育学已经取得了重大进展（Studenski，1958；Tanner，1981）。

表1.1从人体生物学角度描述了人体测量学的里程碑。在17世纪和18世纪，研究者迈出了第一步，但进展十分缓慢。直到19世纪20年代，人们才认识到环境条件对生长发育有系统的影响，这激发了人们对生长发育研究的兴趣。生长流行病学在法国兴起，维莱梅（Villermé）在那里研究士兵的身高；在比利时，凯特尔（Quetelet）对儿童进行了测量，并对人类生长曲线进行了数学表达；在英国，埃德温·查德威克（Edwin Chadwick）调查了工厂儿童的健康状况（Villermé and Golfin，1829；Quetelet，1835；Chadwick，1842）。在考察了法国和荷兰士兵的身高以及他们出生地的经济状况后，维莱梅在1829年得出结论：贫穷对生长的影响比气候更为重要。1833年，英国议会将这些理论付诸实践，立法将身高作为雇用童工最低健康标准的指标。

1156

表1.1　生长发育学研究里程碑

国　家	研究者	时　间	研究发现
德　国	埃尔斯霍尔茨(Elsholtz)	1654年	人体测量学毕业论文
德　国	詹珀特(Jampert)	1754年	按年龄划分的身高横断面测量
德　国	勒德雷尔(Roederer)	1754年	新生儿的测量和体重
法　国	蒙贝亚尔(Montbeillard)	1777年	首次从出生到成年的纵向研究
法　国	维莱梅	1829年	研究了环境对生长的影响
英　国	查德威克	1833年	首次工厂儿童调查
比利时	凯特尔	1842年	第一个关于生长的数学公式
英　国	罗伯茨(Roberts)	1876年	使用频率分布来评估能力；按社会阶层研究成长
美　国	鲍迪奇(Bowditch)	1877年	学校调查，分析生长速度
意大利	帕利亚尼(Pagliani)	1879年	纵向研究，学校调查
英　国	高尔顿(Galton)	1889年	身高遗传研究，引入回归系数
法　国	比丹(Budin)	1892年	首间婴儿福利诊所成立
美　国	博亚斯(Boas)	1891—1932年	生长速度，发展年龄概念，人类学中的生长研究，身高和体重标准
法　国	戈丹(Godin)	1903年	详细的生长监测

续表

国　家	研究者	时　间	研究发现
美　国	鲍德温(Baldwin)	1921 年	监督第一次大型纵向研究
英　国	道格拉斯(Douglas)	1946 年	第一次全国健康与发展调查
英　国	坦纳(Tanner)	1952 年	基于临床标准的模型

资料来源:Tanner，1981。

现代人类生长研究的最大进步始于 19 世纪中期,代表者有查尔斯·罗伯茨(Charles Roberts，1876，1878)、亨利·鲍迪奇(Henry Bowditch，1877)，以及作出极大贡献的弗朗兹·博厄斯(Franz Boas，1898)。罗伯茨通过使用身高的频率分布和身高-体重比、胸围等测量方法,使雇用工人时的健康检查标准变得更细致。鲍迪奇收集了有关身高的纵向数据,以证实在生长方面的显著性别差异。在 1875 年,他主持了波士顿学校儿童身高的收集和分析调查,使用高尔顿百分位数法制定了生长标准。在长达几十年的职业生涯中,博厄斯发现了生长速度和身高分布之间的显著关系,并在 1891 年组织了一项全国性的生长研究,他利用这项研究制定了国家身高和体重标准。后来,他率先使用统计学方法分析人体测量数据,并研究了环境和遗传对生长的影响。菲莉丝·埃弗利思(Phyllis Eveleth)和坦纳(Eveleth and Tanner，1976，1990)合著的《人类生长的全球变化》一书总结了 20 世纪全球生长研究的爆炸性发展。

方法论

一代又一代的观察者已经察觉到身高反映了生物学意义上的健康生活水平,因为偶然的经验确定了发育迟缓背后的因素。例如,农民们知道,动物需要特定的食物才能茁壮成长和工作,植物在获得了充足的水分和阳光时最为高产。试验和试错可以很容易地识别出这些因素,但是还要进行细致的科学观察和测量,才能够支撑流行病学方面的生长发育学、临床实践和人类生物学的崛起。

近几十年来，人类生长的研究已经变得高度跨学科化，深入到营养科学、遗传学、生物化学、表观遗传学，即研究基因的表达（是否活跃或休眠）如何受到环境和生物因素的影响，这些因素有饮食、锻炼、疾病和年龄等（Francis，2012；Launer，2016）。研究人员现在认识到人类发展的关键时期，也是对环境条件最敏感的时期是在子宫内的时期，特别是妊娠的前三个月，此时，细胞的快速分裂产生了专门的器官和结构。这类新文献对社会科学家来说可能难以读懂，但一些出版物提供了便于理解的简介（Tanner and Preece，1989；Ulijaszek et al.，1998；Cameron and Bogin，2012）。

尽管人类生物学家和人类学者早已意识到，社会阶级等社会经济因素会影响儿童发育进而作用于成人身高，但对这种关系更丰富的理解发生于经济学者、历史学者和其他社会科学家在20世纪70年代加入对话以后（Steckel，1998）。经济史学者引入了新的数据来源，增加了几个有用的概念，并发现了过去在阐述社会经济因素对生长的贡献时的许多谜题或明显的悖论。因为历史记录包含了丰富多样的人类经历，社会学家的努力有助于阐明体型的代际间影响，衡量人类在极度营养匮乏后的生长能力，并扩展对文化条件的认知，发现它最终会通过直接影响身高而被表达出来。

1157

20世纪70年代末，经济史学者提出了“净营养”（net nutrition）的概念（其含义与营养学家使用的“营养状况”类似），可以通过将人体视为生物机器来进行比喻性的解释。我们的机器以食物为燃料（由蛋白质、脂肪、微量营养素等组成），在闲置（卧床休息）、替换衰竭的细胞、抗击感染或从事体力活动时消耗食物。疾病可能通过转移摄入的营养来调动对抗感染的免疫系统，或通过导致所吃的食物无法完全吸收来阻碍生长。同样，艰苦的体力活动或工作需要大量的饮食，这使得每天摄入3 000卡路里的热量还会减重甚至饥馁。由于这些原因，平均身高反映了一个人口群体的净营养历史。只有在满足了生存所需的其他开支之后还留有足够的燃料，才会出现生长。这是人类进化出的一种对儿童生存有益的机制，儿童有少量的脂肪和肌肉储备，可以在饮食危机期间转化为能量。如果在一段时期的营养匮乏之后状况出现好转，补偿性的生长可能会超过正常情况下的生长。追赶（或补偿性）生长是一种适应性生物机制，这使得利用成人身高进行儿童健康研究变得复杂，因为补偿性生长可以部分或完全消除营养匮乏的影响。在出生和成熟之间，一个人可能经历几次营养匮乏和恢复，从而掩盖了生活质量的重大波动。长期的营养不良不可避免地会导致生长缓慢和发育迟缓，美国国家卫生统计中心（National Center for Health Statistics）将其正式定义为低于现代身高标准的 5%。

图 1.1 说明了与身高相关的各种关系。箭头表示，饮食、工作、疾病以及基础新陈代谢和替换衰老细胞所需的营养资源直接影响人类的生长。反过来，这些变量又受一系列环境条件影响，如收入、不平等、公共卫生措施、食品价格、技术等（如图所示）。社会科学家还对身高影响人口和社会经济结果的方式感兴趣，如死亡率、疾病率、劳动生产率、认知发展和教育成就。从图中可以看出，这些变量塑造了各种社会结果，如收入、不平等和生产过程中使用的技术。本章通过生长的直接决定因素解释和说明了社会经济条件和身高之间的关系，并讨论了成年身高影响生产力和寿命等社会经济结果的方式。

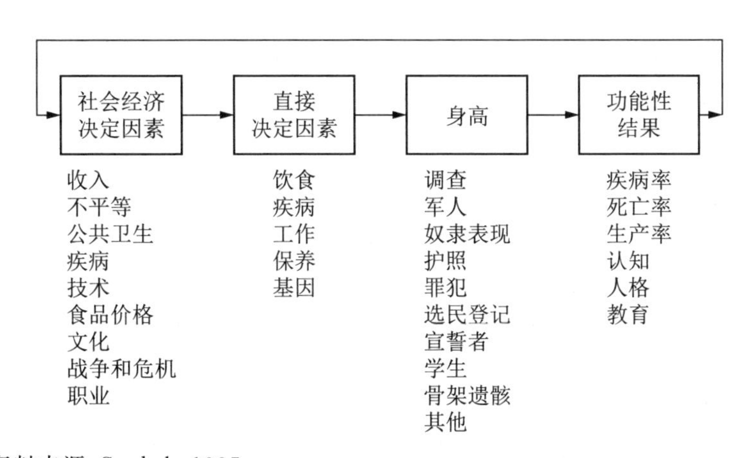

资料来源：Steckel, 1995。

图 1.1　身高决定因素和结果的流程图

人类生物学者在广泛研究后认为，饮食、疾病、工作或体力活动是直接决定人类生长的因素。他们也研究基因对人类生长的影响，但区分个体级别的结果与种群级别的结果至关重要。绝大多数身高上的个体差异是由基因或生物因素决定的（Silventoinen, 2003）。无论生长在恶劣的环境条件下还是在良好的环境条件下，我们有多高在很大程度上取决于我们从生物学

1158

父母那里继承的基因。在种群级别上，这些个体差异趋向于相互抵消，这样，人口平均身高就大体反映了环境条件。当然，这提出了一个问题，即世界各地的增长潜力是否存在系统性差异？也就是说，如果不同的大陆祖先在相同的环境条件下生活了几代人，他们的平均身高会有所不同吗？可能最终只有DNA分析能够最有效地解答这个问题，但是目前科学界还没有提供确切答案。

然而，我们确实发现，在全球范围内经济已经开始发展的区域，平均身高也已经出现了相当大的趋同。1950年，日本有着所有工业国家中最矮的男性身高（约160厘米），但今天的日本年轻成年男性高约173厘米，比现代美国的身高标准低约5厘米，而且很可能在一代人的时间内就能够追赶上美国（Honda，1997；Mosk，1996；Health Service Bureau，2009）。虽然在生长潜力上可能存在一些种族或祖先差异，这些差异也许多达几厘米，但我们可以有把握地说，环境因素在过去两个世纪内对世界各地的平均身高差异有更大的影响。例如，在19世纪早期和中期，荷兰年轻人的平均身高在欧洲是非常低的（大约164—165厘米），但今天他们的平均身高达到了183厘米，是世界上最高的（Drukker and Tassenaar，1997；Statline，2011）。

1159

早期应用

经济学者对有关技术扩散的研究非常熟悉，他们中的大多数人知道兹维·格里利谢斯（Zvi Griliches）在这一领域基于美国农业中杂交玉米所进行的早期研究（Griliches，1957）。格里利谢斯把技术变革过程分为三部分：(1)基础知识的发现（也称"发明"）；(2)将这些知识应用到生产过程中（也称"革新"）；(3)新生产工艺在产业中的扩散（也称"传播"）。他对杂交玉米的研究主要集中于扩散环节，并进一步将扩散的过程细分为起源、传播和上限三部分。

我们可以质疑格里利谢斯的研究框架是否有助于理解"研究"行业的技术变革过程。如果是，那么这两个行业有哪些相似之处？在杂交玉米领域，基础知识的发现或发明是杂交方法，即将两个自交系（自花授粉）杂交，创造出一个比这两个自交系都更高产的新系。而在新的人体测量学历史的兴起中，并没有一种像杂交那样令人印象深刻的针对人类生长的生物学认识，有的只是经济史学者在生长学家 J. M. 坦纳的指导下所进行的长达数十年的知识积累。

美国奴隶制度

经济史学者对这一知识的首次重要应用涉及美国奴隶制度，特别是有关年轻女性奴隶可以生育的平均年龄问题。理查德・斯特克尔在 1977 年 4 月美国人口协会的圣路易斯会议上演讲的一篇论文中阐述了这一问题（Steckel, 1977a），并在他于 1977 年夏完成的关于奴隶生育的博士论文中再次对该问题进行了探讨（Steckel, 1977b）。这一问题从美国内战前关于奴隶制的辩论开始就一直被关注，其中包括废奴主义者对“繁殖”的指控，即奴隶主通常强迫女性奴隶在年龄很小时就生孩子。基于种植园记录（奴隶主保存的文件）和遗嘱认证记录（通常列出诸如生活在家庭群体中的奴隶等种植园资产的文件），以及一种按照不同年龄组中生育过的女性占比计算出平均初育年龄的方法，可以得出，女性奴隶初次生育年龄在 19.8—21.6 岁之间，其具体分布取决于生活地点和种植园规模（Steckel, 1977b: Table 33）。然而，如果女性奴隶的生理成熟时间因营养不良而被大大延缓，则其月经初潮年龄也可能较晚，从而避免女性奴隶在青少年晚期以前受孕，那么，这一结果仍然与奴隶繁殖广泛存在的主张相吻合。

人类生物学研究表明，生理发育有一个明确顺序，而其中一个特征即女性月经初潮平均发生在青春期发育高峰的峰值后 1.0—1.5 年（Frisch and Revelle, 1969; Tanner, 1966）。幸运的是，学者们可以从一组被称为“奴隶舱单”的数据中估计出青春期发育的高峰时间（Wesley, 1942）。从 1808 年开始，法律要求记录这些数据，用于识别在沿海贸易中被运输的奴隶，以证明他们不是被从非洲偷运来的。船长们准备了一式多份的舱单，上面描述了每个奴隶的名字、年龄、性别、身高、肤色以及主人或托运人的名字。斯特克尔收集了这些记录的大量样本，估计结果显示，这些奴隶青春期发育高峰的峰值约出现在 13.3 岁（Steckel, 1977a）。因此，女性月经初潮应该发生在 15 岁（比同时期欧洲人口的估计值早 2—3 年）。如果奴隶主强迫女性奴隶

1160

尽早生育，而从月经初潮到首次生育之间的时间按照保守估计为3年，那么女性奴隶的初次生育年龄将小于18岁。显然，总体上奴隶主并没有为了达到上述目的而操控奴隶的生育。而奴隶主们之所以试图阻止女性奴隶过早怀孕，可能是因为未成年女性所生的婴儿死亡率相对较高，或是因为年轻奴隶之间的结合不稳定，会导致代价高昂的劳动力不满情绪。无论如何解释，从某种程度上说奴隶的"繁殖"问题可能存在，但这是非典型的。

斯特克尔(Steckel, 1979)报告了成年男性奴隶的身高约为67.2英寸，比美国内战时期联邦军队征兵名册上测量的北方白人身高矮了大约半英寸。可见，奴隶确实遭遇了一定的营养匮乏，但总体来说，他们的饮食对于他们所面临的工作负荷和疾病负担来说是合适的。

随后的研究表明，奴隶儿童表现出明显的营养不良——在身高上与今天贫穷的发展中国家的最弱势群体相当。这一现象可能与胎儿发育迟缓、母乳喂养的早期中断和低蛋白质饮食有关(Steckel, 1986a, 1986b)。事实上，年幼的奴隶儿童营养不良极其严重，其程度在现代儿科医生的办公室内势必会引起警觉。这种损害会在儿童和成人中造成显著和永久性的认知缺陷。然而，奴隶主对原始体力劳动更感兴趣，而无意于培养熟练工人，其可能的原因是拥有更强认知能力的奴隶将难以管理。

对经济学者来说，尽管事实上种植园主占有奴隶儿童未来所有的预期净收入，但这些奴隶儿童仍然严重营养不良，这种情况似乎令人费解。一方面，如果奴隶主为奴隶儿童提供良好的营养，他们将会获得更高、更强壮的奴隶所带来的好处。但另一方面，这将导致供给肉类蛋白质(猪肉)的成本以及更高的育儿成本。营养良好的儿童非常活跃，需要成年人监督，会占用可用于田间工作的宝贵劳动力。总之，这样做是无利可图的，因此孩子们在大约10岁开始下地干活之前都没有得到充分喂养。而这种前青春期的营养增加足以推动奴隶身高上升到现代身高标准的百分位数，这一过程被称为"追赶生长"或"补偿性生长"。

因此，奴隶的营养状况比研究这一课题的历史学者所预期的更为复杂多样。孩子们的健康状况非常糟糕，但成年人的营养却相当好。身高在测度和揭示奴隶生活的一个重要方面时起到了中心作用，这对于人体测量学历史找到其立足之地非常重要。

扩　散

1161

死亡率

人体测量学研究的扩散发生在几个方向上。这个扩散过程中最具影响力的应用之一是罗伯特·福格尔对死亡率的研究(Fogel, 1986; Fogel et al., 1983),诺贝尔奖委员会曾于1993年援引过该研究。人体测量学帮助解释了19世纪中期以后在欧洲开始的预期寿命的长期实质性改善(Mitchell, 1978)。上述趋势激发了许多关于人类和自然贡献的假设(McKeown, 1976)。一些学者主张预期寿命的提高来源于医学技术进步,而另一些学者则指出,寿命提高的原因在于自然选择可能产生了毒性更低的病原体或更强的免疫力。显然,个人卫生、公共卫生和饮食的改善也与之相关。通过一个排除过程,麦基翁把促使寿命延长的最重要因素归结为饮食的改善。他认为,通过选择来改变毒性或提高免疫力是不太可能的;在20世纪30年代以前,医疗技术的改进基本上也无关紧要;而在19世纪末以前,公共卫生或个人卫生方面的进步更是微不足道。

福格尔(Fogel, 1986)通过使用身高数据来衡量营养对死亡率下降的独立贡献,考察了麦基翁的说法。在以身高作为净营养的代理变量的基础上,他用死亡率对身高和其他变量进行回归,以估计其关系的强度。通过使用在死亡率下降期间观察到的身高变化,他计算出1800—1980年,营养改善在英国死亡率下降中所起的作用约占40%。

工业化

工业化过程中的生活质量一直是学者们争论的焦点,但人均收入和实际工资等传统资源未能解决这一争论。原始数据序列的质量往往很差,特别是对于关键的早期和中期变化阶段,并且传统的衡量方法也未能反映生活质量的几个重要方面。它们忽视了不平等、工作时间、工作负荷、工作中的健康和安全,以及针对城市-工业生活方式的心理调整。此外,从前工业化时期到后工业化时期，可供购买的商品种类和质量发生了根本性变化，因而很难准确衡量长期生活成本的变化。

当然，身高远不能说明一切，但每个人都会同意这个观点，即营养状况是生活水平的一个重要方面。此外，许多国家的身高数据可以追溯到前工业化时期，提供比许多其他类型证据更长的时间序列。同时，作为对营养状况的一种度量，身高避免了扭曲传统衡量标准（比如长期比较的实际工资）的一致性问题。

1162 有关瑞典营养状况与工业化的报告相当乐观（Sandberg and Steckel, 1980）。在19世纪，这个国家的国民身高除了几次短暂的中断外持续增长，为此后的工人生产力提供了良好的营养基础，而且在19世纪晚期的工业时期，身高继续增加，这与马克思和恩格斯的说法存在矛盾。

关于英国和美国的研究结果则相对悲观。在有关英国的重要研究中，弗劳德和瓦赫特（Floud and Wachter, 1982, 1990）发现，伦敦贫困男童的身高在19世纪早期和中期有所下降，这表明穷人的情况在工业革命的核心时期变得更糟。在美国，出生在工业时代早期（约1830年）的人的身高开始了长达半个世纪的下降，与此同时，平均身高的职业差异也在不断扩大（Steckel and Haurin, 1994; Margo and Steckel, 1983; Costa and Steckel, 1997）。其他研究和不同的数据来源证实了，美国模式引发了约翰·科姆洛什（John Komlos）所说的“早期工业增长之谜”，或在美国语境中所谓的“内战战前之谜”（Komlos and Coclanis, 1997）。

虽然身高数据并没有解决有关生活水平的争论，但它们有助于使学者们的注意力集中在生活水平的含义上，而且确实识别了被传统测量方法所遗漏的生活质量不断恶化的时期。事实上，这类比较已经形成了一个细分领域（见 Steckel and Floud, 1997）。例如，美国人的身高挑战了人们对于1830年后生活质量得到了明显改善的坚定信念，这引发了一场关于生活的哪些方面出现了恶化的辩论，比如更容易感染疾病、更高的食品价格，以及可能的工作负荷加重。在英格兰，19世纪20年代至50年代的经济繁荣必须在与城市化对健康的负面影响进行比较的基础上得到衡量。

博登霍恩、吉南和姆罗茨（Bodenhorn, Guinnane and Mroz, 2017）质疑了美国内战战前之谜的广度乃至其存在与否，认为它可能是样本选择偏差的产物，由相对于军队报酬不断上升的市场工资造成。因为工资随身高的增加而增长，按照这种推理，个子较高的个体会选择退出军队，而从事普通工作。科姆洛什和埃亨（Komlos and A'Hearn，2017）以及齐姆兰（Zimran，forthcoming）质疑了博登霍恩等人的分析和结论。科姆洛什和埃亨的理由是，美国内战期间军队薪酬相对于普通劳动力市场薪酬有所上升，他们还指出，博登霍恩等人采用的Roy模型不适用于一场爱国主义而非工资至上的战争中的职业选择。齐姆兰通过使用两阶段半参数样本选择模型，来纠正平均身高在可观测和不可观测特征上对于参军选择的影响模式，得出了类似结论。

这些交流并没有终结对作为普遍现象的工业化期间生活水平的争论，部分原因是必须考虑到其他国家的经验。在这方面，参考《工业化期间的健康与福利》（*Health and Welfare during Industrialization*）（Steckel and Floud，1997）一书是有益的。该书比较了多个国家经验，例如在瑞典，工业化在19世纪晚期对健康没有不利影响（Sandberg and Steckel，1997），而在日本，工业化期间健康水平有所下降，盖尔·本田（Gail Honda）认为这是因为军队吸收了本可用于公共卫生的资源（Honda，1997）。

不平等

经济学者和历史学者长期以来一直对不同社会和经济群体的命运感兴趣。持续存在的高度不平等表明，社会和经济层面的发展机会有限，这反过来影响了个人储蓄和投资人力资本或物质资本的意愿。

尽管人们对不平等现象很感兴趣，但相关估计往往难以获得，并且难以进行解释。不同于可以从人口普查的生产数据中估计出来的总收入数据，收入或财富不平等的衡量必须基于个人（或家庭）的记录数据作出估计。税务记录、遗嘱认证记录和人口普查的原始记录单据虽已被证明是有用的，但很难从这些来源收集到连续的时间序列数据。此外，衡量不平等的横截面指标，如基尼系数，并不能反映个人机会随时间的变化。后者需要纵向数据，而从历史资料中获取这些数据更为困难。

当然，身高数据并不能解决在历史背景下衡量不平等的所有问题，而只是添加了新的有用信息。平均身高反映不平等的观点最早是由斯特克尔在

20 世纪 70 年代提出的。他对美国奴隶身高的回归分析表明,生理的不平等随居住地区、性别和肤色而系统地发生变化(Steckel, 1979)。在几年后最终发表的著作中(Steckel, 1983),他证明了一个国家在 20 世纪中期的平均身高是平均收入的非线性函数,并且是不平等的线性函数(以家庭收入的基尼系数衡量)。平均身高是反映缺乏基本生活必需品的人口比例的一个灵敏的晴雨表,因此是衡量人类福祉的有用指标。在非常贫穷的国家,很大一部分人口的健康受到饮食匮乏、住房条件较差和医疗条件粗劣的严重制约。随着收入增加,越来越多的人能够获得基本生活必需品,平均身高也相应增加。在富裕国家,几乎每个人都可以实现他们基因中的生长潜力,除非存在严重不平等,而使穷人的生长机会受到限制。

随着对身高和人均收入呈正相关的预期加强,经济史学者惊讶地发现,低收入地区的人们身高更高,而在一些较早开始工业化的国家(如已经出现了小型工业的英国和美国)的工业化早期阶段,身高则出现下降。对以上变化模式,可以用身高和收入衡量了生活水平的不同方面这一知识来进行解释(Steckel, 1995; Komlos and Coclanis, 1997)。

职业、地区、种族等方面的平均身高差异是对生活水平在生理方面不平等的一个衡量指标。例如,在 18 世纪的英格兰,身高的阶级差异超过了 10 厘米(Floud and Wachter, 1982),是在美国所观察到的两倍多。在殖民时期后期,美国不同职业的身高几乎等同(Sokoloff and Villaflor, 1982),而在 19 世纪中期,不同职业的身高差异也不足 4 厘米(Margo and Steckel, 1983)。不平等衡量指标的这一关系,可以用收入到达了高水平后继续上升时额外营养摄入量的下降——恩格尔曲线和营养对人类生长的边际产出下降——予以解释(Komlos, 1989)。

1164

美洲原住民

总体而言,对美洲原住民生活的描述可以说是在美国历史上所有大型种群中最扭曲和最矛盾的。几个世纪以前,早期探险家和传教士的描述与西方文明的原始传统融合起来,创造了一群高贵的野蛮人形象,他们居住在理想的风景中,与自然和理性和谐共处(Berkhofer, 1988)。在 19 世纪中叶的西进运动中,白人普遍将平原部落视为"恶劣的印第安人"——好战的野蛮人，他们恐吓殖民者、偷盗马匹，还举行野蛮的仪式。在19世纪末，这些原住民变成了表演者，在“水牛比尔”(Buffalo Bill)的蛮荒西部表演中拙劣地模仿他们以前的生活。在20世纪早期，《星期六晚邮报》的故事和后来的西方电影都讽刺了他们的习惯、习俗和迷信(Marsden and Nachbar，1988)。从20世纪60年代开始，一波出版物开始同情地看待美洲原住民，认为他们平静的文明被欧美的侵略和疾病摧毁了。随着环保运动兴起，一些研究人员宣称，原住民是对生态敏感的环境守护者，因此是我们这个时代应当效仿的榜样。

面对如此变化多端的形象和贫乏的证据，人们该如何分辨真相呢？这些美洲原住民实际上是如何生活的，而他们的生活水平又到底怎样呢？针对后一个问题，最近的三篇论文使用弗朗兹·博厄斯在19世纪末收集的身高数据，探讨了大平原骑马部落的生活水平(Steckel and Prince，2001；Komlos，2003；Steckel，2010)。这些论文利用主要出生在1830—1872年的个体数据，确定了骑马游牧部落比生活在19世纪中期的任何国家人口都要高——比身高位居世界第二位的居住在美洲或澳大利亚的欧洲后裔高出约1厘米。对这一结果的解释主要有：以野牛为主的富含蛋白质的饮食，从各种植物来源和与农业部落贸易中获得的丰富微量元素，部落内资源获取的相对平等，减少了接触寄生虫和病原体机会的低人口密度以及频繁迁徙。

这些论文指出部落之间存在着显著的身高差异。夏延族(Cheyenne)男性的身高为176.7厘米，比现代美国人的身高标准低1厘米，而比最矮的科曼奇族(Comanche)高出近9厘米。这一差异幅度是巨大的，且具有重要意义，超过了从18世纪早期至今美国本土出生的男性平均身高的增长。

危机中的儿童命运

1165

关于危机期间儿童健康的文献主要有两类，其中数量最多的一类聚焦于对发展中国家的研究。自20世纪80年代中期起，研究人员收集了这些国家的大量身高数据。在这方面，相关论文包括对喀麦隆(Pongou et al.，2006)、哈萨克斯坦(Dangour et al.，2003)、朝鲜(Schwekendiek，2008b)、诺维萨德(Bozić-Krstić et al.，2004)、南非(Hendriks，2005)和津巴布韦(Hoddinott，2006；Alderman et al.，2006)的研究。此外，还有关于捷克斯洛伐克青春期男孩的生长随食物供应出现季节性波动的研究(Cvrcek, 2006)。

人们可能会认为,政治制度的巨变或差异会对儿童健康和福利产生不利影响。实行专制和市场瓦解后,纳粹德国儿童的身高在1933年至1938年停止增长(Baten and Wagner, 2003)。在20世纪后期,朝鲜国民的健康状况相对于韩国有所下降(Pak, 2004),并且在应对20世纪90年代出现的饥荒时准备不足(Schwekendiek, 2008b)。然而,联合国粮食援助的交付似乎改善了人体测量结果(Schwekendiek, 2008a)。东欧和俄罗斯在20世纪90年代转型时期的情况有所不同,这一时期,这些国家的预期寿命出现了下降,尤其是俄罗斯,但人体测量数据却表明儿童受到了保护(Stillman, 2006)。显然,在这些政权更迭期间和之后,成年人首先承受了社会经济条件恶化的冲击。

胎儿起源假说

对20世纪80年代在英国收集的流行病学证据进行仔细筛选后,戴维·巴克和他的同事们假设,一些成人疾病,如高血压、2型糖尿病和一些癌症,可以追溯到生命在早期关键形成时期的健康状况,即从受孕到幼年早期(Barker, 1994)。尽管医学专家对生命早期的健康延续到成年的生物学机制存在分歧,但经验规律已经得到确认,这一规律有时被称为"胎儿起源假说"(fetal origins hypothesis),或"巴克假说"(Barker hypothesis)(Blackwell et al., 2001)。由于幼年早期的健康状况对成人身高很重要,一些研究使用身高作为预测寿命和/或成人疾病模式的标志(Christensen et al., 2007; Costa, 2004; Jousilahti et al., 2000; Riley, 1994; Murray, 1997; Harris, 1997)。当然,这方面的研究也使用了其他针对幼年早期健康情况的测量指标,包括身体质量指数(Henriksson et al., 2001; Linares and Su, 2005)、儿童死亡率(Bozzoli et al., 2007)、传染病暴露(Almond, 2006; Almond and Mazumder, 2005)以及生理应激的骨骼标记(Steckel, 2005)。最近,经济学者和其他社会科学学者研究了幼年早期的健康影响认知和技能形成的方式,这为公共政策的优化设计给出了提示(Heckman, 2006)。此类政策应注意到母亲生殖健康的代际后果,因为更健康的女孩未来能孕育更健康的婴儿(Osmani and Sen, 2003)。

一些经济史学者已经很好地利用了健康认知的观点，他们将幼年早期生理应激的代理指标与计算能力联系起来，或者在19世纪英国人口普查人员的情况中，将其与回忆精确年龄的能力联系起来(Baten et al., 2008)。尽管证据是间接的，但我们有理由相信，谷物价格和《济贫法》(the Poor Law)规定的福利补贴影响了幼年早期的净营养和认知发展，从而影响了这些儿童成年后的计算速度。这种类型的研究为身高研究打开了一个全新的维度，以理解人力资本获取、技术变革、创新和经济增长的营养基础。 1166

殖民统治

身高研究的一个有趣应用涉及生活在殖民统治下的人口福利。过去10年中，出现了有关英国统治下的印度、北美和缅甸，以及日据时期的台湾地区的论文(Brennan et al., 1997; Komlos, 2001; Morgan and Liu, 2007; Olds, 2003; Bassino and Coclanis, 2008)。这一领域有关其他国家和地区的工作论文也正在写作过程中。布伦南(Brennan)等人报告称，英国统治下印度人的平均身高出现了一定上升，但这可能是由更多地参与世界市场和交通系统扩张所带来的。至于台湾地区，奥尔兹(Olds)发现在日据时期，直到1930年，儿童身高都有所提高，这与摩根(Morgan)和刘(Liu)的研究结果一致。而与奥尔兹不同的是，后者有证据能够说明直至1945年的情况，其中在1930年以后身高不再变化，这一情形与日本相同。在缅甸，情况则更为悲观:第二次世界大战后，身高确实有所上升，但这显然是对早期因在疟疾流行地区开垦土地以种植水稻而导致的身高下降的一种恢复。

科姆洛什通过从报纸上关于寻找美国出生的逃兵和逃跑学徒的启事中搜集证据(Komlos, 2001)，发现身高在18世纪上半叶降低了0.5英寸，而随后大幅上升。到18世纪末，美国男人比英国男人高出6.6厘米，16岁的美国学徒比同龄的伦敦贫困儿童高出12厘米左右。如果说英国人剥削了美国殖民地，那么其他因素，如丰富的廉价土地和低人口密度，其积极影响远远超出了剥削的消极影响。

研究前沿

人体测量方法的一个重要拓展涉及与生物考古学者的合作，这些学者挖掘和分析人体遗骸，以了解过去的生活质量。在医学和考古学双重训练的基础上，这些科学家寻求与经济学者和历史学者合作，因为他们具备有关历史事件和过程的知识，而这些知识可能有助于解释在人体遗骸上发现的健康情况。通过这一来源，对健康状况的测量可以被延展到很久以前，追溯到农业的起源和永久定居点的建立。此外，可用的测量方法不仅包括身高（由长骨长度计算），还包括童年生长过程的中断、创伤、口腔健康以及结核病和梅毒等疾病的感染。

“西半球”（Western Hemisphere）是 2002 年完成的一个项目的重点，该项目的基础是 12 520 具人体遗骸，其中一些人生活的时代在公元前 5000 年（Steckel and Rose，2002）。样本中大约一半的人生活在被哥伦布发现之前的美洲，且大约一半的人生活在北美。在这个项目中最有趣的发现之一是，在哥伦布到达之前，人们的健康状况长期下降，这可能是由人口迁移到不那么健康的环境（如城市地区）所致。

另一个同类项目的重点是自罗马时代晚期以来欧洲的健康状况（Steckel et al.，2019）。其研究结果基于 15 119 具人体遗骸产生，这些人生活在 17 个现代欧洲国家的所在地区。令人惊讶的是，他们在健康方面并没有出现实质性改善，而是出现了一系列在某种程度上相互抵消的变化。例如，创伤在中世纪晚期减少了，但口腔健康却恶化了。气候（以温度的形式衡量）和定居规模（即城市化）对欧洲人口健康有很大影响。

结　语

人体测量学历史曾经是一个被怀疑论者广泛贬抑的小众学科，但在过去 40 年里，它为社会科学中的重要课题提供了崭新视角。其成功在于将人类生物学与历史数据结合起来，以对那些已经引起人们兴趣的问题进行新的阐释。虽然其中并非没有挑战，但这一领域的前景是光明的，因为历史记录非常丰富，并且许多学者现在相信这种研究方法是可靠的。此外，大学和许多个别部门越来越多地支持跨学科研究，而人体测量学历史就是这方面的一个很好的例子。

1167

参考文献

Alderman, H., Hoddinott, J., Kinsey, B. (2006) "Long Term Consequences of Early Childhood Malnutrition", *Oxf Econ Pap*, 58(3): 450—474.

Almond, D. (2006) "Is the 1918 Influenza Pandemic Over? Long-term Effects of in Utero Influenza Exposure in the Post-1940 U.S. Population", *J Polit Econ*, 114(4):672—712.

Almond, D., Mazumder, B. (2005) "The 1918 Influenza Pandemic and Subsequent Health Outcomes: An Analysis of SIPP Data", *Am Econ Rev*, 95(2):258—262.

Barker, D. J. P. (1994) *Mothers, Babies and Disease in Later Life*. BMJ Publishing Group, London.

Bassino, J-P., Coclanis, P. A. (2008) "Economic Transformation and Biological Welfare in Colonial Burma: Regional Differentiation in the Evolution of Average Height", *Econ Hum Biol*, 6(2):212—227.

Baten, J., Wagner, A. (2003) "Autarky, Market Disintegration, and Health: The Mortality and Nutritional Crisis in Nazi Germany, 1933—1937", *Econ Hum Biol*, 1(1):1—28.

Baten, J., Crayen, D., Voth, H-J. (2008) "Poor, Hungary and Stupid: Numeracy and the Poor Law in Britain", *The Review of Economics and Statistics*, 96(3):418—430.

Berkhofer, R.F. Jr. (1988) "White Conceptions of Indians", in Washburn, W.E. (ed) *History of Indianwhite Relations, Vol. 4 of Handbook of North American Indians*. Smithsonian, Washington, DC, pp.522—547.

Blackwell, D.L., Hayward, M.D., Crimmins, E.M. (2001) "Does Childhood Health Affect Chronic Morbidity in Later Life?", *Soc Sci Med*, 52(8):1269—1284.

Boaz, F. (1898) *The Growth of Toronto Children*, ed U. S. Commissioner of Education. Government Printing Office, Washington, DC.

Bodenhorn, H., Guinnane, T., Mroz, T. (2017) "Sample-selection Biases and the Industrialization Puzzle", *J Econ Hist*, 77(1): 171—207. https://doi.org/10.1017/S0022050717000031.

Bowdotch, H.P. (1877) *The Growth of Children*. Albert J. Wright, Boston.

Bozić-Krstić, V.S., Pavlica, T.M., Rakić, R.S. (2004) "Body Height and Weight of Children in Novi Sad", *Ann Hum Biol*, 31(3): 356—363.

Bozzoli, C., Deaton, A.S., Quintana-Domeque, C. (2007) "Child Mortality, Income and Adult Height", in NBER working paper No. 12966, Cambridge.

Brennan, L., McDonald, J., Shlomowitz, R. (1997) "Towards an Anthropometric History of Indians under British Rule", *Res Econ Hist*, 17:185—246.

Cameron, N.P., Bogin, B. (2012) *Human Growth and Development*. Elsevier Science, Burlington.

Chadwick, E. (1842) *Report to Her Majesty's Principal Secretary of State for the Home Department, from the Poor Law Commissioners, on an Inquiry into the Sanitary Condition of the Laboring Population of Great Britain*. Craig Thornber, London.

Christensen, T.L., Djurhuus, C.B., Clayton, P., Christiansen, J.S. (2007) "An Evaluation of the Relationship between Adult Height and Health-related Quality of Life in the General UK Population", *Clin Endocrinol*, 67(3): 407—412.

Costa, D.L. (2004) "The Measure of Man and Older Age Mortality: Evidence from the Gould Sample", *J Econ Hist*, 64(1):1—23.

Costa, D.L., Steckel, R.H. (1997) "Long-term Trends in Health, Welfare, and Economic Growth in the United States", in Steckel, R. H., Floud, R. (eds) *Health and Welfare during Industrialization*. University of Chicago Press, Chicago, pp.47—89.

Cvrcek, T. (2006) "Seasonal Anthropometric Cycles in a Command Economy: The Case of Czechoslovakia, 1946—1966", *Econ*

Hum Biol, 4(3):317—341.

Dangour, A.D., Farmer, A., Hill, H.L., S. Ismail, J. (2003) "Anthropometric Status of Kazakh Children in the 1990s", *Econ Hum Biol*, 1(1):43—53.

Drukker, J. W., Tassenaar, V. (1997) "Paradoxes of Modernization and Material Wellbeing in the Netherlands during the Nineteenth Century", in Steckel, R. H., Floud, R. (eds) *Health and Welfare during Industrialization*. University of Chicago Press, Chicago, pp.331—377.

Eveleth, P. B., Tanner, J. M. (1976, 1990) *Worldwide Variation in Human Growth*. Cambridge University Press, Cambridge.

Floud, R., Wachter, K.W. (1982) "Poverty and Physical Stature: Evidence on the Standard of Living of London Boys 1770—1870", *Soc Sci Hist*, 6(4): 422—452. https://doi.org/10.2307/1170971.

Floud, R., Wachter, K.W. (1990) *Height, Health and History: Nutritional Status in the United Kingdom, 1750—1980, Cambridge Studies in Population, Economy, and Society in Past Time*. Cambridge University Press, Cambridge/New York.

Fogel, R.W. (1986) "Nutrition and the Decline in Mortality since 1700: Some Preliminary Findings", in Engerman, S.L., Gallman, R.E. (eds) *Long-term Factors in American Economic Growth*. University of Chicago Press, Chicago, pp.439—527.

Fogel, R.W., Engerman, S.L., Floud, R., Friedman, G., Margo, R.A., Sokoloff, K., Steckel, R.H., James Trussell, T., Villaflor, G., Wachter, K.W. (1983) "Secular Changes in American and British Stature and Nutrition", *J Interdiscip Hist*, 14(2):445—481. https://doi.org/10.2307/203716.

Francis, R.C. (2012) *Epigenetics: How Environment Shapes Our Genes*. W. W. Norton, New York.

Frisch, R.E., Revelle, R. (1969) "The Height and Weight of Adolescent Boys and Girls at the Time of the Peak Velocity of Growth in Height and Weight: Longitudinal Data", *Hum Biol*, 41(4):536—569.

Gould, S.J. (1996) *The Mismeasure of Man, Rev. and expanded edn*. Norton, New York.

Griliches, Z. (1957) "Hybrid Corn: An Exploration in the Economics of Technological Change", *Econometrica*, 25(4):501—522.

Harris, B. (1997) "Growing Taller, Living Longer? Anthropometric History and the Future of Old Age", *Ageing Soc*, 17(5):491—512.

Health Service Bureau. (2009) *National Health and Nutrition Survey in Japan. Nutrition Survey Report 2007*. Ministry of Health, Labour and Welfare, Tokyo.

Heckman, J.J. (2006) "Skill Formation and the Economics of Investing in Disadvantaged Children", *Science*, 312(30):1900—1902.

Hendriks, S. (2005) "The Challenges Facing Empirical Estimation of Household Food (in) Security in South Africa", *Dev South Afr*, 22(1):103—123.

Henriksson, K.M., Lindblad, U., Agren, B., Nilsson-Ehle, P., Rastam, L. (2001) "Associations between Body Height, Body Composition and Cholesterol Levels in Middle-aged Men. The Coronary Risk Factor Study in Southern Sweden (CRISS)", *Eur J Epidemiol*, 17(6):521—526.

Hoddinott, J. (2006) "Shocks and Their Consequences across and within Households in Rural Zimbabwe", *J Dev Stud*, 42(2):301—321.

Honda, G. (1997) "Differential Structure, Differential Health: Industrialization in Japan, 1868—1940", in Steckel, R.H., Floud, R. (eds) *Health and Welfare during Industrialization*. University of Chicago Press, Chicago, pp.251—284.

Jousilahti, P., Tuomilehto, J., Vartiainen, E., Eriksson, J., Puska, P. (2000) "Relation of Adult Height to Cause-specific and Total Mortality: A Prospective Follow-up Study of 31, 199 Middle-aged Men and Women in Finland", *Am J Epidemiol*, 151 (11): 1112—1120.

Komlos, J. (1989) *Nutrition and Economic Development in the Eighteenth-century Habsburg Monarchy: An Anthropometric History*. Princeton University Press, Princeton.

Komlos, J. (2001) "On the Biological Standard of Living of Eighteenth-century Americans: Taller, Richer, Healthier", *Res Econ Hist*, 20:223—248.

Komlos, J. (2003) "Access to Food and the Biological Standard of Living: Perspectives on the Nutritional Status of Native Americans", *Am Econ Rev*, 93(1):252—255.

Komlos and A'Hearn. (2017) "Clarifications on a Puzzle: The Decline in Nutritional Status at the Onset of Modern Economic Growth in the U.S.A.", University of Munich working paper Munich, Germany.

Komlos, J., Coclanis, P. (1997) "On the Puzzling Cycle in the Biological Standard of Living: The Case of Antebellum Georgia", *Explor Econ Hist*, 34(4):433—459.

Launer, J. (2016) "Epigenetics for Dummies", *Postgrad Med J*, 92 (1085): 183—184. https://doi.org/10.1136/postgradmedj-2016-133993.

Linares, C., Su, D. (2005) "Body Mass Index and Health among Union Army Veterans: 1891—1905", *EconHum Biol*, 3(3):367—387.

Margo, R. A., Steckel, R. H. (1983) "Heights of Native-born Whites during the Antebellum Period", *J Econ Hist*, 43(1): 167—174.

Marsden, M.T., Nachbar, J. (1988) "The Indian in the Movies", in Washburn, W. E. (ed) *History of Indianwhite Relations*, Vol. 4 of Handbook of North American Indians. Smithsonian, Washington, DC, pp. 607—616.

McKeown, T. (1976) *The Modern Rise of Population*. Arnold, London.

Mitchell, B.R., (1978) *European Historical Statistics 1750—1970*. Macmillan, London.

Morgan, S.L., Liu, S. (2007) "Was Japanese Colonialism Good for the Welfare of Taiwanese? Stature and the Standard of Living", *China Q*, 192:990—1013.

Mosk, C. (1996) *Making Health Work: Human Growth in Modern Japan*. University of California Press, Berkeley.

Murray, J. E. (1997) "Standards of the Present for People of the Past: Height, Weight, and Mortality among Men of Amherst College, 1834—1949", *J Econ Hist*, 57(3):585—606.

Olds, K.B. (2003) "The Biological Standard of Living in Taiwan under Japanese Occupation", *Econ Hum Biol*, 1(2):187—206.

Osmani, S., Sen, A. (2003) "The Hidden Penalties of Gender Inequality: Fetal Origins of Ill-health", *Econ Hum Biol*, 1(1):105—121.

Pak, S. (2004) "The Biological Standard of Living in the Two Koreas", *Econ Hum Biol*, 2(3):511—521.

Pongou, R., Salomon, J., Majid, E. (2006) "Health Impacts of Macroeconomic Crises and Policies: Determinants of Variation in Childhood Malnutrition Trends in Cameroon", *Int J Epidemiol*, 35(3):648—656.

Quetelet, A. (1835) *Sur l'homme et le développement de ses facultés: ou, Essai de physique sociale, Monograph, vol. 1*. Bachelier, Paris.

Riley, J. C. (1994) "Height, Nutrition, and Mortality Risk Reconsidered", *J Interdiscip Hist*, 24(3):465—492.

Roberts, C. (1876) "The Physical Development and Proportions of the Human Body", *St George's Hosp Rep*, 8:1—48.

Roberts, C. (1878) *A Manuel of Anthropometry*. J. and A. Churchill, London.

Sandberg, L. G., Steckel, R. H. (1980) "Soldier, Soldier, What Made You Grow So Tall? A Study of Height, Health and Nutrition in Sweden, 1720—1881", *Econ Hist (Sweden)*, 23(2):91—105.

Sandberg, L., Steckel, R.H. (1997) "Was Industrialization Hazardous to Your Health? Not in Sweden!", in Steckel, R. H., Floud, R. (eds) *Health and Welfare during Industri-*

alization. University of Chicago Press, Chicago, pp. 127—160.

Schwekendiek, D. (2008a) "Determinants of Well-being in North Korea: Evidence from the Postfamine Period", *Econ Hum Biol*, 6 (3):446—454.

Schwekendiek, D. (2008b) "The North Korean Standard of Living during the Famine", *Soc Sci Med*, 66(3):596—608.

Silventoinen, K. (2003) "Determinants of Variation in Adult Body Height", *J Biosoc Sci*, 35(2):263—285.

Sokoloff, K. L., Villaflor, G. C. (1982) "The Early Achievement of Modern Stature in America", *Soc Sci Hist*, 6(4): 453—481. https://doi.org/10.2307/1170972.

Statline. (2011) "Reported Height" in Statistiek CBvd, editor. *Health, Lifestyle, Use of Medical Facilities*. The Hague.

Steckel, R.H. (1977a) "The Estimation of the Mean Age of Female Slaves at the Time of Menarche and Their First Birth", the 1977 meeting of the Population Association of America, St. Louis, 23 April 1977.

Steckel, R.H. (1977b) "The Economics of U.S. Slave and Southern White Fertility", PhD Economics, University of Chicago.

Steckel, R.H. (1979) "Slave Height Profiles from Coastwise Manifests", *Explor Econ Hist*, 16(4):363—380.

Steckel, R.H. (1983) "Height and Per Capita Income", *Hist Methods*, 16:1—7.

Steckel, R.H. (1986a) "A Peculiar Population: The Nutrition, Health, and Mortality of American Slaves from Childhood to Maturity", *J Econ Hist*, 46:721—741.

Steckel, R.H. (1986b) "A Dreadful Childhood: The Excess Mortality of American Slaves", *Soc Sci Hist*, 10:427—465.

Steckel, R. H. (1995) "Stature and the Standard of Living", *J Econ Lit*, 33(4):1903—1940.

Steckel, R. H. (1998) "Strategic Ideas in the Rise of the New Anthropometric History and Their Implications for Interdisciplinary Research", *J Econ Hist*, 58(3):803—821.

Steckel, R.H. (2005) "Young Adult Mortality Following Severe Physiological Stress in Childhood: Skeletal Evidence", *Econ Hum Biol*, 3(2):314—328.

Steckel, R. H. (2010) "Inequality amidst Nutritional Abundance: Native Americans on the Great Plains", *J Econ Hist*, 70(2):265—286.

Steckel, R. H., Floud, R. (eds) (1997) *Health and Welfare during Industrialization, a National Bureau of Economic Research Project Report*. University of Chicago Press, Chicago.

Steckel, R. H., Haurin, D. R. (1994) "Clarifications on a Puzzle: The Decline in Nutritional Status at the Onset of Modern Economic Growth in the U. S. A", in John Komlos. (ed.), *Stature, Living Standards, and Economic Development*. University of Chicago Press, Chicago, pp.117—128.

Steckel, R.H., Prince, J. (2001) "Tallest in the World: Native Americans of the Great Plains in the Nineteenth Century", *Am Econ Rev*, 91(1):287—294.

Steckel, R.H., Rose, J.C. (eds) (2002) *The Backbone of History: Health and Nutrition in the Western Hemisphere*. Cambridge University Press, New York.

Steckel, R.H., Larsen, C.S., Roberts, C., Baten, J. (eds) (2019) *The Backbone of Europe: Health, Nutrition, Work and Violence over Two Millennia*. Cambridge University Press, Cambridge.

Stillman, S. (2006) "Health and Nutrition in Eastern Europe and the Former Soviet Union during the Decade of Transition: A Review of the Literature", *Econ Hum Biol*, 4(1):104—146.

Studenski, P. (1958) *The Income of Nations; Theory, Measurement, and Analysis: Past and Present; A Study in Applied Economics and Statistics*. New York University Press, New York.

Tanner, J. M. (1966) *Growth at Adolescence: With a General Consideration of the*

Effects of Hereditary and Environmental Factors upon Growth and Maturation from Birth to Maturity, 2nd edn. Blackwell Scientific Publications, Oxford.

Tanner, J. M. (1981) *A History of the Study of Human Growth*. Cambridge University Press, Cambridge.

Tanner, J.M., Preece, M.A. (eds) (1989) *The Physiology of Human Growth*. Cambridge University Press, Cambridge.

Ulijaszek, S.J., Johnston, F.E., Preece, M.A. (1998) *The Cambridge Encyclopedia of Human Growth and Development*. Cambridge University Press, Cambridge/New York.

Villermé, L.R., Golfin, H. (1829) *Mémoire sur la Taille de l'Homme en France*. Martel, Montpellier.

Wesley, C.H. (1942) "Manifests of Slave Shipments along the Waterways, 1808—1864", *J Negro Hist*, 27(2):155—174.

Zimran, A. (forthcoming) "Does Sample-selection Bias Explain the Antebellum Puzzle? Evidence from Military Enlistment in the Nineteenth-century United States", *J Econ Hist*.

第二章

历史长河中的财富和收入不平等

吉多 · 阿尔法尼

摘要

本章以西欧和北美为重点，从较长的历史视角，概述了当前有关收入和财富的经济不平等的知识。虽然最近的研究提供的大部分数据涵盖的是从中世纪晚期至今的时期，但是一些观察也可能涉及更早的时期。根据最近的这些调查结果，几个世纪以来，经济不平等不断加剧，而不平等现象明显减少的阶段相对较少，并且通常和灾难性事件有关，比如15世纪的黑死病或20世纪的世界大战。本章发现，对长期不平等加剧的传统解释并不令人满意，因而探讨了一系列其他的可能原因(人口、社会经济和制度)。把今天的情况放到一个非常长远的角度来看，不仅让我们质疑关于未来不平等的旧有假设(想想当前对库兹涅茨假设的批评)，而且还改变了我们在现代世界中看待不平等的方式。

关键词

财富不平等　收入不平等　分配　长期　西方历史

引 言

1174

近年来,关于不平等长期趋势的研究蓬勃发展。[1]这些新的研究大多聚焦在19世纪和20世纪,延续了最初由西蒙·库兹涅茨(Simon Kuznets)发表于1955年的开创性文章所引发的趋势。然而,关于前工业时代的研究也取得了重大进展,这个时代在很长一段时间里对于不平等研究来说基本是一个未知领域。关于欧洲地区(荷兰)长期不平等趋势的第一篇文章发表于库兹涅茨开启了这一领域研究的40年后(Van Zanden, 1995)。然而,直到过去5—10年,对前工业化时期不平等的研究才真正得到加强,这在很大程度上要归功于欧洲研究委员会(ERC)资助的"1300—1800年意大利和欧洲的经济不平等"(EINITE)这一项目。[2]这项研究大大增加了可用于探索长期不平等变化的动态和根本原因的信息量,以至于今天,在某些方面,至少在一些欧洲地区,我们对前工业化时期不平等的了解可能比对过去50年或60年的分配变化的了解更多。另一个重要发展是,对不平等的研究从关注收入不平等转向更多地关注财富不平等。

最近关于收入和财富的长期不平等变化趋势的研究结果,显著改变了我们对历史上分配动态以及对当前不平等程度和变化趋势的看法。将今天的情况放到非常长远的角度来看,会使我们对关于未来不平等的旧有假设提出质疑——事实上,库兹涅茨关于在实现一定程度的发展后存在不平等减轻的内在趋势的假设,现在已被许多学者明确否定。但更普遍的是,对长期不平等加剧的所有传统解释都被认为是无法令人满意的(因为它们无法解释经济史学者发现的新事实),因此,学者们也探究了一系列其他的可能因素。如今,关于长期不平等加剧的原因,或者在某种程度上说,关于长期不平等加剧的结果的争论也尤其激烈,并且许多经济史学者和计量经济学者都对此作出了积极贡献。

---

① 感谢彼得·林德特(Peter Lindert)提出了许多有益的意见。

② www.dondena.unibocconi.it/EINITE.

本章首先概述了近年来关于历史上财富和收入不平等的研究成果，重点介绍了我们至少有一些高质量数据的时期（从1300年前后至今），但也同样对更早时期（从史前到古典时代）不平等的程度和动态提供了初步观察。本章第二部分概述了关于可能有助于形成长期不平等发展趋势的不同因素的争论，其中包括经济、社会人口和体制因素。在结语中，本章提供了对于历史可以教给我们有关未来不平等的那些教训的一些思考。由于篇幅原因，讨论焦点将主要集中在欧洲和北美。

1175

几个世纪以来，经济不平等是如何变化的？

正如库兹涅茨本人所强调的那样，我们在理解长期不平等趋势方面取得的进展，严格取决于及时收集有关收入和财富分配的高质量数据的能力。事实上，正如最近一波关于不平等发展趋势的研究所证明的，分配的动态十分复杂，无法简单地从其他变量（如人均GDP的趋势）推断出来，而是需要尽可能直接地加以衡量。尽管这种直接证据通常来自各种各样的财政评估，但其性质随时间和空间变化。“中世纪和近代早期（从1300年前后至1800年）”这一部分将简要讨论可用于研究前工业时代不平等现象的资料来源，而对于那些可用于研究19世纪和20世纪的资料，我将参考罗伊内和瓦尔登斯特伦（Roine and Waldenström，2015）最近的优秀综述。

现有研究为我们提供了衡量不平等的标准尺度，其中几乎总是包括反映集中度的基尼系数。基尼系数的计算公式如下：

$$G=\frac{2}{n-1}\sum_{i=1}^{n-1}(F_i-Q_i)$$

其中，n是个人或家庭数量，i是按收入或财富增长排序的每个个人的位置，F_i等于i/n，Q_i是位置在1和i之间所有个人的收入或财富总和除以全部个人总财富（换句话说，F_i-Q_i是在由下到上的财富分配中位置i以下的人口比例与他们在总财富中所占比重之间的差额）。在这个公式中，基尼系数被标准化为在0和1之间变化，0代表完全平等（当每个个人或家庭拥有相同的收入或财富时，对每一个 i，$F_i - Q_i$ 等于 0)，1 代表完全不平等(一个个人或家庭赚取或拥有一切)。

基尼系数是我们“总结”一个给定的社会中不平等程度的最佳工具。然而，相同的系数值可以对应不同的分布。出于这个原因，将它与其他衡量方法结合起来使用是重要的，这使我们能够控制分配中特定部分的重要变化。通常这是通过提供关于分配的特定百分比信息来实现的，例如，最贫穷的 10%、最富有的 10%等。近年来，人口中最富有的部分——最富有的 1%、最富有的 5%或最富有的 10%，本身已经成为一个非常流行的指标。这部分是由于即便不怎么懂不平等统计的人也很容易理解这一指标，部分则是因为在分配顶端发生的情况似乎与解释收入或财富集中程度变化的总体趋势特别相关(参见 Atkinson et al.，2011；Alvaredo et al.，2013)。为简洁起见，本章接下来只使用两种最流行的不平等衡量标准：基尼系数和最富有的 10%的群体。我们将探讨财富和收入这两类不平等的发展趋势。对于前工业化时期，这将使我们能够比较更多地区，因为通常这两类趋势中只有一类可以得到重构。注意，对于大多数前工业化社会和缺乏更完整信息的社会，财富不平等也可以被视为收入不平等的一个粗略代表，因为土地是大多数人口的主要收入来源(对这一点，参见 Lindert，2014；Alfani，2015；Alfani and Ammannati，2017)。对于更晚近的时期(1800 年至今)，我们将有可能比较研究所覆盖的每个地区收入和财富不平等的动态。

1176

中世纪和近代早期(从 1300 年前后至 1800 年)

虽然直到最近，我们对前工业化时期不平等的程度和变化趋势的了解还极为有限，但我们现在对 1800 年以前欧洲许多地区(主要是财富，有时是收入)不平等的长期变化趋势进行了高质量、数据丰富的重构，例如意大利(Alfani，2015，2017；Alfani and Di Tullio，2019)、西班牙(Santiago-Caballero，2011)、葡萄牙(Reis，2017)、低地国家(Van Zanden，1995；Ryckbosch，2016；Alfani and Ryckbosch，2016)。其中一些研究重构涵盖了许多世纪，迄今为止最好的例子可能是意大利的佛罗伦萨共和国(位于今托斯卡纳大区)，在那里，人们有可能重构 1300 年至 1800 年整个时期内的总体不平等变化趋势(Alfani and Ammannati, 2017)。①这一广泛的研究活动延伸到欧洲以外,还探索了奥斯曼帝国统治下的安纳托利亚(Anatolia)(Canbakal, 2013)、独立战争前的美国(Lindert and Williamson, 2016),以及德川幕府末期的日本(Saito, 2015)等地区在前工业化时期的长期不平等变化趋势。

这些研究大多利用财政资料来重构财富分配。尤其是在南欧,更常用的资料来源是财产税记录,通常在意大利被称为"estimi",在法国被称为"cadastres",在其他地方也有类似名称——其中包含每个家庭拥有的应税财产信息。它总是包括不动产(土地和建筑物),到目前为止,这是前工业化时代农村社会财富的主要组成部分,有时也包括其他项目,如投资于贸易的资本。这些资料的局限性在于,它们很少包括无产者,即那些没有应税财产的家庭。然而,这类家庭通常很少(占总数的3%至7%)。因此,尽管将它们排除在衡量不平等程度的范围之外会导致系统性的低估,但这种扭曲程度非常有限。②而且更重要的是,根据经验我们已经发现,是否在研究中纳入无产者并不会改变趋势的变化方向(进一步的讨论见 Alfani, 2015, 2017; Alfani and Di Tullio, 2019)。

1177

总的来说,关于1300—1800年的新研究建立了有关欧洲前工业化时代不平等的两个基本"特征事实":

1. 在整个时期,不平等持续下降的唯一阶段是由黑死病引发的,这一疾病从1347年到1351年在欧洲蔓延。

2. 在这个下降阶段之后,从1450年左右开始(不同地区存在一些差异),在我们有证据的几乎所有地区,收入和财富不平等程度几乎都趋向单调增加。

上述特征事实在图2.1a和图2.1b中清晰可见,它们报告了意大利一些

① 最近的其他研究集中在特定地区有特殊资料来源的单一年份,例如1759年的西班牙(Nicolini and Ramos Palencia, 2016)或1578年的波兰(Malinowski and Van Zanden, 2017)。

② 例如,在威尼斯共和国的贝加莫市(这也许是我们对社区中随着时间推移的无产者的存在情况有最完整了解的意大利社区),从1537年到1702年,基尼指数的扭曲程度最小值为1640年的0.006(从不包括无产者的0.715到包括无产者的0.721),最大值为1610年的0.03(从不包括无产者的0.723到包括无产者的0.753)(Alfani and Di Tullio, 2019)。

1178

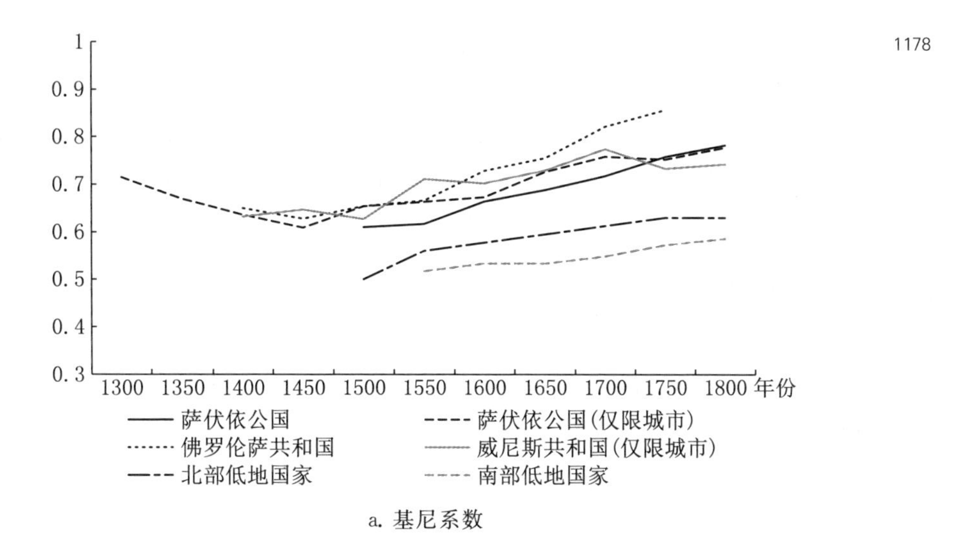

a. 基尼系数

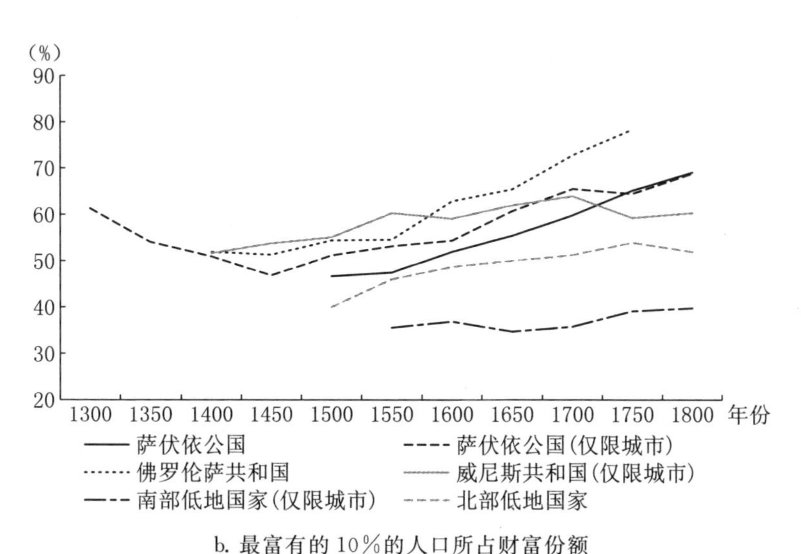

b. 最富有的10%的人口所占财富份额

注:图中序列涵盖了萨伏依公国、佛罗伦萨共和国和威尼斯共和国(不包括无产者)的财富不平等,以及南部和北部低地国家的收入不平等。

资料来源:萨伏依公国的数据来自阿尔法尼(Alfani, 2015)的研究;佛罗伦萨共和国的数据来自阿尔法尼和阿曼纳蒂(Alfani and Ammannati, 2017)、阿尔法尼和里克博施(Alfani and Ryckbosch, 2016)的研究;威尼斯共和国的数据来自阿尔法尼和迪图利奥(Alfani and Di Tullio, 2019)的研究;北部低地国家(荷兰)的数据来自范赞登(Van Zanden, 1995)的研究;南部低地国家的数据来自阿尔法尼和里克博施(Alfani and Ryckbosch, 2016)的研究。

图2.1　1300—1800年意大利和低地国家经济不平等的长期变化趋势

共和国/公国、南部低地国家(现在的比利时)和北部低地国家(现在的荷兰)的基尼指数和最富有的10%的人口所占的财产份额。这些衡量涉及意大利的财富不平等和低地国家的收入不平等,因此应当比较的是变化趋势,而不是程度(因为无论是过去还是现在,财富往往比收入更集中)。

可用于衡量整个共和国/公国或地区的最长序列来自意大利西北部的萨伏依公国(Sabaudian State*,位于今皮埃蒙特大区)(仅限城市)。在那里,在黑死病流行之前,财富集中的基尼系数等于0.715。到1350年黑死病发生后不久,它降到了0.669,随后继续下降。而在整个1300年至1800年期间,该地区报告的绝对最低值出现在1450年前后,基尼系数为0.609。在那之后,不平等加剧重新开始,并且无间断地持续了大约两个半世纪。事实上,直到17世纪中叶,不平等程度才最终超过瘟疫前的水平。18世纪上半叶,1179 皮埃蒙特大区中各城市的不平等增长停滞不前,但到了下半叶,不平等再次加剧,于1800年达到峰值0.777(如果我们观察整个地区,而不仅仅是城市,则不平等加剧在整个世纪内都在持续)。最富有的10%的人群所占的财富份额也呈现同样的发展趋势,他们在1300年拥有全部财富的61.3%,在1450年拥有46.8%,在1800年拥有68.9%。意大利其他共和国/公国的情况也与之类似(Alfani, 2015, 2017)。在近代早期,(收入)不平等的加剧也可以在北部和南部低地国家被观察到。

黑死病造成的分配影响值得特别关注。在这样一段较早时期,证据相对稀少,迄今为止,它主要涉及萨伏依公国(Alfani, 2015)、佛罗伦萨共和国(Alfani and Ammannati, 2017)和南部低地国家(Ryckbosch, 2016)。虽然我们只有黑死病发生前后萨伏依公国的总量序列数据,但对于每个地区,我们可以观察这场可怕的死亡危机前后的一些特定社区。在所有可供研究的社区中,不平等程度在黑死病发生后立即下降,并在不同地区有着持续50—100年的趋势。例如,在托斯卡纳大区的普拉托市(Prato),财富不平等的基尼指数在1325年为0.703,但到了1372年,它已经降到0.591的历史最低点(在此期间,最富有的10%的人群所占财富份额从65.7%下降到48.1%,这对财富分配中的所有其他阶层都有利)。同样在托斯卡纳,在波吉邦西(Pog-

* Sabaudian State是萨伏伊(Savoy,即现在的皮埃蒙特大区)的旧称。——译者注

gibonsi)的乡村社区,1338年的基尼系数是0.550,但在黑死病发生后的1357年只有0.474(Alfani and Ammannati, 2017)。事实上,在可怕的瘟疫发生后的时期,我们发现欧洲前工业化时期的财富不平等程度达到最低——正如我们将看到的那样,与今天的不平等程度相差不远。我们还应当指出,在这场可能是历史上最可怕的影响欧洲的死亡危机(它杀死了欧洲大陆上高达50%的人口)发生后,不平等程度的下降是意料之中的结果,因为在劳动力供给锐减之后,实际工资增加,这有助于减少收入不平等。财富不平等(以及由此带来的资本收入不平等)的减少也可以被预期到,因为较高的实际工资为更大一部分人口提供了获得财产的手段,特别是在市场上的不动产供给比平时多得多,导致价格更低的背景下(Alfani and Murphy, 2017:332—334)。

至于近代早期的动态特征,我们将在"现代时期(从1800年前后至今)"这一部分中看到,几乎所有现有案例所展现的近乎单调的不平等加剧在接下来的一个世纪里继续存在。迄今为止,葡萄牙是唯一一个在近代早期被观察到(收入)不平等程度有所下降的案例,这可能是"以农业为基础的长期经济扩张浪潮的结果,在此期间对劳动力的需求常常超过了对土地的需求"(Reis, 2017:21)。然而,我们将在本章第二部分看到,对于欧洲其他国家,越来越多的文献开始讨论导致不平等加剧的因素。在探讨过去两个世纪不平等变化趋势的特征之前,我们有必要强调关于前工业化时期不平等的另一个特征事实:影响分配顶端(这里指最富有的10%的人口)所占财富份额的趋势,能够塑造通过基尼系数测量的整体不平等变化趋势(只要比较图2.1a和图2.1b就能看到)。这一特征事实在当代社会的数据中得到了完美的重构(Atkinson et al., 2011; Alvaredo et al., 2013),后文提供的证据很轻易地印证了这一点。 1180

现代时期(从1800年前后至今)

近代早期出现的收入和财富日益集中的趋势在19世纪继续存在,并且有一些迹象表明,这种集中程度随着时间推移越来越高。同样地,在这个时期,我们能够掌握的有关财富的信息比有关收入的信息更多。根据普遍的说法和现有数据,财富不平等在第一次世界大战前夕达到了历史最高点。

1181

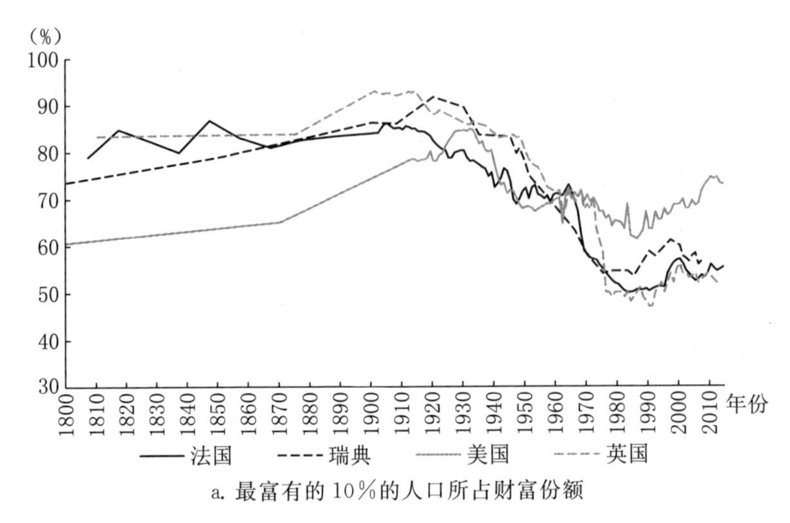

a. 最富有的10%的人口所占财富份额

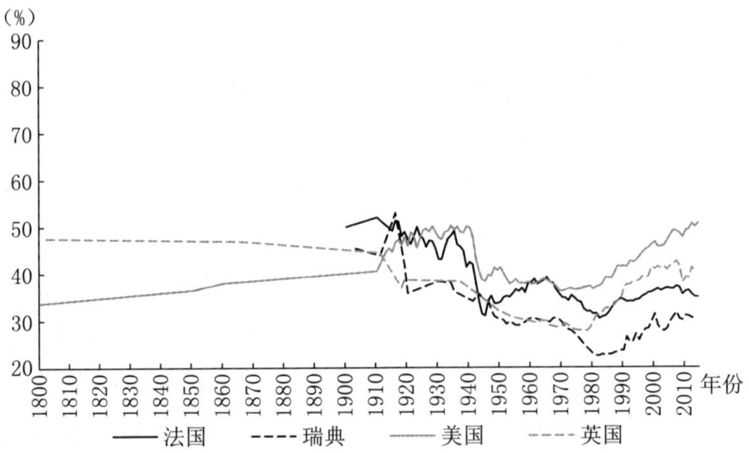

b. 最富有的10%的人口所占收入份额

注：财富数据为家庭数据，收入数据为按照财政单位度量的税前数据。

资料来源：财富份额方面，法国的数据来自世界财富与收入数据库（World Wealth and Income Database, WID）；瑞典1800年、1850年和1900年的数据来自本特松等人（Bengtsson et al., 2018）的研究，1908—2007年的数据来自罗依内和瓦尔登斯特伦（Roine and Waldenström, 2015）的研究；美国1774年的数据来自林德特（Lindert, 2000）的研究，1870年的数据来自萨奇（Sutch, 2016）的研究，1913—2014年的数据来自对WID与罗依内和瓦尔登斯特伦（Roine and Waldenström, 2015）的研究的一些整合；英国1810年、1875年的数据来自林德特（Lindert, 1986）的研究，1900—1912年的数据来自对WID与罗依内和瓦尔登斯特伦（Roine and Waldenström, 2015）的研究的一些整合。收入份额方面，法国的数据来自WID；瑞典的数据来自WID；美国1774年、1850年、1860年、1870年和1910年的数据来自林德特和威廉森（Lindert and Williamson, 2016）的研究，1913—2014年的数据来自WID；英国1802年、1867年和1911年的数据来自林德特（Lindert, 2000）的研究并经细化处理，1918—2013年的数据来自WID。

图2.2　1800—2014年欧洲和北美经济不平等的长期变化趋势

例如，在法国——可能是世界上对19世纪财富分配研究最深入的国家(Piketty et al., 2006, 2014; Piketty, 2014)，战前几年，最富有的10%的人口拥有的财富比例约为85%，比现有数据的起始年份1807年高出不少(5—6个百分点)。在同一时期，最富有的1%的人口拥有的财富比例增长更多，增幅超过10个百分点(由44%增加为54%—56%)。

在20世纪早期，像法国这样的欧洲大陆国家的财富分配仍然比美国更加不均衡。1913年，美国最富有的10%的人口拥有全部财富的78.4%，略低于一个世纪前法国最富有的人口占有的份额(1913年美国最富有的1%的人口拥有全部财富的45.1%，情况类似)。事实上，与几乎所有欧洲国家相比，美国在这一年的财富分配不均衡程度都较低。例如，1913年英国最富有的10%的人口拥有财富的比例为92.6%，1908年瑞典最富有的10%的人口拥有财富的比例为86%。美国，或者更普遍地说，北美的这种相对平等的特征在美国独立战争前夕就已出现。例如1902年，加拿大[①]最富有的1%的人口拥有全部财富的36.4%，而1908年瑞典和1913年英国的这一比例分别为53.8%和66.6%。事实上，在1774年，美国最富有的10%的人口只拥有总财富的59%(以"净资产"衡量)，而最富有的1%的人口拥有16.5%的财富(Lindert, 2000:188)。在19世纪的美国，最富有的人群所占的财富比例趋于上升，因为1870年最富有的10%的人口拥有全部财富的65.1%，而1913年这一比例为78.4%。不幸的是，我们缺少这期间的估计数据，但似乎可以安全地假设，在19世纪的美国，总体趋势是财富日益集中(参见Lindert and Williamson, 2016:121—122)。如果我们将这三个时期线性地连接起来，会得到图2.2a所示的趋势，这也清楚地表明了美国和法国之间的不平等差距是如何因后者不平等加剧幅度的放缓而随着时间的推移出现下降的。在英国也发现了类似的不平等加剧趋势：1810年，最富有的10%的人口拥有全部财富的83.4%，1875年这一比例为83.8%，1913年为92.6%。这些数字表明，英国是19世纪财富集中程度最高的国家，但是我们必须承认，自19世纪初以来我们仅能够掌握的另外两个案例——瑞典和法国，财富集中程度仅次于英国。这些相对趋势在图2.2a中可见，图中显示了上述四个国

1182

① 对加拿大的估计仅包括安大略省(Davis and Di Matteo, 2018:34)。

家自19世纪初以来最富有的10%的人口的财富和/或收入所占份额(图中的注释提供了上文和下文所讨论的估计值的来源)。

我们没有对19世纪法国和英国的财富不平等基尼系数进行估算;而是更一般地,对过去两个世纪的研究更多侧重于衡量最高阶层的财富和收入份额,而不是重构全部分配状况(计算基尼指数所需)。对于美国,我们有一个对1774年的估计,当时的基尼系数等于0.694(仅限自由家庭)。然而,对于瑞典,最近的一项研究显示,1750年的财富基尼系数为0.79,1800年为0.84,1850年为0.87,1900年为0.91(Bengtsson et al.,2018)。这一趋势与图2.2a所示最富有的10%的人口所占财富的比例变化完全吻合,即在这四个时期中,该比例从68.7%上升到73.6%、78.9%,最终在1900年达到86.2%。这进一步证实了这样一个事实,即在大多数情况下,最富有的10%的人口所占财富比例的变化趋势可以被认为是对不平等变化的总体方向的指示。

如果我们看一下图2.2所示四个国家的收入,只有美国和英国的数据可以对一战前大约一个世纪的总体趋势给出一个印象。在英国,前10%的财富阶层的人口在1802年占有国民收入的47.6%,1867年占有46.9%,1911年占有44.5%(Lindert,2000)。在美国,1774年前10%的财富阶层的份额是32.3%(13个殖民地中),1850年该份额为36.5%,1860年为38%,1870年为38.5%,1910年为40.6%(Lindert and Williamson,2016)。对有些时期,我们还有一个收入基尼系数。这一系数在1759年的英国为0.459,1801年为0.515,1867年为0.530(Milanovic,2013:12);而在美国,1774年为0.441(13个殖民地中),1860年和1870年为0.511(Lindert and Williamson,2016)。因此,尽管在美国,这种趋势显然是以收入和财富的不平等加剧为走向的,但在英国,情况则更为复杂——这似乎符合"库兹涅茨式"(Kuznetsian)的观点,即在工业革命后期,(收入)不平等程度有所下降。而这一进程是由英国率先发起的。

在两次世界大战以及两次世界大战之间的动荡时期,西方国家中最富有的人口所拥有的财富和收入份额大幅下降。这也可以在图2.2和表2.1中看到。在1900年到1950年间,最富有的10%的人口减少了对英国12.7%的财富的控制,而这一数字在法国是11.7%,在瑞典是8.9%,在美国是6.1%。

表 2.1 1850—2010 年欧洲和北美最富有的 10%的人口的财富和收入份额(%)

	最富有的 10%的人口所占财富份额					最富有的 10%的人口所占收入份额				
	1850 年	1900 年	1950 年	1980 年	2010 年	1850 年	1900 年	1950 年	1980 年	2010 年
丹　麦	—	87.3(1908 年)	71.1	67.5(1975 年)	70.8	54.1(1870 年)	41.9(1903 年)	32.2	25.9	26.9
芬　兰	—	70.6(1909 年)	61.9(1967 年)	63.2	54.4(2009 年)	—	—	—	27.7(1990 年)	32.5(1909 年)
法　国	86.7(1847 年)	84.1(1902 年)	72.2	51.6	55.9	—	50	33.9	31.4	36.2
德　国	—	—	—	—	59.2	—	39.1	34.6	31.8	39.7
意大利	—	—	—	40.2(1989 年)	45.7	—	—	—	27.2	33.9(2009 年)
荷　兰	—	—	—	—	50.7	—	45.9(1914 年)	36.7	28.5(1981 年)	30.7
挪　威	—	76.3(1912 年)	78.4(1948 年)	58.1(1979 年)	51.1	40(1875 年)	42.2(1906 年)	34.1	25.3	28
瑞　典	78.9	86.2	77.3	54.5(1978 年)	56.7(2007 年)	—	45.4(1903 年)	30.37	22.8	31
瑞　士	—	84.8(1913 年)	78.8(1949 年)	69.6(1981 年)	82.9	—	—	32.3(1949 年)	29.9(1979 年)	33.5
英　国	83.8(1875 年)	92.7	79.9	50	54(2009 年)	46.9(1867 年)	44.5(1911 年)	32.3(1949 年)	28.37(1979 年)	39.2

续表

	最富有的10%的人口所占财富份额					最富有的10%的人口所占收入份额				
	1850年	1900年	1950年	1980年	2010年	1850年	1900年	1950年	1980年	2010年
加拿大	—	82.1 (1902年)	64.7	56.0 (1984年)	57.0 (2012年)	—	—	38.2	37.2	41.4
美　国	65.1 (1870年)	78.4 (1913年)	68.3	65.1	74.5	36.5	40.6 (1910年)	41.3	36.7	49.1

注：财富数据以家庭为单位(加拿大1950年除外，该数据以个人为单位)，且计算的是净财富(美国1870年除外，只有总财富估计可用)。收入数据是基于财政单位和税前数据计算的。数据集中在50年的断点附近，如果数据的实际年份不同于断点年份，则将实际年份标注于括号中。

资料来源：财富份额方面，法国的数据来自WID；丹麦、芬兰、荷兰、挪威和瑞士的数据来自罗依内和瓦尔登斯特伦(Roine and Waldenström, 2015)的研究；德国2010年的数据来自全球财富数据库(Global Wealth Databook, 2017)；意大利的数据来自布兰多利尼等人(Brandolini et al., 2004)的研究和全球财富数据库(Global Wealth Databook, 2010)；瑞典1850年和1900年的数据来自本特松(Bengtsson et al., 2018)的研究，其他数据来自罗伊内和瓦尔登斯特伦(Roine and Waldenström, 2015)的研究；英国1875年的数据来自林德特(Lindert, 1986)的研究，1900年的数据来自WID，1950年和1980年的数据来自罗伊内和瓦尔登斯特伦(Roine and Waldenström, 2015)的研究，2009年的数据来自WID；美国1870年的数据来自(Sutch, 2016)的研究，其他数据来自WID；加拿大1902年和1950年的数据(1902年的数据仅指安大略省地区)来自戴维和迪马特奥(Davis and Di Matteo, 2018)的研究并经细化处理。收入份额方面，几乎所有国家和日期的数据都来自WID，但美国1850年和1910年的数据来自林德特和威廉姆森(Lindert and Williamson, 2016)的研究；英国1867年和1911年的数据来自林德特(Lindert, 2000)的研究并经细化处理。

同一时期，在这四个国家中，收入最高的 10%的人口的收入份额在法国下降了 16.1 个百分点，在瑞典下降了 15 个百分点，在英国下降了 13.2 个百分点。只有在美国，我们发现这一份额略有增加——增加了 1.3 个百分点。但是，如果我们以美国参战前夕作比较，也会发现这一份额出现了一些下降。尽管如此，两次世界大战之间的时期仍然是美国在财富和收入不平等水平上最终赶超欧洲大陆的时刻，美国从西方国家中最平等的国家之一变成了最不平等的国家之一。

这一时期财富不平等的减轻——这也是通过缩小资本收入差距而减轻总体收入不平等的一个重要部分——似乎更多地是由于巨额遗产遭受的损失，而不是由于财富自上而下的涓涓细流。事实上，20 世纪 20 年代战争带来的恶性通货膨胀和股票市场崩溃摧毁了金融资本。战争，特别是第二次世界大战，严重影响了实物资本，许多海外财产和投资都蒙受了损失（综合分析见 Piketty，2014：181—187）。然而，在第二次世界大战结束后 30 年左右的时间里，财富和收入不平等水平仍然相对较低，而且在许多情况下，它们还进一步下降了，至少在欧洲是这样。最高收入人口所占收入份额的下降在瑞典尤其突出，从 1950 年到 1980 年，收入最高的 10%的人口所占份额在整个国民收入中损失了 7.6 个百分点。就财富而言，下降幅度最大的是英国，财富居于前 10%的富豪所占份额下降了 29.9 个百分点。事实上，到 1980 年，长期以来一直被视为西方国家中财富不平等程度最高的国家之一的英国，已经变得相对平等，这也可以从收录了更全面的各国最富有的 10%的人口的财富和收入份额信息的表 2.1 中看出。

1184

这种进一步减少收入和财富不平等的总体变化趋势在 20 世纪 70 年代末至 80 年代初结束，部分原因是税收改革（见“制度”部分的讨论）。这也是英语国家与其他西方国家（如果我们关注收入）或美国与欧洲国家（如果我们关注财富，见图 2.2 和表 2.1）之间分配动态出现差异的时期。特别要指出的是，如果我们观察最富有的 1%的人口的收入份额，主要英语国家（澳大利亚、加拿大、英国和美国）在 20 世纪遵循一条 U 形曲线，最富有的 1%的人口的收入份额在 1980 年后迅速增长，到 2007 年增加了一倍多，最终达到或接近一战前水平。相反，欧洲大陆国家（加上日本）在 1980 年之后，收入不平等加剧的趋势要小得多，走的是一条 L 形道路（Alvaredo et al.，2013：5—6）。

总的来说，如果我们观察前10%的富有人口的收入份额，就会发现欧洲大陆和讲英语的“大西洋”国家之间的上述差异得到了证实。一方面，从1980年到2010年，我们看到美国和英国的收入份额分别上升了12.4个百分点和10.8个百分点，是法国和芬兰等国家的两倍多，法国和芬兰的上升幅度为4.8个百分点，意大利的上升幅度为6.7个百分点。另一方面，在加拿大，收入最高的10%的人口的收入份额增幅仅为4.2个百分点，即使按照欧洲的标准也相对较低。而约从1990年开始，不平等现象增幅最大的经合组织(OECD)国家是瑞典。这在很大程度上是由于：(1)资本收益作为瑞典总收入的一个组成部分越来越重要，这符合财富日益集中的情况；(2)财政制度的累进性下降(OECD, 2015; Waldenström, 2009)。后一个因素可能是1980年后各国收入和财富不平等加剧的罪魁祸首之一。这一点将在“如何解释不平等的长期变化?”部分中得到进一步讨论。在此之前，我们需要进一步回到过去以完成我们对经济不平等的长期变化趋势的概述。

1185

回顾更遥远的过去：从史前到古典时代

关于过去不平等程度和变化趋势的新一波研究也涉及很早的时代。虽然收集到的证据不可避免地不如我们现在所掌握的中世纪资料丰富和准确，但似乎有必要在这里简要叙述一下这些近期研究对我们关于古典时代和更早期经济不平等的认识的贡献。

事实上，一些作者甚至试图提供有关史前经济不平等的初步估计。他们的工作既依赖于考古学证据，也依赖于关于历史和当今“原始”社会的更详细的信息，比如少数幸存的狩猎采集部落。一般来说，依赖觅食的人类群体拥有低水平的经济分化。然而，如果我们考虑到早期的农民，则已经能够发现经济不平等的显著加剧。事实上，从狩猎采集者到农民乃至其他社会群体，不平等程度是一个连续统一体：“只有在动植物被驯化之后，许多(但远非所有)人口才具有实质性的经济不平等特征，最终导致阶级社会和等级森严的古代国家的出现。”(Bowles et al., 2010:8)为了说明不平等程度的潜在变化，在一个当代和历史上的“小规模社会”样本中，狩猎采集者物质财富(包括牛、土地和财富的其他有形组成部分)的平均基尼不平等系数为0.36，这一系数在牧业和园艺社会升至0.51—0.52，在农业社会升至0.57(Borgerhoff

Mulder et al., 2009:Table S4)。继承制度所带来的财富集中,是不平等在几代人之间被复制和加深的关键。实际上,财富继承程度的变化似乎可以解释史前时期不平等程度的变化(特别是在比较所谓的新石器革命之前和之后的人类社会时,这场革命始于公元前10000到公元前8000年左右,与第一个永久定居点的出现和农业的引入有关),以及分析今天不同类型的小规模社会所经历的状况(Borgerhoff Mulder et al., 2009; Bowles et al., 2010)。其他研究则强调各种各样的"不平等因素"的重要性,这些因素可能导致早期社会变得不平等(以及社会等级更加分化)。除了资源稀缺和技术进步外①,植物和动物的驯化肯定也是一个这样的因素(Scheidel, 2017:33—39)。

早期社会的进一步发展,特别是政府机构的发展和最早国家的逐步形成,孕育并加深了经济不平等:"前现代国家一方面通过为商业活动提供一定程度的保护,另一方面通过为那些与政治权力的行使关系最密切的人开辟新的个人利益来源,而产生了前所未有的令物质资源积聚和集中在少数人手中的机会。长期来看,政治和物质的不平等是同步进化的。"(Scheidel, 2017:43)同样在这一时期,不平等进一步加剧的证据主要来自考古学(尽管一些有用的书面文献仍然被保存了下来),其中涉及如公元前24世纪至公元前22世纪的阿卡德王国、公元前2000年至公元前6世纪的巴比伦,以及各个时期的埃及等早期国家(Diamond, 1997; Scheidel, 2017)。而只有当我们更进一步,进入起点通常在公元前8世纪和公元前7世纪左右的古典时代,我们所掌握的总体信息才能够对经济不平等程度作出一些更详细的估计——尽管在许多方面仍然具有极大的推测性。为了综合起见,我将集中讨论罗马帝国的情况,它是近期大量出版物的研究对象。

1186

目前有两个关于罗马帝国时期人与人之间不平等的估计,它们是从社会排序表中建立起来的。一个关于在早期帝国时期的公元14年,当时基尼系数落在0.364—0.394范围内(Milanovic et al., 2007:77)。另一个涉及公元150年,即罗马帝国繁荣的顶峰。那时,收入不平等似乎已经显著加剧,因为

① 例如有考古证据表明,在生活于加利福尼亚海岸的丘马什人(Chumash)部落中,公元500—700年左右引进能够用于到距海岸相对更远处航行的大型远洋平板独木舟,导致该部落从一个平等的觅食者社会向一个由控制独木舟和组织经济、军事、宗教活动的一夫多妻首领主导的社会转变(Scheidel, 2017:34—35)。

我们估算的基尼系数是 0.413(Scheidel and Friesen, 2009; Scheidel, 2017:78)。这两个估计都是将罗马帝国视作一个整体来分析的。最近,有人试图将这种对人际不平等的衡量方法与针对平均收入水平的区域不平等的新估计结合起来,以便初步了解整个帝国在更长时期内不平等的变化情况。总的来说,这种重构表明,收入不平等的增长从公元 14 年持续到公元 150 年,而这正是一个日益繁荣和领土扩张的时期。此后,收入不平等从 0.4 左右的高水平显著下降,到公元 600 年或 700 年降至 0.13—0.15 的最低点。这显然与帝国的衰落密切相关(Milanovic, 2017:12 and elsewhere)。

我们对财富不平等的了解要少得多。现有证据表明,在这种情况下,也会出现第一个具有财富日益集中特征的时期(从公元前 2 世纪到公元前 1 世纪,即涵盖了共和国晚期和第一帝国时期),在此期间,最大财富规模增加至原先的 80 倍,从 400 万—500 万塞斯特斯增加到 3 亿—4 亿塞斯特斯(Scheidel, 2017:71—75)。这种趋势在罗马帝国开始遇到困难并进入衰落阶段时停止。这个国家在 5 世纪逐渐失去了对欧洲和地中海地区各省的控制,最终甚至失去了对意大利核心领土的控制。这一崩解最后导致了财富不平等的大幅度减轻。在很大程度上,这是罗马经济的精英成员在整个帝国所拥有的"广泛的产业网络"崩溃的结果。许多乡村别墅的废弃为我们提供了证明这一过程的证据,但更重要的是,考古学为不平等程度更普遍的减轻找到了一些证据。通过对住房规模的分布进行分析,我们发现不平等程度的减轻也涉及社会中层和中上层。例如,在英国,房屋大小的基尼系数从罗马帝国时期的 0.6 左右下降到中世纪早期的 0.4(Scheidel, 2017:265—269)。根据沃尔特·沙伊德尔(Walter Scheidel)的说法,这说明了不平等程度的下降是对国家崩溃和更普遍的大规模灾难的一种平衡力量。

1187

如何解释不平等的长期变化?

从上面提供的数据中,我们可以清楚地看到,在历史长河中,财富和收入不平等几乎是不间断加剧的。在过去七个世纪里(这一时期至少在世界上的一些地区,我们有档案或统计资料来源,或是可靠机构提供的关于分配动态的详细资料），只有在大规模灾难后——14 世纪的黑死病和 20 世纪的两次世界大战后，才能出现财富和收入不平等的显著减轻。如果我们在分析中包括仅掌握较少信息的早期阶段，那么在过去两千年的西方，导致不平等程度下降的灾难数量似乎可以增加到三个，即加上 5 世纪罗马帝国的崩溃。在所有其他时期（并在一些记录最少的阶段，特别是中世纪早期允许存在不确定性），不平等似乎一直在几乎单调地加剧。考虑到这些历史动态，解释不平等的加剧要比解释不平等的减轻更为棘手。事实上，能够在长期历史上导致不平等加剧的因素正是目前激烈辩论的对象，本章对此无法进行详细讨论，特别是如果考虑到不同力量在不同时期发挥作用的可能性，也就是说，跨越时空却似乎相似的趋势可能具有非常不同的根本原因。本部分的目的是概述这些讨论——这当然不是详尽无遗的概述，但旨在明确可能在人类历史中长期持续的要素，并揭示专门侧重于特定时期或领域的研究往往未能强调的关联。由于本章第一部分已经概述了主要灾难的分布及其对减轻不平等的影响，因此这里的重点将放在导致其他时期不平等加剧的因素上。

经济变量

正如我们在引言中所述，对长期不平等变化趋势的许多研究是由西蒙·库兹涅茨（Kuznets，1955）的初始贡献引出的。尽管有充分的理由认为，我们绝对应该超越库兹涅茨的方法（见下文），但首先简要回顾他的有关经济发展是触发工业化时期不平等变化的扳机的假说，似乎仍是有益的。1188
根据库兹涅茨以及在他的开创性文章发表后几十年里对其分析进行调整的学者（相关综述请参见 Brenner et al.，1991），收入不平等在工业化进程中沿着一条倒 U 形路径（即所谓的库兹涅茨曲线）发展，在工业化开始时处于上升阶段。这条道路将是经济发展，特别是劳动力从传统（农业）部门转移到先进（工业）部门的结果。西方国家在 18 世纪末和 19 世纪经历了不平等加剧，而在 20 世纪，不平等程度从某个特定的点开始下降。库兹涅茨的假设针对的是收入不平等，但将该假设适用于财富不平等也是合理的（Lindert，1991，2014）。事实上，一些对西方地区的研究揭示了工业革命时期财富不平等的倒 U 形路径，不平等程度在两次世界大战后都有所下降。这在图

2.2a 中同样清晰可见。

如果库兹涅茨的论点仍然是对西方国家不平等的历史轨迹的描述，那么，如果我们看看库兹涅茨曲线的左边(漫长的前工业化时期)和右边(从大约 1980 年至今)，就会发现对这一论点的更广泛应用已经被证明是错误的。关于前工业化时代，库兹涅茨似乎暗示，在 1800 年前或最早在 1750 年之前，不平等程度相对较低，并且随着时间推移保持稳定。然而，正如我们在“几个世纪以来，经济不平等是如何变化的?”这一部分所看到的，事实并非如此。衡量近代早期不平等加剧的第一次尝试，在 16 世纪至 19 世纪的荷兰发现了收入不平等持续加剧的证据(Van Zanden, 1995; Soltow and Van Zanden, 1998;另见图 2.1a 中的“北部低地国家”)。扬·卢滕·范赞登(Jan Luiten Van Zanden)对这种现象提出了一种在本质上属于库兹涅茨式的解释。他认为前工业化时期的不平等增长被经济增长“过度解释”了，并对经济增长为何能够导致不平等增长提出了不同解释:(1)城市化(由此，劳动力从农村/落后部门转移到城市/相对先进的部门);(2)增加技能溢价;(3)收入的功能性分配变化。他进而认为，前工业化时期的不平等加剧只是连接前工业化和工业化经济增长的“超级库兹涅茨曲线”的第一阶段。这种解释基于荷兰共和国的特定背景，该共和国是近代早期欧洲最具经济活力的地区之一。最近，巴斯·范巴维尔(Bas Van Bavel, 2016:192—193)也表达了类似观点，他将欧洲这一地区不平等的加剧与市场经济的发展联系起来，指出市场经济的发展可能因为贸易和生产的有效规模扩大、金融交易和投机的机会增多、地产和公债方面的投资机会(这有利于精英阶层)增多，而导致收入和财富不平等加剧。

荷兰共和国在近代早期所特有的不平等加剧，至少在一定程度上是经济增长的结果，这当然是可能的，甚至很有可能。然而，这个论点不能被推广到欧洲其他地区，在这些地区，收入和财富不平等的加剧也出现在经济停滞或衰退时期。[①]例如许多意大利共和国/公国(Alfani, 2015; Alfani and Ammannati, 2017; Alfani and Di Tullio, 2019)以及南部低地国家(Alfani and

1189

① 将现有的人均 GDP 估计值与经济不平等估计值及时进行比较也证实了这一点。参见 Alfani and Ryckbosch, 2016; Alfani and Di Tullio, 2019。

Ryckbosch，2016）的情况就是如此，这就是为什么最近许多文献都在寻找其他方向来解释前工业化时期的不平等加剧。①

如果我们现在考虑库兹涅茨曲线的右边，那就必须指出，在达到一定的发展水平之后，导致不平等减轻的自动机制的存在意味着，该系统本身可以提供一种办法，用以解决在工业化进程早期阶段日益严重的经济不平等所造成的问题（社会问题和其他问题）。这也是为什么在库兹涅茨以及最近将不平等加剧与经济发展和福利改善联系在一起的其他学者（例如 Deaton，2013）看来，收入日益集中被视为一个相对“良性”的过程，因为它可以被理解为繁荣程度增加的副作用，而且可能只是暂时性的副作用。然而，这种观点受到了我们今天所发现的长期不平等变化趋势的挑战。如前所述，认为经济不平等加剧仅仅是经济增长的结果的观点，直接被前工业化时期欧洲的历史经验所否定。同样，不平等会随着发展而减轻的观点则遭遇了我们近期所看到的情况的挑战：“自大约 1980 年以来（收入不平等）最近的加剧……在分布上与（库兹涅茨）预测的收入动态不符。随着越来越多的人拥有熟练技术，在收入分配顶层内部的差距应该减少，而不是像实际看起来的那样增加。”（Roine and Waldenström，2015：552）此外，20 世纪上半叶收入不平等的减轻也难以符合库兹涅茨范式，而这至少在很大程度上是由资本收入而不是劳动收入的变化所驱动的（Piketty，2006，2014）。综上所述，我们可以得出这样的结论：“在不平等与工业化或技术变革之间没有机械式的关系。在引进新技术的早期阶段，不平等加剧并非不可避免，正如不平等最终未必会自动减轻一样。”（Roine and Waldenström，2015：552）出于这些和其他原因（但主要是由于 20 世纪可以被观测到的不平等分布趋势），许多学者认为，我们应该明确地超越库兹涅茨曲线的概念，例如，彼得·林德特已经明确宣布它过时了（Lindert，2000，2014）。

然而，库兹涅茨主义的观点很可能会继续出现在争论中，至少在一段时间内将如此。最近，布兰科·米拉诺维奇（Branko Milanovic，2016）提出了一个原创性观点。他试图调和库兹涅茨曲线的思想和关于前工业化时期和过 1190

① 请注意，到目前为止，我们唯一有证据表明近代早期经济停滞与收入不平等程度下降之间存在相关性的欧洲地区是葡萄牙（Reis，2017）。

去50年左右的现有发展证据。米拉诺维奇认为，纵观历史，我们可以观察到一系列“库兹涅茨波动”，即不平等程度先升后降的交替阶段，并据此绘制出一系列倒U形曲线。例如，早期的波动可能始于黑死病之前中世纪不平等现象的增长，随即是那次可怕的流行病之后不平等现象的减轻。第二次波动在近代早期开始其上升阶段，并在工业化过程中持续上升，而从1914年开始进入不平等减轻的阶段。最后，从20世纪70年代末开始，第三次波动开始，我们目前正处于这次波动的上升阶段。根据米拉诺维奇的说法，这一不平等加剧的最后阶段有一天也会逆转，形成其倒U形。撇开这一不属于经济史研究对象的预测不谈（尽管历史确实提醒我们，早先关于不平等减轻的预测已经被真实的分配动态证明是错误的）①，我们仍有理由怀疑，是否应该将现实中这些像波浪一样的运动称为“库兹涅茨波动”，因为导致前工业化时期不平等程度波动的因素基本与库兹涅茨的想象大相径庭。

库兹涅茨方法的一个吸引人的特点是它的简单性以及（至少在原则上）的普适性。托马斯·皮凯蒂（Thomas Piketty）最近试图解释从19世纪至今的不平等动态也体现了这一特点（Piketty，2014；Piketty and Zucman，2014）。皮凯蒂将财富/收入比率作为收入不平等的预测指标（比率越高，预期的收入不平等程度越高）。此外，他认为，只要资本回报率（r）高于国民收入增长率（g），并且只要财富继续具有高度可继承性，（收入和财富）不平等就会继续加剧。皮凯蒂认为，这两个变量的相对动态很好地反映了过去两个世纪经济史学者重构的趋势，并预测如果没有政策干预，不平等很可能会在未来几十年内无限加剧。事实上，皮凯蒂也暗示，他的简单定律也可以被用于解释前工业时代的分配动态——就如他在现已成名的著作《21世纪资本论》（*Capital in the Twenty-First Century*）中一段推测性相当强的内容里所声称的，从有统计数据开始到第一次世界大战前夕，世界各地的r持续大于g（Piketty，2014:445—451）。然而，在试图将皮凯蒂的观点应用到前工业化时代时，还存在一些问题（注意，诚然，前工业化时代不是皮凯蒂的主要关

① 诚然，米拉诺维奇的“乐观主义”只是假设，由于存在政府养老金和失业福利等“不平等稳定因素”，当前的不平等加剧有一天会达到低于20世纪初不平等程度巅峰的峰值水平，并且随后会下降。然而，那一天可能还很遥远。

注点)。首先,相关实证证据存在问题,因为关于前工业化时期国民收入增长率(g)的现有信息仍然是高度假设性的,而关于资本回报率(r),据我所知,它从来没有成为有关前工业化时期经济的系统性比较研究对象。然而,最重要的问题是,不平等不断加剧的观点与黑死病导致长达一个世纪之久的不平等明显减轻的经验结论不符。事实上,由于这一灾祸摧毁了人力资本,而对实物资本和金融资本的影响微乎其微,财富/收入比率不可避免地出现上升,至少这一特定时期的情况不支持该比率与收入和财富不平等正相关的观点。

1191

皮凯蒂关于19世纪和20世纪(及以后)不平等加剧的驱动因素的观点也受到了批评——事实上,正如林德特所论证的那样,皮凯蒂的观点似乎在1810年至1914年的数据中得到了更强有力的支持,因为在后来的时期,"在各个国家,(财富/收入)比率的水平和变动与收入不平等的水平和变动没有形成很好的关联"(Lindert, 2014:8)。更一般地说,皮凯蒂因为没有以一种完全清晰和令人满意的方式定义他的概念和他所使用的变量属性,以及他的理论中可能存在的错误而受到批评(参见 Blum and Durlauf, 2015)。

本章的目的不在于进一步讨论围绕皮凯蒂观点的大量争论——这些观点的基础是与建立世界最高收入数据库(World Top Incomes Database,即现在的世界财富与收入数据库[①])有关的收集关于收入和财富不平等的新信息的大规模(而且非常值得称赞的)运动。在未来几年里,这些观点肯定会继续吸引经济史学者和计量学者的大量关注。然而,库兹涅茨和皮凯蒂的理论显然无法完全解释历史上不平等动态的复杂性,这似乎告诉我们,或许我们应该寻找复杂的、针对更具体案例的解释,而不是试图设计简单的普适性"法则"。用林德特[以及在他之前的托尼·阿特金森(Tony Atkinson)]的话来说,"(学者们)应该投资于一种折中的方法,以找出不同时代变动发生的不同原因"(Lindert, 2000:200)——这似乎是经济史学者能够轻松胜任的任务。

人口与社会

在对长期不平等加剧的许多尝试性解释中,有些与人口因素有关,有些

① http://wid.world/data/.

与社会和社会经济结构的根本变化有关。这种解释在关注近代早期的著作中特别常见,因为许多研究暗示了人口增长与不平等加剧之间的一般性联系,特别是在城市里(Van Zanden, 1995; Alfani, 2015; Ryckbosch, 2016)。这里的要点并不是说城市比乡村更不平等,大城市比小城市更不平等——这一发现在文献中得到了相当充分的证实(相关综述参见 Alfani and Ammannati, 2017:1084—1085),而是特定环境(城市或农村社区或更广泛的总体,如地区或国家)中的人口增长能力会导致不平等的加剧,这种加剧应该被置于环境中进行评估。然而,考虑到更大的可能总量——整体国家,根据对长期不平等变化趋势的现有重构,学者们最近已经证明,人口增长与不平等增长之间并非自动关联的(Alfani and Ryckbosch, 2016; Alfani and Di Tullio, 2019)。例如,在萨伏依公国,人口增长在 17 世纪停滞不前,但财富不平等程度继续单调增长(见图 2.1a; Alfani, 2015)。此外,当大规模死亡危机影响近代早期人口时(如在影响意大利和其他南欧地区的可怕瘟疫时期,比如 1629—1631 年),这些危机未能导致不平等现象显著减少(Alfani and Murphy, 2017; Alfani and Di Tullio, 2019)。正如"几个世纪以来,经济不平等是如何变化的?"这一部分所述,14 世纪的黑死病确实减少了不平等现象——但这是其对土地和劳动力市场产生更广泛影响的结果,它通过一种特定的制度环境发生作用,其中诸子均分继承制的存在发挥了关键作用(相反,在 17 世纪瘟疫发生时,旨在保护最大份额遗产不受非意愿性再分配影响的制度调整已经发生,并影响了继承制度,相关讨论,参见 Alfani and Murphy, 2017; Alfani and Di Tullio, 2019)。

1192

更一般地说,人口在更大的总量水平上的变化为何会影响不平等,其原因并不明显。一种可能性在于,发生这种情况是因为人口增长与经济增长呈正相关——但这只会让我们回到批评将经济增长视为不平等加剧的根源的问题上来。另一种可能性是,人口增长是影响近代早期欧洲"无产阶级化"浪潮的原因之一(参见下文)。在这种情况下,触发因素是人口对资源的压力——这或许可以解释为什么在近代早期的欧洲,只有人口增长而不是人口下降与不平等程度呈正相关。然而,人口因素能够影响不平等变化趋势的原因更容易在较小范围内被观察到,比如在一些单独的社区,尤其是城市中。事实上,由于近代早期的城市发生了负面的自然变化(即城市中死亡人数比出生人数多），城市人口的增长完全是通过来自农村地区的大量移民实现的。一些微观研究表明，移民成为城市不平等的永久发动机，这一过程在严重的死亡危机之后变得更加剧烈。而且重要的是，即使在没有经济增长的情况下也可能出现移民现象，例如，仅仅因为在死亡危机之后城墙内开辟了居住的实际空间（Alfani, 2010），或是在城市人口/城市化率没有增长的情况下，出现了影响城市但不影响农村社区的严重流行病。值得注意的是，这些变化可能加剧财富不平等（因为新移民往往属于过剩的农村人口，通常没有财产）和收入不平等[因为新移民通常属于低技能劳动力，因此有助于增加城市经济中的工资溢价，如范赞登（Van Zanden, 1995）所指出的]。然而，社区层面人口增长的证据实际说明了对前工业化背景下地方性的不平等加剧迄今尚无定论，如对 1500—1900 年南部低地国家（Ryckbosch, 2016）和 1300—1800 年佛罗伦萨共和国（Alfani and Ammannati, 2017）的社区不平等的计量经济学分析所示。

1193

被视为决定不平等变化的最后一个，在某些方面也是最重要的一个可能的人口因素是城市化。其中一个原因是，城市化率往往被认为是反映经济增长的良好指标，并且与其他指标相比有一些优势：它们更容易用实际的直接档案数据进行衡量，而且往往可以获取区域和次区域级别的数据。但是城市化率对于评估前工业化时期欧洲“库兹涅茨式”动态的潜在影响也是相关的。事实上，正如范赞登（Van Zanden, 1995：655—656）所论证的，如果我们将库兹涅茨（Kuznets, 1955）最初对以不同工资水平为特征的“工业化”部门和“农业化”部门的区分，改为对“城市”部门和“农村”部门之间的区分，两部门之间也具有工资差距悬殊的特点（毫无疑问，在近代早期的欧洲，城市平均工资比乡村高），然后“通过库兹涅茨所描述的机制，具有典型性的逐渐城市化……（在近代早期）可能导致收入不平等的加剧”（Van Zanden, 1995：656）。此即劳动力（通过从农村向城市的迁移）从一个部门转移到另一个部门的简单后果，这种劳动力转移可以从城市化率的变化中得到证明。然而，就国家层面的人口而言，最近的研究未能发现城市化率变化与不平等变化趋势之间存在任何明确的相关性（Alfani and Ryckbosch, 2016；Alfani and Di Tullio, 2019）。

如上所述，人口增长可能导致不平等加剧的一个机制是，通过对现有资源造成严重压力，从而引发“无产阶级化”——也就是说，这一历史过程导致越来越多的欧洲人口失去了生产资料所有权，从而开始依赖出售劳动力来换取工资。这种观点显然植根于更近期的马克思主义经济史传统，蒂利(Tilly, 1984)强烈支持这种观点。许多具体的历史过程被认为是这一无产阶级化总体趋势的组成部分，从农村圈地运动到包买制的推广都是如此。然而，其主要方面是小土地所有权的危机。如果关注我们已经对长期不平等进行了重构的区域，就会发现，意大利有大量文献详细描述了小农财产危机，以及随之而来的许多地区的财富集中，特别是自 16 世纪下半叶人口对可用资源的压力变得十分严重以来。具体而言，农民财产危机被单独列为导致萨伏依公国不平等加剧的一个可能因素(Alfani, 2015)，而对于威尼斯共和国，我们有一些证据表明，在整个近代早期，随着无产家庭所占比例不断增加，出现了无产阶级化(Alfani and Di Tullio, 2019)。在南部低地国家和荷兰共和国也出现了类似过程(Ryckbosch, 2016; Alfani and Ryckbosch, 1194 2016)。与经济增长或城市化提高等其他可能的解释因素不同，无产阶级化是一种普遍的泛欧现象(Tilly, 1984:26—36; Van Zanden, 1995:656—658; Alfani and Ryckbosch, 2016)，因此，它至少是解释在整个欧洲大陆大体相似的不平等变化趋势的一个重要原因。然而，由于无产阶级化与人口压力有关，并由严重的匮乏阶段(特别是大陆级别的饥荒)引发，它往往是一波接一波的。这就是为什么虽然无产阶级化肯定是加剧不平等的一个重要因素，但它似乎未能充分解释这一从 1500 年到 1800 年几乎在所有领域都是总体单调增加的进程。这就是为什么要寻找在整个近代早期产生了更持续影响的导致不平等加剧的可能原因:正如我们即将看到的，影响财政体制的制度变革满足了这一要求。

当我们从前工业化时期转向 19 世纪和 20 世纪时，用人口因素和社会经济-人口因素解释不平等变化的理论要少得多。当然，一个原因是我们可以更直接地观察到经济变量，因此没有必要使用人口密度和城市化率等不完善的经济发展衡量标准。然而，作为劳动力不同组成部分之间收入差距变化的来源，人口显然是解释劳动力增长率或其在不同部门的相对趋势的一个因素。例如，在 19 世纪的英国和美国，人口转变与历史上极高的人口增长率有关，这种转变扩大了熟练劳动力和非熟练劳动力之间的工资差距，从而促进了收入不平等的加剧，这也是由于当时的教育制度无法使人均技能得到显著提高所致。后来，当人口转变进入第二阶段（特点是生育率下降），特别是在20世纪上半叶，由于人口增长放缓以及教育系统更有能力提高工人技能增长率，劳动收入不平等趋于减轻（Williamson and Lindert, 1980; Williamson, 1985）。如果我们转而关注财富分配，那么，人口动态与继承制度相结合，对财富分配产生了影响——它们确实有助于决定财富集中的趋势，一般情况下，人口增长率越低，随着时间的推移，该制度通过将遗产转移给更少的继承人而产生更多财富集中的能力就越强（详细讨论见 Roine and Waldenström, 2015:552）。

制　度

在可能决定历史上不平等变化趋势的因素中，制度发挥着重要作用。例如，如前文所述，继承制度有助于决定从近代早期至今人口增长的分配后果（因为它们影响了财富如何在代际转移），而教育制度有助于解释人口动态如何导致劳动力收入不平等的改变。现在，我们将聚焦于一种特殊的制度：财政体系。这是针对20世纪和21世纪不平等动态的许多解释的关键，最近也被认为是造成近代早期不平等变化趋势的根本原因或一个因素。

1195

我们习惯于认为财政再分配可以减轻收入和财富不平等，因为这是当今世界大多数国家，包括所有最富有国家的共同情况。具体而言，收入税通常是累进的（因此，收入较高者比收入较低者按比例缴纳更多税款），这在短期内减轻了不平等，按照累进财政制度的定义，税后不平等低于税前不平等。尽管这些短期效应可能很小，但它们往往会随着时间的推移而积累，在中期和长期可能会变得更具实质性。对于今天的社会来说，财富问题需要考虑的最重要方面是遗产税的水平和结构，它直接影响财富分配（因为个人或家庭财富来自继承财富和自己创造的财富的结合），并以关键的方式决定财富本身在特定社会中的可继承程度，所有这一切都涉及预期的长期动态。

一般来说，财政再分配似乎是第二次世界大战后几十年内不平等加剧暂时放缓的一个主要原因。正是在这一时期，财政系统的累进性增加到了空前绝后的水平（Atkinson, 2004; Atkinson et al., 2011; Alvaredo et al., 2013）。1975年，英国的最高收入税率为83%，美国为70%，意大利为72%，法国为

60%，德国为56%，加拿大为47%。25年后，在美国总统罗纳德·里根和英国首相玛格丽特·撒切尔夫人发起的一系列长期财政改革结束时，情况发生了逆转：法国的最高税率为61%，德国为60%，加拿大为54%，意大利为51%，美国为48%，英国为40%（Messere, 2003:23）。遗产税的最高税率也遵循着完全相似的模式。1980年，遗产税最高税率在英国是75%，美国是70%，德国是35%，法国是20%。但在2013年，这一税率最高的是法国（45%），其次是英国（40%）、美国（35%）和德国（30%）（Piketty, 2014:644）。通过简单地将这些趋势与图2.2所示的历史不平等变化趋势进行比较，我们得出有力线索，证明西方财政体系[1]的逐步简化和最高税率的降低为不平等加剧提供了沃土。这不仅是财政制度总体累进程度下降的结果（由此，与税前相比，它能导致较低水平的税后不平等），而且可能也是税收方面的制度变化影响税前收入分配的结果。有学者认为，较低的最高收入税率对行为有利，例如在工资谈判中导致了公司内部工资差异的增加，因为更高的潜在净回报有利于高层更积极地讨价还价，而这是独立于经济增长的。另一些学者则赞成一种更为乐观的看法，认为较低的税率刺激了经济活动，特别是处于收入分配最高阶层人群的经济活动（一般来说，降低最高税率最有利于收入分配中的这一部分）。因此，由此产生的不平等加剧实际上是经济增速加快的附带影响——尽管也有学者认为，没有强有力的实证证据支持在削减最高税率与经济增长速度之间存在相关性（相关综述见Alvaredo et al., 2013:8—11）。最后要提到的一个方面是，看似不同的财政发展对于决定20世纪讲英语的“大西洋”国家（U形）与欧洲大陆国家（L形）在总体收入不平等道路上的差异起到了关键作用（见“几个世纪以来，经济不平等是如何变化的？”这一部分的讨论以及Alvaredo et al., 2013）。

1196

如果说财政制度的变化似乎在很大程度上说明了第二次世界大战后经济不平等的变化趋势，那么我们有理由相信，这些变化在此前几十年也发挥了重要作用，特别是它们有助于解释两次世界大战之间出现的不平等程度下降趋势（至少对某些国家而言，尤其是考虑到财富不平等）。实际上，个人

① 自1975年以来，国家个人所得税所使用的收入等级数量急剧下降：以美国为例，从1975年的10个减少到2000年的3个（Messere, 2003:23）。

所得税的应税范围在两次世界大战之间的时期得到了扩大。例如，在英国，由于免税政策，1912—1913年所有“纳税单位”中只有5%被要求缴纳税款。到1930年，这个数字已经上升到所有纳税单位的40%，最后，到第二次世界大战结束时，英国人口中的大多数被要求支付税款。在同一时期，所得税最高税率从8%上升到40%以上。在整个欧洲，在战争和两次世界大战期间，遗产税也显著增加(Atkinson, 2004; Piketty, 2014)。然而，正如“几个世纪以来，经济不平等是如何变化的?”这一部分所述，可以说，在减轻经济不平等方面，其他因素比累进税制的深化发挥了更为重要的作用。例如，在财富方面，战争引起的恶性通货膨胀(包括在战争结束后的几年)破坏了公债份额的实际价值，而公债主要由最富有的人口拥有——用皮凯蒂的话说，这一过程类似于通过通货膨胀征税(Piketty, 2014:184)。

如果说财政制度在20世纪趋向于更加累进，并延续这一从19世纪便悄悄开始的趋势，那么，假如我们回到更久远的过去，回到近代早期，我们将面临一种完全不同的情况，因为前工业化的财政制度是全面累退的，即处于社会顶层的人所缴纳的实际税率比处于社会底层的人所缴纳的实际税率低(而且低很多)。①这是一种系统的特权制度的结果，植根于法律和制度，植根于贵族优于平民、市民优于农村居民的文化。在实行累退性财政制度的情况下，税后不平等高于税前不平等，而且财政压力越大，税前和税后分配之间的差异就越大。重要的是，人均税收的持续增加是一个基本历史进程的明显特征：所谓的财政-军事国家的崛起——也就是说，“现代”国家的出现带来了更强的国家能力和更大的对臣民征税的能力，其主要目的是支付不断增加的战争和国防费用。这一进程始于16世纪，涉及所有欧洲国家，不论其经济条件如何。因为如果它们想要保护自己或希望将权力投射到国界之外，就必须参与同样的游戏。因此，作为导致近代早期出现不平等加剧总体趋势的一个潜在原因，在实行累退性财政制度的情况下，提高人均税收具有一个极为可取的特征，即普遍性。例如，在大约1550年至1780年间，威尼

1197

① 在19世纪下半叶和20世纪的头几十年之间，财政体系从整体的累退和不平等的加剧转变为累进和不平等的减轻。确切的转变时间尚不清楚，因为我们缺乏对这一根本转变的具体研究。

斯共和国的人均财政压力上升了70%(初始压力就相对较高),萨伏依公国增加了3倍多,法国增加了6倍,英格兰和荷兰共和国增加了近7倍——从而极大地提高了潜在的累退性财政制度促进不平等加剧的能力。随着时间推移,更严重的收入不平等也会通过储蓄和投资的方式带来更严重的财富不平等。因此,近代早期人均税负的增加可被视为收入和财富不平等加剧的综合因素之一(Alfani, 2015; Alfani and Ryckbosch, 2016; Alfani and Di Tullio, 2019)。如果我们考虑到如下因素,那么这一推论就更加明显了。近代早期的国家支出并不会导致不平等减轻,因为当时国家不断收集资源的目的在于战争,而不是像今天我们所熟悉的那样,公共预算中占比最大的是福利和社会开支。在前工业化的背景下,国家支出很有可能进一步推动了不平等的加剧,尽管在这一具体方面急需更多研究(关于威尼斯共和国公共支出的再分配后果,见 Alfani and Di Tullio, 2019)。

虽然我们几乎可以肯定,近代早期,财政-军事国家的崛起在促进整个欧洲(及其他地区)的不平等加剧方面发挥了非常重要的作用,但这绝不是唯一起作用的因素。其他因素也可能普遍存在,例如,无产阶级化,如前文所述,可能至少在某些特定的历史阶段发挥了重要作用。但更广泛地说,把研究焦点仅仅放在确定长期不平等加剧的单一统一原因上恐怕是错误的。事实上,正如最近几个时代对不平等变化趋势的研究(Lindert, 2000)所论证的那样,我们应该公开承认,解释分配动态的主要原因可以随着时间和空间的不同而有所不同。因此,我们需要接受解释的复杂性,并且高度重视历史背景,深入挖掘可用的资料和信息——也就是说,运用经济史学者的所有独特技能和良好做法。作为这种进展方式的一个例子,我们可以看看彼得·林德特和杰夫·威廉森(Lindert and Jeff Williamson, 2016)最近对美国从1700年至今的不平等现象所作的杰出研究。虽然他们设法对三个世纪以来的不平等动态提供了完全令人信服的总体说明,但对于每个具体时期,他们辨别了一系列能够解释所观察到的趋势的伴随原因。例如,如果我们比较收入不平等加剧的两个阶段——1800—1860年和1970年至今,则针对1800—1860年,他们提出的解释是:(1)劳动力的快速增长压缩了可用资源(即使考虑到与同一时期世界其他发达地区相比,美国的自然资源极易获得),导致资产相对于工资的价格上涨;(2)有利于工业和城市的快速技术进

1198

步，导致南北收入差距、城乡收入差距扩大；(3)有利于富人的金融发展。相反，从 20 世纪 70 年代至今，不平等的加剧是下列因素的结果：(1)导致上文所述的那种税收改革的政治转变，以及对福利国家的限制等；(2)偏重技能的技术变革，特别是自动化的普及，这使得那些拥有资本和技能的人具有相对优势；(3)国际贸易竞争日益激烈(特别是来自亚洲的竞争日益激烈)，这损害了分配底层的工资增长；(4)教育水平日益失衡；(5)放松管制有利于金融部门兴起。

结语：历史的教训是什么？

这篇关于人类历史上长期不平等变化趋势的简短概述，旨在阐明遥远的过去如何对当前发展有所启示，反过来，本章也阐述了对近期发展的分析如何使学者们以新的眼光富有成效地探索过去。一个特别重要的方面是，最近学者们对前工业化时代不平等的历史有了更好的了解，这改变了我们对当代分配动态的看法，使我们认识到长期趋势是不平等一直在加剧。前工业化时期的特点并不是相对平缓的分配变化，相反，那时不平等的加剧速度可能与后来各个时代的加剧速度相当，可能只低于少数几个国家自 20 世纪 70 年代以来的收入不平等急剧扩大阶段。从财富分配角度来看，这一共同趋势特别明显，不平等减轻仅出现过两次，并且都是由大规模灾难所引发的：1347—1352 年的黑死病，以及 20 世纪两次世界大战及两次大战之间的动荡时期。如果我们扩大分析范围，试探性地将第一个千年包括在内，就可以把罗马帝国在 5 世纪逐渐解体和最终“崩溃”的时期加进去。

因此，现有历史证据有力地表明，在两个世纪乃至更长时间里，总体趋势是不平等一直在加剧，而似乎没有任何形式的“库兹涅茨式”自动再平衡。诚然，经济史研究已经强调了每个时期导致不平等加剧的潜在因素的不同组合，但似乎始终不变的是，从历史上看，按照惯性，不平等加剧要比减轻容易得多。近年来分配的发展使我们认为未来也会继续如此。但是，真的只有大规模灾难才能(暂时)阻止不平等加剧吗？因此，我们是否应该甘愿忍受人与人之间日益扩大的差距，将这视为两害相权取其轻？幸运的是，历史

1199

也提供了一些证据，表明长期的不平等变化趋势极大地受到人类行为影响。第二次世界大战结束后，不平等现象的缓和甚至进一步减少也是制度创新的结果：20 世纪 50 年代至 70 年代初期的再分配政策（特别是累进程度较高的税制）和福利国家的发展。只有当这些政策被削弱，发展停滞不前（至少在一些国家部分倒转），收入和财富不平等才会再次找到增长的沃土。在相反的方向上，财政-军事国家的崛起，以及在累退税制背景下人均财政负担的相应增加，在整个近代早期助长了不平等的加剧。

西方国家的历史经验并未告诉我们，是否应该将当前经济不平等加剧的趋势视为一个不受欢迎的结果，或者它本身是否构成一个问题（尽管至少有一些理由支持这一点）。不过，它似乎告诉我们，改变这种趋势完全在我们的能力范围之内，因为我们有能力变革制度，而这些制度进而有助于塑造我们的社会。与此同时，它告诉我们，如果不采取行动，我们就没有任何理由期望不平等有一天会自己消失。换言之，经济史使我们能够非常清楚地确定我们所处的竞技场的边界——但是要靠我们自己决定到底想开展哪种竞赛。

参考文献

Alfani, G. (2010) "The Effects of Plague on the Distribution of Property: Ivrea, Northern Italy 1630", *Popul Stud*, 64:61—75.

Alfani, G. (2015) "Economic Inequality in Northwestern Italy: A Long-term View (Fourteenth to Eighteenth Centuries)", *J Econ Hist*, 75(4):1058—1096.

Alfani, G. (2017) "The Rich in Historical Perspective. Evidence for Preindustrial Europe (ca. 1300—1800)", *Cliometrica*, 11(3):321—348.

Alfani, G., Ammannati, F. (2017) "Long-term Trends in Economic Inequality: The Case of the Florentine State, ca. 1300—1800", *Econ Hist Rev*, 70(4):1072—1102.

Alfani, G., Di Tullio, M. (2019) *The Lion's Share. Inequality and the Rise of the Fiscal State in Preindustrial Europe*. Cambridge University Press, Cambridge.

Alfani, G., Murphy, T. (2017) "Plague and Lethal Epidemics in the Pre-industrial World", *J Econ Hist*, 77(1):314—343.

Alfani, G., Ryckbosch, W. (2016) "Growing Apart in Early Modern Europe? A Comparison of Inequality Trends in Italy and the Low Countries, 1500—1800", *Explor Econ Hist*, 62:143—153.

Alvaredo, F., Atkinson, A.B., Picketty, T., Saez, E. (2013) "The Top 1 Percent in International and Historical Perspective", *J Econ Perspect*, 27(3):3—20.

Atkinson, A.B. (2004) "Income Tax and Top Incomes over the Twentieth Century", *Hacienda Pública Española/Rev Econ Pública*, 168:123—141.

Atkinson, A.B., Piketty, T., Saez, E. (2011) "Top Incomes in the Long Run of History", *J Econ Lit*, 49(1):3—71.

Bengtsson, E., Missiaia, A., Olsson, M., Svensson, P. (2018) "Wealth Inequality in Sweden, 1750—1900", *Econ Hist Rev*, 71(3): 772—779.

Blum, L.E., Durlauf, S.N. (2015) "Capital in the Twenty-first Century: A Review Essay", *J Polit Econ*, 123(4):749—777.

Borgerhoff Mulder, M., Bowles, S., Hertz, T. et al. (2009) "Intergenerational Wealth Transmission and the Dynamics of Inequality in Small-scale Societies", *Science*, 326:682—688.

Bowles, S., Smith, E.A., Borgerhoff Mulder, M. (2010) "The Emergence and Persistence of Inequality in Premodern Societies", *Curr Anthropol*, 51(1):7—17.

Brenner, Y. S., Kaelble, H., Thomas, M. (eds) (1991) *Income Distribution in Historical Perspective*. Cambridge University Press, Cambridge.

Canbakal, J. "Wealth and Inequality in Ottoman Bursa, 1500—1840", paper given at the Economic History Society Annual Conference (York, 5—7 September 2013).

Credit Suisse Research Institute, (2017) *Global Wealth Databook 2017*.

Davis, J.B., Di Matteo, L. "Filling the Gap: Long run Canadian wealth Inequality in International Context", research report n. 1/2018, Department of Economics, Western University (Canada).

Deaton, A. (2013) *The Great Escape: Health, Wealth and the Origins of Inequality*. Princeton University Press, Princeton.

Diamond, J. (1997) *Guns, Germs, and Steel: A Short History of Everybody for the Last 13,000 Years*. Vintage, London.

Kuznets, S. (1955) "Economic Growth and Income Inequality", *Am Econ Rev*, 45(1): 1—28.

Lindert, P. H. (1986) "Unequal English Wealth since 1670", *J Polit Econ*, 94(6):1127—1162.

Lindert, P.H. (1991) "Toward a Comparative History of Income and Wealth Inequality", in Brenner, Y. S., Kaelble, H., Thomas, M. (eds.) *Income Distribution in Historical Perspective*. Cambridge University Press, Cambridge, pp.212—231.

Lindert, P.H. (2000) "Three Centuries of Inequality in Britain and America", in Atkinson, A.B., Bourguignon, F. (eds) *Handbook of Income Distribution*. Elsevier, London, pp.167—216.

Lindert, P.H. (2014) "Making the Most of Capital in the 21st Century", NBER working paper no. 20232. National Bureau of Economic Research, Cambridge MA.

Lindert, P.H., Williamson, J.G. (2016) *Unequal Gains. American Growth and Inequality since 1700*. Princeton University Press, Princeton.

Malinowski, M., Van Zanden, J.L. (2017) "Income and Its Distribution in Preindustrial Poland", *Cliometrica*, 11(3):375—404.

Messere, K. (2003) *Tax Policy: Theory and Practice in OECD Countries*. Oxford University Press, Oxford.

Milanovic, B. (2013) "The Inequality Possibility Frontier. Extensions and New Applications", policy research working paper. The World Bank, Washington, DC.

Milanovic, B. (2016) *Global Inequality: A New Approach for the Age of Globalization*. Harvard University Press, Cambridge, MA.

Milanovic, B. (2017) "Income Level and Income Inequality in the Euro-Mediterranean Region, c. 14—700", *Rev Income Wealth*. Online-first version. https://doi.org/10.1111/roiw.12329.

Milanovic, B., Williamson, J.G., Lindert, P.H. (2007) "Measuring Ancient Inequality", World Bank policy research working paper no. 4412. National Bureau of Economic Research, Cambridge, MA.

Nicolini, E.A., Ramos Palencia, F. (2016) "Decomposing Income Inequality in a Backward Preindustrial Economy: Old Castile (Spain) in the Middle of the 18th Century", *Econ Hist Rev*, 69(3):747—772.

OECD. (2015) OECD Income Inequality Data Update: Sweden. http://www.oecd.org/sweden/OECD-Income-Inequality-Sweden.pdf.

Piketty, T. (2006) "The Kuznet's Curve, Yesterday, and Tomorrow", in Banerjee, A., Benabou, R., Mookerhee, D. (eds) *Understanding Poverty*. Oxford University Press, Oxford, pp. 63—72.

Piketty, T. (2014) *Capital in the Twenty-first Century*. Belknap Press of Harvard University Press, Cambridge, MA.

Piketty, T., Zucman, G. (2014) "Capital is Back: Wealth-income Ratios in Rich Countries, 1700—2010", *Q J Econ*, 109(3):1255—1310.

Piketty, T., Postel-Vinay, G., Rosenthal, J.L. (2006) "Wealth Concentration in a Developing Economy: Paris and France, 1807—1994", *Am Econ Rev*, 96(1):236—256.

Piketty, T., Postel-Vinay, G., Rosenthal, J.L. (2014) "Inherited vs Self-made Wealth: Theory and Evidence from a Rentier Society (Paris 1872—1937)", *Explor Econ Hist*, 51:21—40.

Reis, J. (2017) "Deviant Behaviour? Inequality in Portugal 1565—1770", *Cliometrica*, 11(3):297—319.

Roine, J., Waldenström, D. (2015) "Long Run Trends in the Distribution of Income and Wealth", in Atkinson, A., Bourguignon, F. (eds) *Handbook of Income Distribution, vol 2A*. North-Holland, Amsterdam.

Ryckbosch, W. (2016) "Economic Inequality and Growth before the Industrial Revolution: The Case of the Low Countries (fourteenth to nineteenth centuries)", *Eur Rev Econ Hist*, 20:1—22.

Saito, O. (2015) "Growth and Inequality in the Great and Little Divergence Debate: A Japanese Perspective", *Econ Hist Rev*, 68(2):399—419.

Santiago-Caballero, C. (2011) "Income Inequality in Central Spain, 1690—1800", *Explor Econ Hist*, 48(1):83—96.

Scheidel, W. (2017) *The Great Leveller: Violence and the Global History of Inequality from the Stone Age to the Present*. Oxford University Press, Oxford.

Scheidel, W., Friesen, S.J. (2009) "The Size of the Economy and the Distribution of Income in the Roman Empire", *J Roman Stud*, 99:61—91.

Soltow, L., Van Zanden, J. (1998) *Income and Wealth Inequality in the Netherlands, 16th—20th centuries*. Het Spinhuis, Amsterdam.

Sutch, R. (2016) "The Accumulation, Inheritance, and Concentration of Wealth during the Gilded Age: An Exception to Thomas Piketty's Analysis", paper presented at the UCR Emeriti/ae Association, Orbach Science Library, University of California Riverside, February 4, 2016.

Tilly, C. (1984) "Demographic Origins of the European Proletariat", in Levine, D. (ed) *Proletarianization and Family History*. Academic, Orlando, pp. 1—85.

Van Bavel, B. (2016) *The Invisible Hand? How Market Economies Have Emerged and Declined since AD 500*. Oxford University Press, Oxford.

Van Zanden, J.L. (1995) "Tracing the Beginning of the Kuznets Curve: Western Europe during the Early Modern Period", *Econ Hist Rev*, 48(4):643—664.

Waldenström, D. (2009) "Lifting All Boats? The Evolution of Income and Wealth Inequality over the Path of Development", *Lund Studies in Economic History no 51*, Lund University.

Williamson, J.G. (1985) *Did British Capitalism Breed Inequality?* Allen & Unwin, Boston.

Williamson, J. G., Lindert, P. H. (1980) *American Inequality: A Macro Economic History*. Academic, New York.

World Wealth and Income Database. (WID). https://wid.world/data/.

第三章

农业计量史学与19—20世纪的农业变革*

文森特·皮尼利亚

摘要

工业革命前,农业是传统社会最重要的经济活动。工业化进程先是在西方世界的许多国家展开,后来又跨越了更多的国家,其中涌现了大量有关农业在这一进程中所起作用的研究文献。经济史(尤其是英国的例子)最初提供的观点以及发展经济学专家的方法,主要基于经济史学者以前的研究。而当大量研究从计量史学角度出发,试图评估农业所经历的变化及其对经济增长的贡献时,最初的观点就成为重新考虑的对象。在此背景下,本章基于这些文献分析了过去两个世纪以来世界各地农业发生的深刻变革。

关键词

经济史　计量史学　农业计量史学　农业生产　农业生产率　技术变革　农产品贸易　全球化　农业政策　农业机构

* 本项研究得到了西班牙科学与创新部(项目:ECO2015-65582-P)、阿拉贡政府(研究小组'S55_17R)以及欧洲区域发展基金的资助。

引　言

1204

农业部门在传统上一直是经济史学者格外关注的研究领域。自20世纪50年代新经济史革命以来，在分析农业长期经历的变化时，研究者频繁使用计量方法已不足为奇。许多研究人员使用这种方法来解释农业转型，并且在前几年创建了一个专业学术论坛（农业计量史学研讨会，Agricliometrics Conferences），使得农业计量史学者得以在此讨论他们的最新研究。至今为止，该论坛已经举办过3届（2011年、2015年于萨拉戈萨，2017年于剑桥）。

这种方法在当今许多发达国家的大学及科研机构中广泛盛行，它为深化并更新对农业部门发生的主要变化以及推动这些变化的驱动力的认识作出了重要贡献。以经济理论为基础的显性理论方法的使用，以及运用计量经济学工具分析农业历史数据，让我们的知识得到极大的扩充。对于许多地区来说，我们不仅能够确定产量增加了多少，还能够解释这种增长是由于对投入的使用方式优化，还是由于生产率的提高。我们还可以全面了解在两次全球化浪潮中，农产品贸易所发生的变化以及推动这些变化的力量。最后，这些方法还帮助我们从一个新的角度考察农业政策及其影响和制度变迁，其主要目的在于理解解释这些政策的政治经济学以及使我们能够理解这些政策的原因。

此外，在为现代世界的农业变化提供了总体视角的出版物中，农业计量史学者总结了他们以前的贡献，更新了我们对农业部门长期发展的理解。毫无疑问，最重要的研究是费德里科（Federico, 2005, 2014, 2017）对19世纪和20世纪全球农业经济史的总体概述。同样从这一视角，关于欧洲（Lains and Pinilla, 2009a）、全球边缘地区（Pinilla and Willebald, 2018a）或世界不同地区（Hillbom and Svensson, 2013）农业变化的观点也已得到发布。此外，主要由计量史学者撰写的关于全球经济中某些相关国家的经济史出版物，也纳入了对农业的研究，其中包括美国（Atacket et al., 2000; Olmstead and Rhode, 2000）和英国（Allen, 2004; Ó Gráda, 1981; Turner, 2004）的相关研究。

1205

计量史学的研究人员对农业产生兴趣不足为奇。在工业革命发生以前，农业是当今发达国家的主要经济活动。经济史学者对农业在这些国家从前工业化国家向发达经济体转型的过程中所发挥的作用存在激烈争论(Lains and Pinilla, 2009b)。在今天,农业部门对发展中国家而言仍然十分重要,尽管在发达国家中,它在生产或劳动力使用方面的权重非常低,但因为它生产人类必需的食物,农业部门仍具有重要的战略意义。此外,农业部门与农业食品工业密切相关。

在此背景下,本章的目标是根据近几十年来计量史学者的研究,给过去两个世纪以来全球农业发生的变化提供新的研究视角。在过去20年里,由于调查和论文集的出版,这种方法已经不再限于在专业学术期刊上报告结果。尽管如此,综合主要的研究结果仍然很重要,因为计量史学者倾向于提出和检验新的假设,同时质疑一些传统假设。

本章在引言后分为五个部分。第一部分讲述农业生产和生产率的长期演变过程。对农业技术变革进行分析是第二部分的主要内容。第三部分和第四部分分别论述了两次全球化过程中农产品贸易的发展和农产品市场的一体化。最后一部分分析了在本章所研究的时期中,农业领域的制度发生的一些相关变化。

农业生产和生产率的长期演进过程

产量的增长

试图研究农业生产和生产率长期变化的计量史学者面临的第一个困难是,许多国家缺乏足够连续的系列数据。因此,第一项任务通常是对年度农业生产进行细致的统计学重构,特别是第二次世界大战前的数据(例如GEHR, 1991; Toutain, 1992; Federico, 2003a)。

对大量统计数据序列的获取使学者们能够分析农业生产的变化。从全球角度来看,在过去两个世纪,整个世界的农业生产增长速度远远快于人口增长速度。如果我们考虑人口因素,由于在此期间人口以非常快的速度增

1206

长，那么农业养活人类的能力就应该被认为是一项重要成就（Federico，2005）。

显然，因为缺乏高质量数据或很难找到这些数据，关于农业生产增长最复杂的估计是关于19世纪的估计。例如在英国，围绕对当时农业的估算存在相当大的争议且缺乏共识（Allen，2005；Broadberry et al.，2015；Clark，2010；Floud et al.，2011；Muldrew，2011；Clark，2018）。凯利和奥·格拉达（Kelly and Ó Gráda，2013）分析了这些差异的原因，并提出了对工业革命时期农业产量的折中估算，以说明英国人口已经突破“马尔萨斯陷阱”，因为其农业生产增速快于人口增速。因此，食物资源显然大于维持生计所需。此外，在葡萄牙和瑞典，农业生产的表现也大大超过了人口增长。在瑞典的粮仓斯堪尼亚（Scania），农业产量在1800年至1850年间的增长速度快于英格兰，年增长率达到1.77％（Olsson and Svensson，2010）。葡萄牙的农业产量在19世纪上半叶也维持了0.7％的可观增长率（Reis，2016）。

唯一一项关于全球农业生产增长的估计强调，在1870年至1938年间，农业生产年均增长率为1.3％。1913年之前的增速远高于两次世界大战期间，而在两次世界大战之间，增速大幅放缓（Federico，2004）。在这一时期，不同地区的产量增长差异很大，南美洲、殖民国家和欧洲增速较高。由于产量的增长速度快于人口增长，这一时期的农业发展有助于改善营养水平，至少在世界上农业增长较快的地区是这样的。然而，如果我们将其与后来的情况进行比较，这种增长似乎并不明显。在1938年至2000年间，世界农业生产以更高的速度增长，特别是在1950年后，年增长率达到2％以上。同样，由于发展中国家在1950年以后的农业生产年增长率超过3％，而发达国家的增长速度相对较慢，特别是在20世纪的最后几十年里，农业生产发展的区域差异非常显著（Federico，2005）。

由于发达国家的数据更易获得，因此我们能够更详细地分析其产量的增长率（表3.1）。从19世纪直到第一次世界大战，欧洲国家的农业生产年增长率在0.5％至1.5％之间，而各国之间存在显著差异。这些比率在两次世界大战期间保持在相似的水平上，尽管各国之间的离散度有所增加，而且有些国家的增长率高于或低于上述范围。在征服新领土和边疆西进期间，对外殖民国家的年增长率非常高（通常高于6％）。一旦这个过程完成，在两次世界大战期间，增长率就显著下降(Federico，2004)。战后，发达国家的增长率在1950—1990年大大加快，每年增幅都超过2%。自1990年以来，每年的增幅已大幅下降至不足1%，或者索性不再增长。

1207 20世纪下半叶，学者们可以更精确地确定生产增长率及其区域差异。就生产增长率而言，发展中国家和发达国家之间存在明显差距，前者在扩大生产方面速度更快，而后者则相对稳定(Alston and Pardey，2014；Pinilla and Willebald，2018b)。欧洲是发达国家的典型代表。直到20世纪80年代末，其农业年增长率超过2%，生产迅速增长，但随后农业发展停滞不前，大多数国家的增长率都很低，而前计划经济国家则出现了负增长(Martín-Retortillo and Pinilla，2015b)。但发展中国家的增长模式大不相同。以拉丁美洲为例，数据显示，其农业增长率在整个时期保持相对稳定(在20世纪70年代和80年代的危机时期，这一数字略低)，每年的增长率高达约3%(Martín-Retortillo et al.，2019)。

表3.1 1870—2000年农业总产量变化率(%)

	1870年/1913年	1913年/1938年	1938年/1948—1952年	1948—1952年/1958—1960年	1961年/2000年
非洲	—	—	1.72	3.10	2.25
亚洲	1.11	0.58	0.31	3.64	3.54
欧洲	1.34	0.76	—	—	0.00
西欧地区	—	—	0.56	2.55	0.91
北美和中美洲	—	—	2.63	1.40	1.77
南美洲	4.43	3.05	1.68	3.13	2.92
大洋洲	—	—	0.81	2.85	1.68
西方殖民地	2.20	0.74	—	—	—
全球	1.06	0.72	1.34	2.69	2.27

注：1870—1938年，亚洲数据仅包括日本、印度和印度尼西亚；西方殖民地数据包括加拿大、澳大利亚和新西兰；南美洲数据包括阿根廷、智利和乌拉圭。1936—1938年和1958—1960年的亚洲数据不包括中国。1936—1938年和1958—1960年的全球数据不包括社会主义国家。

资料来源：Federico，2004，2005。

生产率的提高

一旦确定了生产增长率，最重要的贡献就开始集中于分析农业生产率的变化及其决定因素。为了实现这一目标，学者们采取了两种主要策略：计算全要素生产率（TFP）、部分生产率和最重要的劳动生产率。

对TFP研究的重视，很大程度上是由于TFP的改进在提高产量方面所起的作用越来越大。根据费德里科（Federico，2005）的研究，我们可以讨论二战前基于更多的生产要素投入和TFP增长的少量贡献的粗放型农业增长模式，以及二战后更多归因于TFP的改善的集约型增长模式。许多研究估计了TFP的历史增长，其中大部分是关于目前收入较高的国家。虽然研究得到的结果存有明显差异性，但仍可以从中发现一些总体的变化趋势。首先，对英国（如Clark，2002；Allen，1994）或对美国（Craig and Weiss，1991）的研究表明，在工业化进程开始时，TFP以大约每年0.5%的速度增长。在19世纪下半叶，最先进的欧洲国家也顺应了这一趋势，且具有更高的年增长率，其中一些国家超过了1%（Van Zanden，1991）。其他欧洲国家如法国、意大利、葡萄牙或西班牙，增长率都在0.7%上下（Grantham，1993；Federico，2003a；Lains，2003；Bringas，2000）。在两次世界大战之间，随着工业化进程的加速，这些国家的TFP增长更快。但毫无疑问，TFP增长最快的时期是第二次世界大战后的几十年。农业经济学者对20世纪下半叶的大部分研究都仅涵盖了很短的时间段，这使得对他们的结果很难进行比较（Federico，2014）。 1208

近期针对1950年至2005年欧洲和拉丁美洲的两项计量史学研究可以得出更有力的结论（表3.2）。欧洲的经验表明，欧洲国家农业生产的增长遵循不同的路径，但整体趋同。20世纪60年代初的较发达国家和80年代初的南方相对落后国家一样，都明确采用了一种主要以提高效率为基础的发展模式。中欧和东欧国家则等到20世纪90年代中期向市场经济过渡之后，才能采用类似模式。拉丁美洲与之形成有趣的对比，因为这个大陆的国家在1950年左右属于中低收入行列。在这种情况下，效率提高对产量大幅增长作出的贡献不大。不过，随着时间的推移，这种贡献变得越来越大，并且在1994年至2008年间非常显著（Martín-Retortillo and Pinilla，2015a；Martín-Retortillo et al.，2019）。 1209

对部分生产率进行的历史研究突出了农业系统的多样性及其演变。奥布莱恩和普拉多斯·德拉埃斯科苏拉（O'Brien and Prados de la Escosura，

表 3.2　欧洲和拉丁美洲各国在 1950—2005/2008 年间的产出、投入和 TFP 的年增长率(%)

国家	产量	劳动	土地	资本	全要素生产率(TFP)
阿根廷	1.68	−0.23	1.13	3.66	−0.04
巴　西	3.97	0.28	2.23	4.57	1.90
哥伦比亚	2.55	1.01	0.98	1.99	1.18
墨西哥	3.67	0.89	0.77	3.22	1.99
法　国	1.48	−3.87	−0.14	2.43	2.31
德　国	1.24	−3.88	−0.22	1.00	2.48
意大利	0.89	−3.78	−0.87	3.08	1.78
波　兰	0.63	−1.35	−0.44	3.01	0.49
西班牙	2.34	−2.52	−0.20	3.64	2.37
英　国	1.06	−1.64	−0.41	1.04	1.54

注:欧洲国家数据为 1950—2005 年;拉丁美洲国家数据为 1950—2008 年。
资料来源:Martín-Retortillo and Pinilla, 2015a; Martín-Retortillo et al., 2019。

1992)以及范赞登(Van Zanden, 1991)对 19 世纪末至 20 世纪末的欧洲进行的研究,与速水和拉坦(Hayami and Ruttan, 1985)对 19 世纪末到 20 世纪末 6 个发达国家进行的长期研究,使我们能够了解诸多不同的模式。在这 100 年中,所有这些国家里,土地和劳动生产率的提高都是惊人的。在一些国家——通常是那些土地生产率较低的国家,劳动生产率的提高主要是通过增加人均耕种面积来实现的,其典型的例子是美国。其他国家,如日本,主要通过提高土地生产率来带动劳动生产率的提高。

农业发展模式的多样性可以进一步类推得出。全球范围内的事实也表明,20 世纪下半叶的农业发展存在不同的趋势,特别是亚洲国家的农业发展基于土地生产率的提高,而发达国家则基于劳动生产率的提高(Alston and Pardey, 2014; Federico, 2005)。

技术变革

毫无疑问,速水和拉坦(Hayami and Ruttan, 1985)对农业技术变革的分析是这方面的关键性研究。他们的研究结合了解释问题的理论分析、发达国家和发展中国家之间的国际比较，以及对比美国和日本案例的历史计量分析。基于希克斯（Hicks）对技术变革的分析，两位作者提出诱导创新理论来解释农业技术变革，根据这一理论，变革方向取决于要素的相对价格。在美国，由于劳动力是一种相对稀缺且昂贵的要素，因此农业机械化占主导地位，以节省劳动力；而在日本，土地是稀缺要素，因此生物技术创新占主导地位。这就是奥姆斯泰德和罗德（Olmstead and Rhode，1993）所说的技术变革的"水平方法"，这意味着即使在要素相对价格恒定时，创新也试图节约相对稀缺的要素。

一些研究试图检验决定采用新农业机械的核心因素。就美国的情况而言，戴维（David，1966）认为，中西部收割机的使用，取决于是否达到了规模经济的程度，而这反过来又主要取决于要素相对价格的变化。然而，奥姆斯泰德（Olmstead，1975）指出，干预模型的变量值的微小变化对采用机械的农场规模的盈利阈值有重大影响，并且租用或联合购买机器使这种规模得以减小。在欧洲，赖斯（Reis，1982）总结出，葡萄牙的农场要想采用蒸汽脱粒机，劳动力价格、谷物产量以及是否租用或共同购买这些机器是关键因素。在意大利，19世纪70年代的蒸汽脱粒机推广是由资本成本决定的，并且这些机器由专业企业家所购买，并随即被出租给农民和土地所有者，因此其推广得到了促进（Federico，2003b）。

1210

分析农业技术变革的另一个问题是，将创新归类为节约土地型还是节约劳动力型。而其中一些技术变革可以在两个方向同时产生影响（Federico，2005；Olmstead and Rhode，1995）。例如就美国而言，"拖拉机化"大大减少了饲养牲畜所需的土地（Olmstead and Rhode，2001）。

然而，对农业技术变革的分析必须比研究诱导创新理论的机械方面应用更复杂，正如奥姆斯泰德和罗德（Olmstead and Rhode，2008，2015）对北美案例的深入研究所展示的那样。他们强调了生物创新（而非机械创新）从19世纪初至20世纪30年代的重要性。生物创新对该国的主要作物非常重要，特别是通过从其他地方进口基因材料，以及提高抗击影响收成的瘟疫和昆虫的能力。此外，对于提高土地生产率最重要但经常被忽视的因素之一，是控制和根除供人类消费的动物所遭受的流行病的能力日益增强。最后，他们揭示了美国土地和劳动力相对价格的变化方向与速水和拉坦的预测恰恰相反。从19世纪初直到1910年,土地价值与农业工资之间的比率逐渐增加,即土地价格增幅高于劳动力价格变化(Olmstead and Rhode, 1993)。

提高土地生产率的创新也一直是欧洲农业发展的重要因素。直到第二次世界大战,化肥和杀虫剂的使用有助于大幅提高土地生产率(Van Zanden, 1991)。在战后几十年里,欧洲农业提高了产量。就干旱或半干旱地区(不限于欧洲)而言,灌溉的扩大和加强也是根本性的。在欧洲,灌溉面积从870万公顷增加到1 910万公顷,其中1 000万公顷位于地中海国家(Martín-Retortillo and Pinilla, 2015a)。灌溉对农业产量增加的贡献是显著的。例如,卡斯卡罗等人(Cazcarro et al., 2015)估计,在1935年至2006年间,西班牙蔬菜产量增长中45%是由于灌溉面积增加,41%是由于灌溉土地的生产率提高。

一些研究试图证明国内外的需求对促进技术创新的应用的重要性,这些需求可以在不提高价格的情况下增加供给量。这是解释触发英国工业革命的良性循环的重要论据,因为城市对食物的需求在促进农业生产率的增长中发挥了重要作用(Allen, 2003b)。就欧洲国家而言,范赞登(Van Zanden, 1991)强调了国内需求和整体经济增长的重要性,以解释农业生产率的提高。此外,在德国,农业受城市和工业发展影响,而不是影响它们(Kopsidis and Hockmann, 2010; Kopsidis and Wolf, 2012; Pfister and Kopsidis, 2015)。在19世纪上半叶的法国,需求是生产率提高的主要驱动力(Grantham, 1989)。在1700年至1860年的瑞典,制度变革和农产品市场的扩大促进了农业生产和生产率提高(Olsson and Svensson, 2010)。同样的观点也可以解释整个20世纪北美农业的增长:劳动力市场的调整和农业劳动力向非农业部门转移,是农业生产率提高的主要原因(Gardner, 2002)。总而言之,内部需求和外部需求都被认为是推动欧洲农业发展的重要因素(Lains and Pinilla, 2009a)。

1211

供给因素在技术变革和生产率提高方面也发挥了重要作用。回顾速水和拉坦(Hayami and Ruttan, 1985)的研究,显然,根据我们已经指出的所有预防措施,相对价格对于理解创新的发展方向非常重要。在这里,我们可以添加一些其他关键因素。首先,公共研究中心是推动创新的重要因素,这一点在某些部门中比其他部门更为显著(Ruttan, 2002)。由于一些创新在界定产权方面存在困难，公共部门组织了一个农业研究体系，并取得了显著成果，这在绿色革命中得到了明显的体现。因此，对农业研发的有组织的公共投资（以及私人投资）是20世纪下半叶生产率快速增长的主要驱动力（Alston et al.，2009；Federico，2014）。此外，正如下文将要谈到的，农业合作社的发展促进了创新的传播。最后，信贷可得性是应用创新的决定性因素，因为许多创新需要大量资本支持。

第一次全球化浪潮与农产品和食品贸易的增长

市场一体化与农业贸易

贸易的繁荣，伴随着劳动力的大规模跨洋迁移和资本流动，是19世纪初期第一次全球化浪潮的重要组成部分（O'Rourke and Williamson，1999）。全球化的严格定义要求要素和产品市场日益一体化，而经济史学家通常使用的就是这种定义（O'Rourke and Williamson，2002）。就商品市场而言，那些在经济活动中占有较大权重的商品市场，如纺织品或谷物，发挥了决定性的作用。

1212

在第一次全球化浪潮中，农产品的国际贸易迅速扩张（图3.1）。刘易斯（Lewis，1952，1981）对整个初级产品进行的估计表明，1850年至1900年的年增长率为3.7%。在20世纪的前三分之一时间段内，农产品贸易以每年1.4%的速度增长。然而，这一时期的特点是增长速度的巨大反差。直到1914年，农产品贸易的增长率仍与19世纪保持一致。但随后在第一次世界大战期间回落，在20世纪20年代有所恢复，并在30年代由于经济大萧条而遭受重创（Aparicio et al.，2009）。

在第一次全球化浪潮中，农产品是国际贸易的一个关键部分，约占贸易总额的一半。在此期间，贸易基本上在产业间进行，换言之，贸易的主要趋势是用原材料和食品交换工业制成品。因此，基于比较优势理论的赫克歇尔-俄林模型（Heckscher-Ohlin models）通常为专业化趋势和贸易模式提供了令人信服的解释。

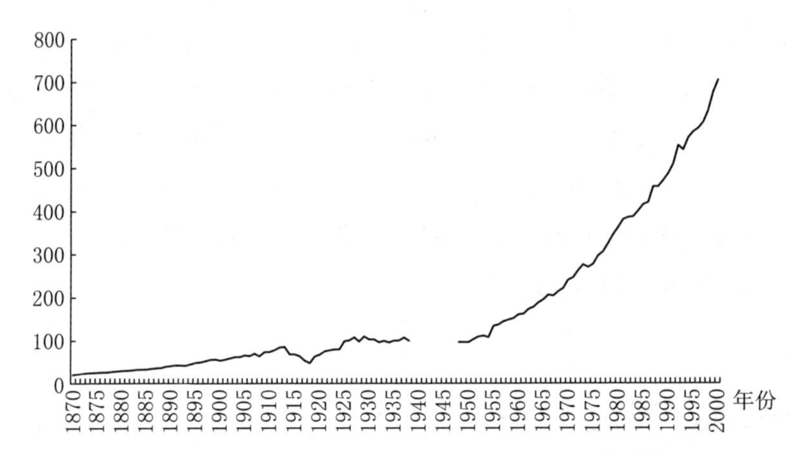

资料来源：根据阿帕里西奥（Aparicio et al.，2009）和冈萨雷斯（González et al.，2016）的研究整理而得。

图 3.1　1870—2000 年农产品和食品国际贸易（以 1934 年为基期＝100）

在第一次全球化浪潮中，农产品市场的整合和形成至关重要（Federico，2018）。小麦市场是基础性的，因为小麦是主食，其贸易量占农业贸易总额的很大一部分。

1213

有大量证据表明，小麦市场的一次大规模国际整合过程发生在拿破仑战争结束到 1870 年前后，这可以通过小麦价格的收敛及其离散度减少来衡量（Jacks，2006）。西北欧国家引领了这一进程，早于其他地区达到了较高的一体化水平（Chilosi et al.，2013）。19 世纪最后几十年，因“谷物大入侵”而实施的保护主义措施部分扭转了这一进程，一体化直到 20 世纪初才得到恢复。西北欧国家的国内市场也部分经历了这一整合过程（Federico，2012a；Uebele，2011）。而在亚洲，小麦市场与国际市场一体化的过程进一步持续至第一次世界大战，并且在 19 世纪末没有出现倒退（Chilosi and Federico，2015）。第一次世界大战后和 20 世纪 20 年代，价格的离散度再次出现极低的特征，但 30 年代的经济大萧条又一次重创了小麦市场（Federico and Pearsson，2007；Hynes et al.，2012）。在这一过程中，至少在欧洲市场，国内和国际市场对长期一体化进程的贡献大体相同。其主要驱动因素是政治事件、贸易自由化和运输成本的下降（Federico，2011）。

欧洲对小麦的需求，主要来自英国，这是 19 世纪其贸易增长的关键因素。1846 年英国废除《谷物法》，这是自由化进程中的一个决定性因素（Sharp and Weisdorf, 2013)。然而,在19世纪末,由于从东方(俄罗斯帝国)和西方(美国)进口的小麦数量增加,欧洲生产商的情况变得复杂起来,因为进口小麦的价格低于欧洲的通常价格。对此,欧洲最大的几个国家——如德国、法国、意大利和西班牙——纷纷施加贸易壁垒,这给本地农民与外国产品竞争提供了一定空间,但条件是他们需要引入化肥或机械等新技术来推动农场现代化。而英国、荷兰和丹麦等国则采取了相对少见的做法,它们决定维持自由贸易政策。各国不同的政策反应可以用这样一个事实来解释,即谷物大入侵在不同的欧洲国家意味着不同程度的冲击,并且根据各国谷物生产和农业的重要性不同,它对收入分配产生的影响也不同(O'Rourke, 1997)。因此,每个国家受危机影响的不同部门的影响力在解释其所采用的贸易政策类型方面具有决定性意义(Lehmann and Volckart, 2011)。

直至第一次世界大战前,欧洲自由贸易国家的小麦贸易需求稳定,而保护主义国家的需求则并不稳定。战争和欧洲产量的下降,加上俄罗斯出口的中断,致使欧洲域外国家的产量增加,而世界其他地区的产量不断下降。这些国家的出口也大幅增加。20世纪20年代,市场开始显示出明显的饱和迹象。在20世纪30年代,全球小麦出口下降。在1928—1932年和1934—1938年间(Aparicio and Pinilla, 2019),出口下降了约6 500万公斤。对此的主要解释是,由于保护主义措施增加,主要小麦消费国的自给自足能力日益增强。从1929年开始,传统的保护主义国家提高了对小麦进口的关税,并于1932年采取了额外措施来加强其保护主义政策。在第二年,甚至连英国也放弃了自由贸易政策,并采取了某种类型的保护措施。

1214

其他农产品和加工农产品也展开了市场一体化进程。就地中海水果和蔬菜而言,在第一次全球化浪潮之前,这些水果和蔬菜几乎不在其生产区域之外消费,而其贸易在这一时期大幅增加,国际竞争也更加激烈。随着南欧出口的增加,新的生产者涌入市场,其中最值得注意的是加利福尼亚,它试图从传统生产者那里争得市场份额(Morilla et al., 1999)。西班牙在20世纪前三分之一的时间段内获得了领导地位,成为了世界第一大出口国,其销售额从19世纪末就开始迅速增长。较发达国家收入的增加和专门从事这些产品生产的农业技术变革,是贸易增长的关键。西班牙出口商也受益于国际市场的日益一体化,主要是因为运输成本下降,外加贸易自由化的部分贡献（Pinilla and Ayuda，2010）。地中海国家和新的生产者之间跨大西洋竞争的结果各不相同。由于领先的技术、有效的营销和保护主义政策，加利福尼亚从地中海生产商手中夺取了北美市场。然而，后者尽管在技术发展上有一定的延迟，但仍凭借极具竞争力的价格保住了欧洲市场。即使如此，失去全球增长率最高的北美市场的代价仍然很高。对于在这些产品贸易中处于领先地位的西班牙来说，损失是相当大的。仅以橙子市场为例，假如加利福尼亚同类产品不存在，那么西班牙 1910 年的 GDP 将高出 0.8%（Pinilla and Ayuda，2009）。而在加利福尼亚生产者淘汰了地中海竞争对手的唯一例子（葡萄干市场）中，旧大陆的代价极高，其葡萄干产量停止增长甚至大幅下降（Morilla et al.，1999）。

在其他产品方面，竞争主要在欧洲内部进行。例如在橄榄油市场上，意大利专门从事最高质量和价值部分的生产，而西班牙则占据了低质量的部分（Ramon，2000）。

19 世纪中叶，葡萄酒贸易有所增加（Anderson and Pinilla，2018）。到了 19 世纪下半叶，由于传统上不消费葡萄酒的欧洲北部国家和欧洲地中海移民的目的地国家的需求增加，葡萄酒贸易增长强劲。而法国葡萄根瘤蚜瘟疫的暴发，导致其需要从西班牙和其他国家进口葡萄酒，以供应国内市场并维持其出口。法国作为出口国的同时又成了进口国，最终占据了葡萄酒市场领导地位（Ayuda et al.，2018）。瘟疫使得法国逐渐转向高质量细分市场，而其他地中海国家则向低质量细分市场倾斜。法国的贸易政策为阿尔及利亚殖民地的葡萄酒打开了免税大门，19 世纪 90 年代以后，一旦阿尔及利亚的生产有能力取代其他生产商，法国就开始以高关税惩罚其他生产商。进入法国这个主要进口市场的葡萄酒对关税政策高度敏感。从长期来看，关税每增加 1%，进口的市场份额就会减少 1.8%（Pinilla and Ayuda，2002）。从 19 世纪末开始，葡萄酒市场迎来了新世界的竞争对手——阿根廷、智利、美国、澳大利亚和南非。1975 年以前，新的竞争国家并没有威胁到欧洲市场，但借助严厉的保护主义政策，它们得以略微减少欧洲葡萄酒的进口。使用重力模型来解释葡萄酒出口的决定因素，可以揭示它们对关税增加的敏感性（Pinilla and Serrano，2008）。葡萄酒市场还表明，第一次全球化浪潮的结束是各个国家为阻碍贸易流动而有意采取措施的结果。因此，尽管法国

1215

生产者专门生产高品质的葡萄酒，但在北美大萧条和禁酒令期间，因新的苏维埃政权而出现的关税上涨，导致他们遭受了巨大损失(Ayuda et al.，2018)。

纺织纤维市场也在国际范围内不断扩大。在丝绸市场上，有三个主要的竞争国家：日本、中国和意大利。国际需求增长，使得生产商扩大供应，其中日本获得了最大的市场份额。由于技术滞后和竞争力低下，中国的份额最低。丝绸市场说明了三个主要生产国中的两个(日本和意大利)如何利用需求扩大的机会来提高生产率并扩大出口(Federico，1997)。

在其他产品方面，例如英国-丹麦黄油贸易，这些市场间的整合发生得非常早(Lampe and Sharp，2015a)。

出口导向型增长

全球化进步带来的最相关的结果之一，是在国际范围内出现新的劳动分工。在这方面，世界上那些具有明确技术和工业领导地位的国家，如英国和其他西欧国家，专门从事制成品的生产和出口。相反，世界其他地区，如殖民地国家、非洲和亚洲，则利用对农业原料和食品的强劲需求，专门生产这些产品，并将这些商品供应给工业化程度较高的国家。

为了能够在殖民地国家生产工业化世界所需的产品，这种专业化的发展意味着原住民在被殖民时流离失所、活动范围受限或遭到灭族。在这些国家，农业出口部门是其经济发展的动力，在整个第一波全球化浪潮中，它们不仅惊人地扩大了疆域，增加了经济规模，而且人均收入达到了高水平。一战前，澳大利亚、阿根廷、加拿大和新西兰就居于人均收入最高的国家之列。然而，由专门从事农业出口向工业化的转变并不总是直接的，其结果也不尽相同。一战后，澳大利亚、加拿大和新西兰的进步明显优于阿根廷和乌拉圭。根据维勒巴尔德(Willebald，2007)的说法，较高程度的不平等与总价值较低、吸收更先进技术的能力较低的产品的生产贸易专业化之间存在正相关关系，而当工业成为主导部门时，这将是一个问题。因此，在20世纪下半叶，曾给其中一些国家的出口时代带来无可否认的成功的生产结构，反而限制了结构变化和技术进步，致使其工业化和出口多样化停滞不前(Willebald and Bértola，2013)。

1216

并非所有寻求以农业出口为经济发展基础的国家都取得了同样的成功。

即使扩大出口，位于美洲、非洲和亚洲热带地区的国家也无法充分发展经济以缩小与世界工业中心的差距。在这些国家，出口的增长要慢得多，而且农业与其他经济部门的联系非常薄弱。因此，这些经济体的收入水平仍然很低，并且没能经历深远的变革（Aparicio et al., 2018）。

其他国家将农业原料和食品出口部门的发展与工业化进程的开启结合了起来。因此，如意大利、西班牙等一些欧洲边缘国家，将早期向北方欧洲邻国出口农产品的专业化优势与发展缓慢的工业化进程结合了起来。它们在国际农产品市场中的地位十分突出，且这一部门对其发展作出了突出贡献（Federico, 1994; Clar and Pinilla, 2009）。

最后，美国的情况值得我们注意。它经历了快速且影响深远的工业化进程，同时将其边界向西推进，开拓了广阔的领土（Atack et al., 2000）。这导致粮食和棉花产量大幅增加。仅棉花和小麦这两种产品的出口，就占了19世纪美国商品出口总量的相当大一部分（North, 1966）。这种只集中于一两种产品的出口模式，在殖民地国家也非常常见（Anderson, 2018）。

第二次全球化浪潮中的农产品贸易

经济大萧条及在此期间实施的政策严重影响了贸易，而第二次世界大战使情况雪上加霜（Hynes et al., 2012）。南美农业出口在战争期间萎缩了约40%（Pinilla and Aparicio, 2015）。1948—1950年，全世界的农产品贸易仍比1934—1938年低4%。20世纪50年代初，贸易再次超过战前水平，尽管1952—1954年仅比战前增加了9%（González et al., 2016）。比贸易水平下降更重要的是贸易条件的下降，在两次世界大战之间，贸易条件经历了相当大的恶化，包括一系列结构性破裂，而第二次世界大战中贸易条件的改善并没有扭转这种下降趋势（Ocampo and Parra-Lancourt, 2010）。

1217

战后复苏期之后，世界农产品贸易在1950年左右开始的第二次全球化浪潮中表现出显著的反差。一方面，它的增长速度甚至比第一次全球化时期还要快，但另一方面，它在国际贸易总额中的相对份额却大幅下降。

这一时期的农产品贸易增长速度快于20世纪的前三分之一时期

(图3.1)。这种增长也高于19世纪下半叶的扩张阶段,当时它以平均每年3.7%的速度增长,而在20世纪下半叶,它的增速为4.0%(Aparicio et al., 2009)。一系列计量经济学研究使用了两种不同方法来解释这种快速增长的原因:时间序列和重力模型。

在第一种方法中,农产品贸易的快速增长主要由收入增加,其次由实际农产品价格的下降和汇率的稳定来解释。由名义保护系数衡量的运输成本和关税保护长期保持稳定,并未促进农业贸易(Serrano and Pinilla, 2010)。

基于重力模型的计量史学研究为我们提供了关于这种演变的更丰富的信息。首先,它为农产品贸易构成的变化提供了有力的解释。贸易趋势表明,农产品的相对重要性大幅下降,而加工和高价值产品则获得了相当大的权重。这就解释了为什么我们可以观察到加工和高价值产品(不同于农产品)的国内市场效应,这与发达国家农业食品工业的逐渐集中密切相关。其次,重力模型使我们能够证实,收益递增/产品差异化理论恰当地解释了高价值和加工产品贸易的增长,而同质商品/相对要素丰裕度理论可以解释农产品的贸易增长。最后,正如我们已经看到的,高附加值产品和加工食品受益于更大的贸易自由。因此,高收入国家之间的贸易流动更早地受益于区域市场的逐步自由化,因为这些国家集中了差异化和参考价格产品。从20世纪90年代开始,这些产品的贸易更加自由,南方经济体之间的区域贸易协定(RTAs),和乌拉圭回合谈判为食品、饮料业提供的贸易自由,为其提供了新的推动力。与此相反,作为南北贸易流动的特征,传统出口集团和同质商品的市场仍然受到严格控制,而且关税及贸易总协定(GATT)也无法推动其贸易自由化。这表明,与差异化产品和参考价格商品贸易的增加相比,封闭市场是同质商品贸易流量下降的关键因素(Serrano and Pinilla, 2014)。

此外,重力模型可用于解释农业和食品贸易区域份额发生的重要变化。在欧洲与拉丁美洲之间,特别是在《罗马条约》之后,可以观察到一个非常有趣的对比。 1218

欧洲的情况从一开始就令人惊讶。在第一次全球化浪潮中,直到第二次世界大战前,以英国和其他工业化国家为首的欧洲是世界农产品和食品的主要进口国,约占世界进口的60%。在整个20世纪下半叶,这一比例稳步下降至不到50%。通过将这些进口分为欧洲国家之间和欧洲内部的出口*,我们可以观察到两种相反的趋势。自20世纪60年代初关税同盟成立后,欧盟(EU)成员国之间的贸易开始快速增长。与此同时,从非欧盟国家进口的农产品相对而言很快就失去了重要性,在20世纪末,它们在世界进口中所占的百分比只是20世纪50年代同一数据的一半。按绝对值计算,这些进口远低于来自欧盟成员国的进口。

在二战前,欧洲仅占世界农产品和食品出口的17%,但到20世纪末却占据约50%。其原因仍然在于欧盟成员国之间贸易的强劲增长(Pinilla and Serrano, 2009)。重力模型再次帮助我们理解这些轨迹的原因。首先,1963年至2000年欧盟国家的出口受到刺激,是因为其出口高度集中在具有国内市场效应的产品上,而这也构成了欧盟产业内部贸易模式的特征,同时,该模式意味着欧盟内部国际食品工业的不断集中。这些国家市场的扩大产生了重大影响。事实证明,作为出口驱动力,这比出口市场的增长更为重要,因为经工业加工的农产品和食品的贸易深度专业化创造了规模经济,并产生了国内市场效应,由此提高了出口水平。另外,欧盟的发展极大地影响了欧盟国家的进口增长,而欧盟农业自给性日益增强,导致其对外部国家的进口增长缓慢。欧盟内部贸易模型表明,成员资格创造了伙伴国之间的贸易(Serrano and Pinilla, 2011a)。

拉丁美洲农产品贸易的演变与欧洲形成了鲜明的对比。20世纪下半叶,拉丁美洲国家失去了其在全球农产品和食品出口中的很大一部分份额。这些国家在"第一次全球化"期间专门从事农产品出口,以至于一些国家取得的出色经济成果完全可以归因于出口导向型增长模式(Martín-Retortillo et al., 2018)。这些国家遵循的进口替代工业化(ISI)战略对农产品出口的抑制因素,部分解释了拉丁美洲作为世界贸易伙伴的重要性下降。

利用重力模型的研究还发现了其他重要因素,有助于我们理解拉丁美洲发生的变化。它们突出了这一时期农产品贸易深度区域化的重要性。另

---

* 欧洲内部(intra-European)的出口指的是原欧共体(现欧盟)成员国之间的贸易,欧洲国家之间(inter-European)的出口指的是非欧共体(欧盟)国家向欧共体(欧盟)国家的出口。——译者注

外，拉丁美洲实现区域贸易自由化的努力失败，也使贸易的建立推迟了很久。直到这一时期的很晚阶段，拉丁美洲国家才对其农业和粮食出口的构成作出重大改变，因此，它们仍然以低需求产品为主。此外，该区域的农产品出口专业化基本上由基础商品组成，并且没有从任何长期的国内市场效应中受益。拉丁美洲出口商几乎在整个时期都面临着高度的保护政策，这使得他们难以在目标市场中有更好的表现。农产品始终被排除在GATT之外直到大约20世纪末，这使专门从事农产品出口的国家付出了高昂的代价。与此同时，欧洲关税同盟通过消除欧盟伙伴之间的贸易壁垒和提高针对外部进口的关税壁垒，造成了贸易扭曲，进而影响了拉丁美洲的出口(Serrano and Pinilla, 2016)。

1219

在第二次全球化浪潮中，农产品贸易演变的另一个重要特征是其在世界贸易总额中失去了相对重要性。虽然农产品和食品在1951年占世界贸易总额的43.0%，但到2000年，按现值计算，这一比例缩减至区区6.7%。导致这一显著下降的重要原因之一，是价格的相对下跌。当我们考虑农产品贸易价值方面与数量方面的下降差异时，这一点就非常明显，因为数量的下降更为温和(尽管很重要)，两者之差表明相对价格出现了极其严重的下降。农产品和食品实际价格的总指数在1976年的水平(AO2)和1977年的趋势(IO2)上出现了结构性突破*，这表明它们遭受了20世纪70年代石油危机的滞后影响。因此，农产品和食品贸易的恶化在20世纪下半叶是强烈而明显的，特别是影响了专门从事最基础产品出口的国家(Serrano and Pinilla, 2011b)。

关于在数量上损失份额的原因，一是国际农产品市场普遍的保护主义(Anderson, 2009, 2016)。虽然其他类型贸易，如制造业，其市场享有更大的多边自由化，但农产品市场有着强大的市场干预，因此其贸易增长基础是区域贸易协定的扩大和成功，以及消费模式因收入水平提高而发生的重大变化。因此，农产品贸易增长放缓与农业占世界GDP的比重大幅下降有很

* 作者在研究中运用了两种检验结构性变化的方法，第一种称为附加性异常模型(Additive Outlier Model, AO)，第二种称为革新性异常模型(Innovational Outlier Model, IO)，这里的AO2和IO2即相应的检验观测值。——译者注

大关系。而大多数农产品在产业内部贸易中所占份额较小，这也十分关键。农产品交易的国内市场效应很弱，这解释了为什么这些市场的增长不如工业制成品和贸易总体水平(Serrano and Pinilla, 2012)。

农业部门的政府干预

在自由放任主义时期，对农业部门的公共干预很少，而且高度侧重于贸易政策。整个19世纪中，国家不仅在农业方面，而且在整体经济活动方面都扮演着相当被动的角色。各国采取实际行动的一个领域是建立农业试验站，这些试验站出现在若干国家中。其目标是让这些中心与农业生产者合作，促进他们采用最新的技术创新。在有些情况下，它们的作用是极其重要的。

1220

相比之下，尽管自由主义范式主张自由贸易，但许多国家都有不同程度的关税保护，特别是对于小麦。在欧洲，19世纪上半叶被高度保护主义政策所主导，以保护国家小麦生产。《谷物法》的废除及其对英国农业的影响，引起了计量史学者的兴趣。

有研究表明，直到19世纪40年代，这些保护主义措施对英国农业的影响才算温和起来。威廉姆森(Williamson, 1990)使用反事实模型论证，认为保护英国谷物市场对国内市场的影响不大。在需求旺盛的背景下，废除这些法律所产生的自由化意味着不同国家对英国的出口迅速增加。然而，在废除该法律后的头几十年里，英国市场价格基本保持了稳定，尽管出口国市场的价格趋于上涨(Gallego, 2004)。运输价格的下降和贸易自由化也有利于这种需求(O'Rourke and Williamson, 1999)。但至少在针对1875年以前的贸易研究中，受到更多关注的是贸易自由化进程或其他贸易成本的降低，而不是运输成本的降低(Jacks, 2006)。通过签署许多贸易协定实现的贸易自由化进程在这一时期尤为重要(Lampe and Sharp, 2015b)。技术创新也有助于降低出口国的生产成本。19世纪70年代末，俄国的谷物和美洲的产品开始以低于欧洲农民生产成本的价格到达欧洲。

所谓的谷物大入侵在整个欧洲大陆引起了各种反应。德国、法国、意大利和西班牙等大国的反应是大幅提高谷物关税，但其他国家，如英国和丹麦，则保持了市场开放。入侵带来的对价格和收入分配方面的冲击也是极其多样化的，这一事实至少已经部分解释了上述各方的反应（O'Rourke, 1997）。然而，我们应该注意到，这种保护主义反应并不意味着要对其他农产品普遍地提高关税，并且也不是欧洲农业生存所必需的（Federico, 2005）。对几个西欧国家名义援助率的估计表明，在第一次世界大战之前，农民得到的援助非常少，直到20世纪30年代才大幅增长（Swinnen, 2009）。

在20世纪30年代之前，对农业的直接公共干预一直非常低，尽管在19世纪末有一些案例违背了自由放任的政策，例如美国联邦政府干预了动物健康管理，主要手段是在1884年成立了动物工业局。该组织发挥了巨大的影响力，其根除导致牲畜数量减少的主要疾病的行动取得了相当大的成功（Olmstead and Rhode, 2015）。20世纪30年代，美国还采取了防止降价的政府干预措施。作为大萧条的结果之一，这些政策产生了深远影响。一方面，1933年通过的《农业调整法》是对农业的公共干预规模的分水岭，对美国和其他发达国家的未来政策产生了巨大影响（Libecap, 1998）。另一方面，确定从农民那里购买农产品的最低价格需要限制农业生产，因此意味着要进行深入干预，这完全扭曲了美国农产品市场的运作。在任何其他国家，我们都找不到如此强力的政策来限制市场在农业中的作用。然而，监管政策也开始扩大，通常是以部门为单位，如法国对葡萄酒生产的监管（Chevet et al., 2018）。

1221

第二次世界大战及其给交战各方带来的需求，增加了政府对农业的干预，在许多国家，针对生产、消费或价格的监管措施得到了扩充。这些先例对于理解1945年以后制定的政策至关重要，因为干预的趋势延续了下来（Federico, 2012b, 2017）。

1933年北美实施的政策对国际农产品市场的运作产生了深远影响。其目标是将大多数农产品的购买力提高到1909—1914年的平价比率（Olmstead and Rhode, 2000）。农业效率和产出的提高与农业收入的增长并不同步。这种农业收入问题很快被认为是结构性的而非暂时的，为此，政府实施了干预措施以提高和稳定农业收入（González et al., 2016）。

第二次世界大战后，发达国家的政策发展往往忽视了供给侧，而主要集中在通过价格支持提高农业回报方面。这些政策的一个自相矛盾的结果是刺激了生产,从而加剧了盈余问题(Johnson, 1987)。农业问题和让从事农业的人获得公平收入的口号,是战后工业化国家大多数政策声明的核心。然而,农业政策也是由其他考量因素驱动的。正如约翰逊(Johnson)所指出的那样,这些因素包括国家在食物上的自给自足、减少平衡国际收支的困难,以及以有保证的供应来源和稳定价格的形式为消费者带来好处。

粮食短缺问题解决了,价格支持却延续下来甚至得到加强,进而揭示了维持农业高收入的目标是政策背后的主要驱动力。当然,农业政策强烈反映了一国政治经济体系背后的私人和公共利益。就美国而言,战后的农业政策无疑深受农业游说团体的影响。这些政策传统上被解释为面向农户的福利政策,但却在一些计量史学研究中受到质疑。施珀雷尔(Spoerer, 2015)估算后认为这些政策对欧洲农业的益处远远超过任何福利政策。农业游说团体的寻租行为成为这些政策的基本决定因素。

1222

第二次世界大战后的国际农业贸易被国内的农业政策严重扭曲。政策干预在工业化国家中非常普遍,而且实际上被各种规范贸易的国际规则所允许。一方面,农产品贸易受到进口管制措施的严重限制,但另一方面,农产品贸易实际上因利用出口补贴和赔偿而扩大。由于价格和贸易的扭曲、纳税人和消费者承受的巨大代价、工业化国家农业产出的低效扩张及其对发展中国家的相关影响,世界农产品市场陷入混乱(Tyres and Anderson, 1992)。20 世纪下半叶降低关税的主要机制 GATT 对农产品贸易实行了特殊规定,而农业保护主义基本上没有受到影响。GATT 规则顺应了发达国家,特别是美国的农业政策。这意味着,在欧洲一体化进程中,没有必要使农业政策适应国际贸易规则。

根据其他部门情况及经济发展进程,各国往往会从征税转向补贴农业。林德特(Lindert, 1991)发现存在两种清晰的模式。发达国家倾向于通过保护主义政策和直接干预市场、管制价格或建立对农民的转移支付来保护其农业部门(发展模式)。发展中国家恰恰相反,它们对可出口的农产品征税,并保护与进口产品竞争的农业(反贸易模式)。这一模式已通过名义援助率(NRA)的估计得到了定量证实。NRA 是"政府的政策使农民的总回报率高于没有政府干预时的水平的百分比,如果 NRA 低于零,则是使农民总回报率低于未干预水平的百分比”(Anderson, 2009:11)。这些数字表明,至少在1955年(能够获得该数据的第一年)后,NRA在发达国家的加权平均值上是正数。因此,发达国家的公共政策使1955—1959年西欧的农业收入增加了44%,日本增加了39%,美国增加了13%。在后来几年里,农民受到的支持大大增加,特别是在西欧和日本。对欧洲国家NRA的估计显示,这一比率从20世纪50年代初开始持续增长,直到共同农业政策实施后达到非常高的数值(Swinnen, 2009)。林德特确定的模式已通过计量经济学方法被验证为NRA与人均GDP之间的二次函数。在低收入水平的发展中国家,收入增加会降低NRA,而对于高收入水平的国家,收入增加会提高NRA(Anderson et al., 2010)。这些年在发达国家,选举制度和联合政府也影响了农业政策。欧洲对比例代表制的采用与对农民的大力支持有关(Fernández, 2016)。然而,在发展中国家,由于实施进口替代工业化战略,其货币估值过高,因而第二次世界大战后的模式是对农民直接或间接征税。其结果是价格激励作用减弱,致使农民转向出口市场(Anderson, 2009)。

农业制度变革

近几十年来,对制度变革的分析一直是经济史学者研究的核心,这无疑是由道格拉斯·诺思(Douglas North, 1991, 1999)提出的理论和实证发展所推动的。在过去两个世纪里,农业机构经历了广泛的变革。即使在讨论制度变革对产量增加的贡献程度时,人们对其重要性也已有普遍共识(Wallis, 2018)。市场经济的配置——其中的经济主体对价格信号作出反应——不仅可以解释自19世纪初以来欧洲和其他被欧洲殖民的国家的农业产出增长,而且对于理解使生产率得以大幅提高的技术变迁过程具有决定性意义。

财产权、农业合同和劳动

就农业而言,重新定义土地产权和农业合同的变化非常重要(Federico, 2014; Libecap, 2018)。从18世纪到19世纪末,大多数欧洲社会大幅修改了相关制度框架，原先，它们的土地产权没有清晰界定或可以共享，并且土地所有者的行动能力经常受限。领主权力投下的长长阴影仍然遮蔽了许多欧洲国家。因此，从法国开始的自由革命的主要目标之一，就是建立市场经济特有的制度框架。就土地而言，这意味着在仍然存在这种制度的情况下结束权利分割，并明确土地所有权，确保所有者能够自由处置其土地并根据其利益行事。在信仰天主教的欧洲国家，教会的财产权遭到削弱，这导致大片土地进入市场。

在过去两个世纪里，农业合同也发生了变化，各地出现巨大差异。现有的合同类型由每个社会自发产生，而计量史学研究试图一一解释它们。众所周知，建立市场经济式的制度，并不意味着此后农业将主要通过雇用授薪工人的大公司来组织。相反，家庭农场不仅幸存下来，而且成为组织农业生产的主要形式。即使如此，组织形式也不尽相同，并受益于共存优势。雇用授薪工人的大型农场与家庭经营的农场共存，而这些农场的土地既可能是自有的，也可能是租用的。在其他地方，特别是在非洲和亚洲，通常由雇用当地劳动力的欧洲殖民者拥有的种植园比重大大增加。然而，在去殖民化之后，它们开始失去重要性，并且由于内在效率、政策所支持的更公平的竞争环境以及协调生产的制度创新的综合作用，它们主要被小型家庭农场所取代（Byerlee and Viswanathanm，2018）。

1224

对租赁合同的研究备受关注。几十年前，这被视为封建残余和一种低效的契约。然而，此后的研究表明，它们是完全理性的，能够适应盛行此种合同的国家的环境和特征，例如作物组合、社会环境或所涉及的代理者特征（Carmona and Simpson，2012；Garrido，2017）。简言之，难以获得完美信息、所承担的风险、监督成本以及一般而言的交易成本，造成了农业的特殊性（Federico，2006）。由此，不同的计量史学研究探索了合同的选择。奥尔斯顿和希格斯（Alston and Higgs，1982）在对美国南部各种合同（工资支付、作物分成和土地租赁）的研究中得出结论：合同形式随时间和空间的变化取决于缔约方的相对资源禀赋、主要的风险条件以及替代性协议安排的交易成本。费德里科（Federico，2006）表明，无论是在分成制还是固定租金合同中，佃户土地的总份额都会由于经济动机、制度变革和具体政策（比如20世纪的农业改革）的综合作用而呈现显著下降趋势。在西欧，这种下降尤其重要，特别是在20世纪下半叶(Swinnen，2002)。

西班牙的情况还表明，由于土地价格与农村工资之间的比率下降，无地工人的数量是如何减少的。这使得无地工人租用和购买地块的价格更便宜，并导致人口从农村流失的结构性变化(Carmona and Rosés，2012；Carmona et al.，2018)。这一过程在西班牙南部并未生效，在那里，无地劳动者继续构成农业人口的重要组成部分。简言之，农业的现代化，随着技术、生产要素价格或产品本身的变化，也可能导致长期以来盛行的分成制合同的消失。

围绕农业合同和现有土地所有权模式存在着大量社会冲突。在一些国家，对大规模土地所有者的批判或佃户声称其对土地的所有权，导致了严重的社会冲突。在两次世界大战期间和第二次世界大战之后，不同国家实施了各种不同的农业改革，导致土地所有权从大地主转移至小农、无地工人或佃户(Federico，2005)。有些改革由于土地转让量较大而产生了重大影响，例如20世纪30年代的墨西哥和1947年至1950年的日本，当时都有几乎40%的土地易手(Hayami and Yamada，1991)。然而，最重要的土地所有权转让过程，是在苏联、1945年后的东欧国家以及1949年后的中国所发生的集体化。苏联是第一个实施农业集体化的，并被作为其他国家集体化的典范。苏联领导人认为这是新经济政策(NEP)期间反复出现的政府采购危机的必然结果。然而，格雷戈里和莫赫塔里(Gregory and Mokhtari，1993)认为，它们实际上是由国家定价政策引起的。加速工业化作为一项主要经济目标，是这一集体化进程的另一个理由，尽管实际上它对经济增长的贡献非常小，而且本来可以在NEP框架下实现(Allen，2003a)。

1225

农业制度变革的另一个基本方面是消除提供工作的强制性方式。在东欧，农奴制在19世纪仍然存在，并在该世纪得到消除(Federico，2014)。在俄罗斯帝国，废除农奴制导致农业生产率、工业增长和农民生活水平的大幅提高(Markevich and Zhuravskaya，2018)。在欧洲以外，奴隶制在许多地区是司空见惯的事，不过它在19世纪最终被消灭了。美国不仅是最好的案例，而且是早期计量史学者最喜欢的研究对象(Olmstead and Rhode，2018；Sutch，2018)。计量史学的基础研究之一(Conrad and Meyer，1958)认为美国南部的奴隶劳动是一项有利可图的活动，这打破了人们根深蒂固的信念。

对奴隶的投资获得了与其他替代性投资相同或较之更高的回报(Fogel and Engerman, 1974; Yasuba, 1961)。其他研究表明,没有任何经济原因会导致南方奴隶制消失(Sutch, 1965),尽管南方经济由于其无力促进创新和经济多元化而前景黯淡(Wright, 2006)。

农业合作社

从19世纪末开始,西方国家农业合作社的出现和发展,带来了对肥料、机械等创新成果的集体购买行为。合作社还为其成员提供信贷,并帮助加工、营销和分销农产品。这些新的合作形式旨在提高农民的竞争可能性,以应对技术变革或世纪之交的农业萧条所带来的问题。通过这种方式,家庭经营的农场试图更好地适应19世纪末出现的新的经济条件。

合作社的成功及解释程度差异巨大,这种差异吸引了许多经济史学者的注意。一些学者已经发现了预先存在的社会资本是解释农业合作社不同表现的关键(Fernández, 2014; Guinnane, 2001; Henriksen, 1999)。农民间的信任是理解这些差异的关键因素,并且它取决于各种不同因素。允许社会互动网络的存在也可能得到现有公共土地和灌溉社区的青睐,它提供了促进相互信任的社会网络,例如在西班牙(Beltrán Tapia, 2012)。然而,这种社会资本的预先存在并不能保证合作社的出现,因为其他因素可能会阻止这一点(Garrido, 2014; Henriksen et al., 2015)。影响合作社绩效的其他因素包括现有的制度框架、中小型家庭农场的优势、训练有素的人力资本的存在、生产密度和产品的专业化程度(Henriksen et al., 2012)。

1226

产品特征对合作社的推广也十分重要。合作社在欧洲北部的黄油生产和销售中的作用,比在南欧的葡萄酒生产和销售中重要得多。费尔南德斯和辛普森(Fernández and Simpson, 2017)解释了这种对比,指出虽然在一些产品中进行合作生产可以提高产品质量和在高价值市场中的竞争力,但由于环境条件和测量技术问题,葡萄酒合作社生产的大多是低质量葡萄酒。但是,专门从事某种类型的生产并不能保证合作社的成功。丹麦在黄油生产方面的成功案例与爱尔兰的糟糕结果截然相反(Ó Gráda, 1977)。爱尔兰严重的社会和政治冲突导致了潜在伙伴之间的不信任,这与丹麦在宗教和文化上的同质性形成了对比(O'Rourke, 2007)。

公共土地的私有化

最后，在结束这一部分之前，我们将分析在理解公共土地在经济发展中所起作用方面取得的进展。在早期的计量史研究中，公共制度的私有化被视为促进经济增长的先决条件（McCloskey，1975；North and Thomas，1978）。私有产权被认为是刺激创新和投资，从而形成增长的关键。学者们还表明，共同财产制度存在的一个不可避免的后果是资源过度开发。然而，自20世纪80年代以来，这些主要论点已被彻底修正。共同财产制度可以是有效和可持续的，这反过来又使得它们在经济发展中所能发挥的作用被重新评估（Allen，1982，1992；Clark，1998；Van Zanden，1999；De Moor et al.，2002；De Moor，2009；Ostrom，1990，2005）。

因此，圈地运动与英国农业革命之间所建立的联系同样受到了质疑。艾伦（Allen，1992，1999，2003b）指出，在议会圈地开始之前，农业革命已经在进行中，农业生产率的增长也发生在开放的土地上。他还指出，公共土地的私有化剥夺了农村较低阶层对土地的使用权，这在许多情况下导致了他们生活水平的恶化，迫使他们迁移到城镇中（Humphries，1990）。同样重要的是，这一系列最近的研究还强调了一个事实，即公地不是开放获取的资源。它们由当地社区通过一系列正式和非正式规则来进行监管，以保证其可持续性（De Moor，2009；Beltrán Tapia，2016）。

1227

西班牙公有土地私有化的例子被学者引用，以强调这一进程没有促进农业生产率的增长。相反，它与农村人口中最贫穷的那部分人的生活水平恶化（类似于英国的情况），由于市镇议会资助初级教育的能力有限而导致的较低教育成就，以及社会资本的恶化有关（Beltrán Tapia，2016）。

结　语

经济计量史学的出现带来了革命性影响（Haupert，2015）。从新经济史开始，对农业的研究就对这种新的方法论视角非常重要。虽然这种与农业史学者使用的传统方法的决裂出现在美国，但它已经扩散到其他大陆，特别是欧洲，并从 20 世纪 90 年代开始变得越来越重要。今天，大量的经济史学者将他们的研究建立在经济理论基础上，并使用计量经济学方法。为讨论这一领域所取得的进展，学术界在过去十年中组织了三次国际会议，使农业计量史学成为一个不断发展的研究领域。

计量史学者在农业历史的研究中涉及了各种各样的主题，但他们把很大一部分精力集中在少数几个课题上，主要研究农业生产的演变以及生产率提高在农业生产增长中所起的作用。已有研究强调了过去两个世纪中农业生产增长的不同速度及其区域差异。此外，特别是在第二次世界大战之后，生产率提高所带来的收益作用日益明显。

两波全球化浪潮的重要性及其对不同经济体的影响，有助于解释在分析农产品贸易以及农产品和粮食市场的衔接和发展过程中所产生的兴趣。农产品在第一波全球化浪潮中发挥了关键作用，而相关分析着重于不同产品市场的整合过程及其驱动因素。在第二次全球化浪潮中，尽管农产品贸易增长更快，但由于农产品需求弹性低、产业内贸易的重要性下降、产品差异化程度低，以及保护主义程度高，农产品贸易在贸易总额中的相对权重急剧下降，这与工业制成品所经历的强烈自由化过程形成了鲜明对比。

自 20 世纪 30 年代以来，公共干预的作用越来越大，这使得许多研究转向了政府在所采取的贸易政策和随后的农业政策方面的作用。直到 19 世纪末，贸易政策一直较为宽松，而欧洲经历了谷物大入侵，因此保护主义有所增加。然而，正是 20 世纪 30 年代的大萧条导致了第一次全球化的崩溃，并对国际农业贸易产生了深远影响。在第二次世界大战结束后的数十年里，各国一直维持着高度的贸易保护主义，直到 20 世纪末才进行了贸易自由化的尝试。

1228

最后，对所有权、农业合同、公共土地私有化和合作社等不同农业制度的分析，也开辟了计量史学研究的沃土。这些研究强调了制度变革的重要性、某些农业合同的连续性或修改的原因，以及农业合作社不均衡增长的原因。

参考文献

Allen, R.C. (1982) "The Efficiency and Distributional Consequences of Eighteenth Century Enclosures", *Econ J*, 92(368):937—953.

Allen, R.C. (1992) *Enclosures and the*

Yeomen. Oxford University Press, Oxford.

Allen, R.C.(1994) "Agriculture during the Industrial Revolution", in Floud, R., McCloskey, D.(eds) *The Economic History of Britain since 1700, vol.1: 1700—1860*. Cambridge University Press, Cambridge, MA, pp.96—122.

Allen, R.C.(1999) "Tracking the Agricultural Revolution", *Econ Hist Rev*, 52: 209—235.

Allen, R.C.(2003a) *Farm to Factory. A Reinterpretation of the Soviet Industrial Revolution*. Princeton University Press, Princeton.

Allen, R.C.(2003b) "Progress and Poverty in Early Modern Europe", *Econ Hist Rev*, 56(3): 403—443.

Allen, R.C.(2004) *Agriculture during the Industrial Revolution, 1700—1850, The Cambridge Economic History of Modern Britain, vol. 1*. Cambridge University Press, Cambridge, pp.96—116.

Allen, R.C.(2005) "English and Welsh Agriculture, 1300—1850: Output, Inputs, and Income", Oxford University working paper. https://www.nuffield.ox.ac.uk/media/2161/allen-eandw.pdf.

Alston, L.J., Higgs, R.(1982) "Contractual Mix in Southern Agriculture since the Civil War: Facts, Hypotheses, and Tests", *J Econ Hist*, 42(2): 327—353.

Alston, J., Pardey, P.G.(2014) "Agriculture in the Global Economy", *J Econ Perspect*, 28(1): 121—146.

Alston, J.M., Beddow, J.M., Pardey, P.G.(2009) "Agricultural Research, Productivity, and Food Prices in the Long Run", *Science*, 325(4): 1209—1210.

Anderson, K.(2009) *Distortions to Agricultural Incentives. A Global Perspective, 1955—2007*. Palgrave Macmillan and the World Bank, Washington/New York.

Anderson, K.(2016) *Agricultural Trade, Policy Reforms, and Global Food Security*. Palgrave McMillan, London/New York.

Anderson, K.(2018) "Agricultural Development in Australia in the Face of Occasional Mining Booms: 1845 to 2015", in Pinilla, V., Willebald, H.(eds) *Agricultural Development in the World Periphery: A Global Economic History Approach*. Palgrave Macmillan, London, pp.365—388.

Anderson, K., Pinilla, V.(2018) "Global Overview", in Anderson, K., Pinilla, V.(eds) *Wine Globalization: A New Comparative History*. Cambridge University Press, New York, pp.24—54.

Anderson, K., Croser, J., Sandri, D., Valenzuela, E.(2010) "Agricultural Distortion Patterns since the 1950s: What Needs Explaining?", in Anderson, K.(ed) *The Political Economy of Agricultural Price Distortions*. Cambridge University Press, New York, pp.25—80.

Aparicio, G., Pinilla, V.(2019) "International Trade in Cereals and the Collapse of the First Wave of Globalization, 1900—1938", *J Glob Hist*, 14(1): 44—67.

Aparicio, G., Pinilla, V., Serrano, R.(2009) "Europe and the International Agricultural and Food Trade, 1870—2000", in Lains, P., Pinilla, V.(eds) *Agriculture and Economic Development in Europe since 1870*. Routledge, London, pp.52—75.

Aparicio, G., González-Esteban, A., Pinilla, V., Serrano, R.(2018) "The World Periphery in Global Agricultural and Food Trade, 1900—2000", in Pinilla, V., Willebald, H.(eds) *Agricultural Development in the World Periphery: A Global Economic History Approach*. Palgrave Macmillan, London, pp.63—88.

Atack, J., Bateman, F., Parker, W.N.(2000) "Northern Agriculture and Westward Movement", in Engerman, S.L., Gallman, R.(eds) *The Cambridge Economic History of the United States, vol.II*. Cambridge University Press, Cambridge, MA, pp.285—328.

Ayuda, M.I., Ferrer-Pérez, H., Pinilla, V.(2018) "How to Become a Leader in an Emerging New Global Market: The Determinants of French Wine Exports, 1848—1938", EHES working papers in economic history, 124.

Beltrán Tapia, F.(2012) "Commons, Social Capital, and the Emergence of Agricultural Cooperatives in Early Twentieth Century Spain", *Eur Rev Econ Hist*, 16(4):511—528.

Beltrán Tapia, F.(2016) "Common Lands and Economic Development in Spain", *Revista de Historia Economica/J Iber Lat Am Econ Hist*, 34(1):111—133.

Bringas, M. A.(2000) *La Productividad de los Factores en la Agricultura Española (1752—1935)*. Banco de España, Madrid.

Broadberry, S., Campbell, B., Klein, A., Overton, M., van Leeuwen, B.(2015) *British Economic Growth, 1270—1870*. Cambridge University Press, Cambridge, MA.

Byerlee, D., Viswanathanm, P. K. (2018) "Plantations and Economic Development in the Twentieth Century: the End of An Era?", in Pinilla, V., Willebald, H.(eds) *Agricultural Development in the World Periphery: A Global Economic History Approach*. Palgrave Macmillan, London, pp.89—118.

Carmona, J., Rosés, J.(2012) "Land Markets and Agrarian Backwardness(Spain, 1904—1934)", *Eur Rev Econ Hist*, 16(1):74—76.

Carmona, J., Simpson, J.(2012) "Explaining Contract Choice: Vertical Integration, Sharecropping, and Wine in Europe, 1859—1950", *Econ Hist Rev*, 65(3):887—909.

Carmona, J., Rosés, J., Simpson, J. (2018) "The Question of Land Access and the Spanish Land Reform of 1932", *Econ Hist Rev*. https://doi.org/10.1111/ehr.12654.

Cazcarro, I., Duarte, R., Martín-Retortillo, M., Pinilla, V., Serrano, A.(2015) "Water Scarcity and Agricultural Growth: from Curse to Blessing? A Case Study of Spain", in Badía-Miró, M., Pinilla, V., Willebald, H. (eds) *Natural Resources and Economic Growth: Learning from History*. Routledge, London, pp.339—361.

Chevet, J. M., Fernandez, E., Giraud-Héraud, E., Pinilla, V.(2018) "France", in Anderson, K., Pinilla, V.(eds) *Wine Globalization: A New Comparative History*. Cambridge University Press, New York, pp. 55—91.

Chilosi, D., Federico, G.(2015) "Early Globalizations: The Integration of Asia in the World Economy, 1800—1938", *Explor Econ Hist*, 57:1—18.

Chilosi, D., Murphy, T. E., Studer, R., Coşkun Tunçer, A.(2013) "Europe's Many Integrations: Geography and Grain Markets, 1620—1913", *Explor Econ Hist*, 50:46—68.

Clar, E., Pinilla, V.(2009) "Agriculture and Economic Development in Spain, 1870—1973", in Lains, P., Pinilla, V.(eds) *Agriculture and Economic Development in Europe since 1870*. Routledge, London, pp.311—332.

Clark, G.(1998) "Commons Sense: Common Property Rights, Efficiency, and Institutional Change", *J Econ Hist*, 58(1):73—102.

Clark, G.(2002) "Farmland Rental Values and Agrarian History: England and Wales, 1500—1912", *Eur Rev Econ Hist*, 6: 281—309.

Clark, G.(2010) "The Macroeconomic Aggregates for England, 1209—2008", *Res Econ Hist*, 27:51—140.

Clark, G.(2018) "Growth or Stagnation? Farming in England, 1200—1800", *Econ Hist Rev*, 71(1):55—81.

Conrad, A. H., Meyer, J. R.(1958) "The Economics of Slavery in the Antebellum South", *J Polit Econ*, 66:95—122.

Craig, L. A., Weiss, T.(1991) "Hours at Work and Total Factor Productivity Growth in Nineteenth-Century U. S. Agriculture", *Adv Agric Econ Hist*, 1:1—30.

David, P.(1966) "The Mechanization of Reaping in the Ante-bellum Midwest", in Rosovsky, H.(ed) *Industrialization in Two Systems: Essays in Honor of Alexander Gerschenkron*. Wiley, New York, pp.3—39.

de Moor, T.(2009) "Avoiding Tragedies: A Flemish Common and Its Commoners under the Pressure of Social and Economic Change during the Eighteenth Century", *Econ Hist Rev*, 62(1):1—22.

de Moor, T., Shaw-Taylor, L., Warde, P.(eds) (2002) *The Management of Common Land in North West Europe, ca. 1500—1850*. Brepols, Turnhout.

Federico, G.(1994) "Agricoltura E Sviluppo (1820—1950): Verso Una Reinterpretazione", in Ciocca, P. L.(ed) *Il Progresso Economico dell'Italia. Permenenze, Discontinuitá, Límiti*. Il Mulino, Milan, pp.81—207.

Federico, G.(1997) *An Economic History of Silk Industry 1830—1930*. Cambridge University Press, Cambridge, MA.

Federico, G.(2003a) "Le Nuove Stime della Produzione Agrícola Italiana, 1860—1910: Primi Resultati Ed Implicazioni", *Rivista di Storia Economica*, 19:359—381.

Federico, G.(2003b) "A Capital Intensive Innovation in A Capital-scarce World: Steam-threshing in Nineteenth Century Italy", *Adv Agric Econ Hist*, 2:75—114.

Federico, G.(2004) "The Growth of World Agricultural Production, 1800—1938", *Res Econ Hist*, 22:125—181.

Federico, G.(2005) *Feeding the World: An Economic History of Agriculture, 1800—2000*. Princeton University Press, Princeton.

Federico, G.(2006) "The 'Real' Puzzle of Sharecropping: Why Is It Disappearing?", *Contin Chang*, 21(2):261—285.

Federico, G.(2011) "When Did European Markets Integrate?", *Eur Rev Econ Hist*, 15: 93—126.

Federico, G.(2012a) "How Much Do We Know about Market Integration in Europe?", *Econ Hist Rev*, 65(2):470—497.

Federico, G.(2012b) "Natura Non Fecit Saltus: The 1930s as the Discontinuity in the History of European Agriculture", in Brassley, P., Segers, Y., Van Mollen, L.(eds) *War, Agriculture, and Food. Rural Europe from the 1930s to the 1950s*. Routledge, London, pp.15—32.

Federico, G.(2014) "Growth, Specialization, and Organization of World Agriculture", in Neal, L., Williamson, J.G.(eds) *The Cambridge History of Capitalism, The Spread of Capitalism: from 1848 to the Present, vol. 2*. Cambridge University Press, Cambridge, MA, pp.47—81.

Federico, G.(2017) "The Economic History of Agriculture since 1800", in McNeill, J.R., Pomeranz, K.(eds) *The Cambridge World History, Production, Destruction and Connection, 1750—Present, vol. 7*. Cambridge University Press, Cambridge, MA, pp.83—105.

Federico, G.(2018) "Market Integration", in Diebolt, C., Haupert, M.(eds) *Handbook of Cliometrics, 2nd edn*. Springer, Berlin/Heildelberg.

Federico, G., Pearsson, K. G.(2007) "Market Integration and Convergence in the World Wheat Market, 1800—2000", in Hatton, T. J., O'Rourke, K. H., Taylor, A. M.(eds) *The New Comparative Economic History: Essays in Honour of Jeffrey G. Williamson*. Cambridge University Press, Cambridge, MA, pp.87—114.

Fernández, E.(2014) "Trust, Religion, and Cooperation in Western Agriculture, 1880—1930", *Econ Hist Rev*, 67(3): 678—698.

Fernández, E.(2016) "Politics, Coalitions, and Support of Farmers, 1920—1975", *Eur Rev Econ Hist*, 20(1):102—122.

Fernández, E., Simpson, J.(2017) "Product Quality or Market Regulation? Explaining the Slow Growth of Europe's Wine Cooperatives, 1880—1980", *Econ Hist Rev*, 70(1): 122—142.

Floud, R., Fogel, R. W., Harris, B., Hong, S. C.(2011) *The Changing Body: Health, Nutrition, and Human Development in the Western World since 1700*. Cambridge University Press, Cambridge, MA.

Fogel, R. W., Engerman, S. L.(1974) *Time on the Cross: The Economics of American Negro Slavery*. Little, Brown, Boston.

Gallego, D.(2004) "La Formación de los

Precios del Trigo en España(1820—1869)：El Contexto Internacional", *Hist Agrar*, 34:61—102.

Gardner, B. L. (2002) *American Agriculture in the Twentieth Century: How It Flourished and What it Cost*. Harvard University Press, Cambridge, MA.

Garrido, S. (2014) "Plenty of Trust, No Much Cooperation: Social Capital and Collective Action in Early Twentieth Eastern Spain", *Eur Rev Econ Hist*, 18(4):413—432.

Garrido, S. (2017) "Sharecropping Was Sometimes Efficient: Sharecropping with Compensation for Improvements in European Viticulture", *Econ Hist Rev*, 3(70):977—1003.

González, A. L., Pinilla, V., Serrano, R. (2016) "International Agricultural Markets after the War, 1945—1960", in Martiin, C., Pan-Montojo, J., Brassley, P. (eds) *Agriculture in Capitalist Europe, 1945—1960. From Food Shortages to Fóod Surpluses*. Routledge, London, pp.64—84.

Grantham, G. (1989) "Agricultural Supply during the Industrial Revolution: French Evidence and European Implications", *J Econ Hist*, XLIX(1):43—72.

Grantham, G. (1993) "Divisions of Labour: Agricultural Productivity and Occupational Specialization in Pre-industrial France", *Econ Hist Rev*, XLVI(3):478—502.

Gregory, P., Mokhtari, M. (1993) "State Grain Purchases, Relative Prices and the Soviet Grain Procurement Crisis", *Explor Econ Hist*, 30:182—194.

Grupo de Estudios de Historia Rural. (1991) *Estadísticas Históricas de la Producción Agraria Española, 1850—1935*. Ministerio de Agricultura, Madrid.

Guinnane, T. (2001) "Cooperatives as Information Machines: German Rural Credit Cooperatives, 1883—1914", *J Econ Hist*, 61(2):366—389.

Haupert, M. (2015) "History of Cliometrics", in Diebolt, C., Haupert, M. (eds) *Handbook of Cliometrics*. Springer, Berlin/Heildelberg, pp.3—32.

Hayami, Y., Ruttan, V. W. (1985) *Agricultural Development: An International Perspective*. Johns Hopkins University Press, Baltimore.

Hayami, Y., Yamada, S. (1991) *The Agricultural Development of Japan: A Century's Perspective*. University of Tokyo Press, Tokyo.

Henriksen, I. (1999) "Avoiding Lock-in: Cooperative Creameries in Denmark, 1882—1903", *Eur Rev Econ Hist*, 3:57—78.

Henriksen, I., Hviid, M., Sharp, P. (2012) "Law and Peace: Contracts and the Success of the Danish Dairy Cooperatives", *J Econ Hist*, 72:197—224.

Henriksen, I., Mclaughin, E., Sharp, P. (2015) "Contracts and Cooperation: The Relative Failure of the Irish Dairy Industry in the Late Nineteenth Century Reconsidered", *Eur Rev Econ Hist*, 19(4):412—431.

Hillbom, E., Svensson, P. (eds) (2013) *Agricultural Transformation in a Global History Perspective*. Routledge, London.

Humphries, J. (1990) "Enclosures, Common Rights, and Women: The Proletarisation of Families in the Late Eighteenth and Early Nineteenth Centuries", *J Econ Hist*, 50(1):17—42.

Hynes, W., Jacks, D. S., O'Rourke, K. H. (2012) "Commodity Market Disintegration in the Interwar Period", *Eur Rev Econ Hist*, 16(2):119—143.

Jacks, D. (2006) "What Drove 19th Century Commodity Market Integration?", *Explor Econ Hist*, 43(3):383—412.

Johnson, D. G. (1987) *World Agriculture in Disarray*. MacMillan, London.

Kelly, M., Ó Gráda, C. (2013) "Numerare Est Errare: Agricultural Output and Food Supply in England before and during the Industrial Revolution", *J Econ Hist*, 73(4):1132—1163.

Kopsidis, M., Hockmann, H. (2010) "Technical Change in Westphalian Peasant Agriculture and the Rise of the Ruhr, circa 1830—1880", *Eur Rev Econ Hist*, 14(2):209—237.

Kopsidis, M., Wolf, N.(2012) "Agricultural Productivity across Prussia during the Industrial Revolution: a Thünen Perspective", *J Econ Hist*, 72(3):634—670.

Lains, P.(2003) "New Wine in Old Bottles: Output and Productivity Trends in Portuguese Agriculture, 1850—1950", *Eur Rev Econ Hist*, 7(1):43—72.

Lains, P., Pinilla, V.(eds) (2009a) *Agriculture and Economic Development in Europe since 1870*. Routledge, London.

Lains, P., Pinilla, V.(2009b) "Introduction", in Lains, P., Pinilla, V.(eds) *Agriculture and Economic Development in Europe since 1870*. Routledge, London, pp.1—24.

Lampe, M., Sharp, P.(2015a) "How the Danes Discovered Britain: The International Integration of the Danish Dairy Industry before 1880", *Eur Rev Econ Hist*, 19(4):432—453.

Lampe, M., Sharp, P.(2015b) "Cliometric Approaches to International Trade", in Diebolt, C., Haupert, M.(eds) *Handbook of Cliometrics*. Springer, Berlin/Heildelberg, pp. 295—330.

Lehmann, S., Volckart, O.(2011) "The Political Economy of Agricultural Protection: Sweden 1887", *Eur Rev Econ Hist*, 15(1): 29—59.

Lewis, A.W.(1952) "World Production, Prices and Trade, 1870—1960", *Manch Sch Econ Soc*, XX(2):105—138.

Lewis, A.W.(1981) "The Rate of Growth of World Trade, 1830—1973", in Grassman, S., a Lundberg, E.(eds) *The World Economic Order*. Palgrave Macmillan, London, pp. 11—74.

Libecap, G.(1998) "The Great Depression and the Regulating State: Federal Government Regulation of Agriculture", in Bordo, M., Goldin, C., White, E.N.(eds) *The Defining Moment. The Great Depression and the American Economy in the Twentieth Century*. University of Chicago Press, Chicago, pp.181—226.

Libecap, G.(2018) "Property Rights", in Diebolt, C., Haupert, M.(eds) *Handbook of Cliometrics, 2nd edn*. Springer, Berlin/Heildelberg.

Lindert, P.(1991) "Historical Patterns of Agricultural Policy", in Timmer, P.C.(ed) *Agriculture and the State. Growth, Employment, and Poverty in Developing Countries*. Cornell University Press, Ithaca, pp.1—29.

Markevich, A., Zhuravskaya, E.(2018) "The Economic Effects of the Abolition of Serfdom: Evidence from the Russian Empire", *Am Econ Rev*, 108(4—5):1074—1117.

Martín-Retortillo, M., Pinilla, V.(2015a) "Patterns and Causes of Growth of European Agricultural Production, 1950—2005", *Agric Hist Rev*, 63(I):132—159.

Martín-Retortillo, M., Pinilla, V.(2015b) "On the Causes of Economic Growth in Europe: Why Did Agricultural Labour Productivity not Converge between 1950 and 2005?", *Cliometrica*, 9:359—396.

Martín-Retortillo, M., Pinilla, V., Velazco, J., Willebald, H.(2018) "The Goose that Laid the Golden Eggs? Agricultural Development in Latin America in the Twentieth Century", in Pinilla, V., Willebald, H.(eds) *Agricultural Development in the World Periphery: A Global Economic History Approach*. Palgrave Macmillan, London, pp.337—364.

Martín-Retortillo, M., Pinilla, V., Velazco, J., Willebald, H.(2019) "The Dynamics of Latin American Agricultural Production Growth since 1950", *J Lat Am Stud*. https://doi.org/10.1017/S0022216X18001141.

McCloskey, D.N.(1975) "The Persistence of English Common Fields", in Parker, W.N., Jones, E.L.(eds) *European Peasants and Their Markets: Essays in Agrarian Economic History*. Princeton University Press, Princeton, pp.73—119.

Morilla, J., Olmstead, A., Rhode, P. W.(1999) "'Horn of Plenty': The Globalization of Mediterranean Horticulture and the Economic Development of Southern Europe, 1880—1930", *J Econ Hist*, 59(2):316—352.

Muldrew, C.(2011) *Food, Energy, and*

the Creation of Industriousness. Oxford University Press, Oxford.

North, D. (1966) *The Economic Growth of the United States: 1790—1860*. W.W Norton & Company, Englewood Cliffs.

North, D. (1991) *Institutions, Institutional Change and Economic Performance*. Cambridge University Press, Cambridge, MA.

North, D. (1999) *Understanding the Process of Economic Change*. Princeton University Press, Princeton.

North, D., Thomas, R. (1978) "The First Economic Revolution", *Econ Hist Rev*, 30: 229—241.

Ó Gráda, C. (1977) "The Beginnings of the Irish Creamery System, 1880—1914", *Econ Hist Rev*, XXX: 284—305.

Ó Gráda, C. (1981) "Agricultural Decline, 1860—1914", in Floud, R. C., McClosley, D. N. (eds) *An Economic History of Britain since 1700, vol. II*. Cambridge University Press, Cambridge, MA, pp.157—197.

O'Brien, P. K., Prados de la Escosura, L. (1992) "Agricultural Productivity and European Industrialization, 1890—1980", *Econ Hist Rev*, 45(3): 514—536.

O'Rourke, K. H. (1997) "The European Grain Invasion, 1800—1913", *J Econ Hist*, 57: 775—801.

O'Rourke, K. H. (2007) "Culture, Conflict and Cooperation: Irish Dairying before the Great War", *Econ J*, 117: 1357—1379.

O'Rourke, K. H., Williamson, J. G. (1999) *Globalization and History. The Evolution of the Nineteenth Atlantic Economy*. The MIT Press, Cambridge, MA.

O'Rourke, K. H., Williamson, J. G. (2002) "When Did Globalization Begin?", *Eur Rev Econ Hist*, 6: 23—50.

Ocampo, J. A., Parra-Lancourt, M. A. (2010) "The Terms of Trade for Commodities since the Mid-19th century", *Rev Hist Econ/J Iber Lat Am Econ Hist*, 28(1): 11—44.

Olmstead, A. L. (1975) "The Mechanization of Reaping and Mowing in American Agriculture, 1833—1870", *J Econ Hist*, XXXV: 327—352.

Olmstead, A. L., Rhode, P. W. (1993) "Induced Innovation in American Agriculture: A Reconsideration", *J Polit Econ*, 101(1): 100—118.

Olmstead, A. L., Rhode, P. W. (1995) "Beyond the Threshold: An Analysis of the Characteristics and Behavior of Early Reaper Adopters", *J Econ Hist*, 55(1): 27—57.

Olmstead, A. L., Rhode, P. W. (2000) "The Transformation of Northern Agriculture", in Engerman, S. L., Gallman, R. (eds) *The Cambridge Economic History of the United States, vol III*. Cambridge University Press, Cambridge, MA, pp.693—742.

Olmstead, A. L., Rhode, P. W. (2001) "Reshaping the Landscape: The Impact and Diffusion of the Tractor in American Agriculture, 1910—1960", *J Econ Hist*, 61(3): 663—698.

Olmstead, A. L., Rhode, P. W. (2008) *Creating Abundance. Biological Innovation and American Agricultural Development*. Cambridge University Press, New York.

Olmstead, A. L., Rhode, P. W. (2015) *Arresting Contagion: Science, Policy, and Conflicts over Animal Disease Control*. Harvard University Press, Cambridge, MA.

Olmstead, A. L., Rhode, P. W. (2018) "Cotton, Slavery, and the New History of Capitalism", *Explor Econ Hist*, 67: 1—17.

Olsson, M., Svensson, P. (2010) "Agricultural Growth and Institutions: Sweden, 1700—1860", *Eur Rev Econ Hist*, 14(2): 275—304.

Ostrom, E. (1990) *Governing the Commons. The Evolution of Institutions for Collective Action*. Cambridge University Press, New York.

Ostrom, E. (2005) *Understanding Institutional Diversity*. Princeton University Press, Princeton.

Pfister, U., Kopsidis, M. (2015) "Institutions versus Demand: Determinants of Agricultural Development in Saxony, 1660—1850", *Eur Rev Econ Hist*, 19(3): 275—293.

Pinilla, V. Aparicio, G.(2015) "Navigating in Troubled Waters: South American Exports of Food and Agricultural Products, 1900—1950", *Rev Hist Econ/J Iber Lat Am Econ Hist*, 33(2):223—255.

Pinilla, V., Ayuda, M.I.(2002) "The Political Economy of the Wine Trade: Spanish Exports and the International Market, 1890—1935", *Eur Rev Econ Hist*, 6:51—85.

Pinilla, V., Ayuda, M.I.(2009) "Foreign Markets, Globalisation and Agricultural Change in Spain", in Pinilla, V.(ed) *Markets and Agricultural Change in Europe from the 13th to the 20th Century*. Brepols Publishers, Turnhout, pp.173—208.

Pinilla, V., Ayuda, M.I.(2010) "Taking Advantage of Globalization? Spain and the Building of the International Market in Mediterranean Horticultural Products, 1850—1935", *Eur Rev Econ Hist*, 14(2):239—274.

Pinilla, V., Serrano, R.(2008) "The Agricultural and Food Trade in the First Globalization: Spanish Table Wine Exports 1871 to 1935—A Case Study", *J Wine Econ*, 3(2): 132—148.

Pinilla, V., Serrano, R.(2009) "Agricultural and Food Trade in the European Community since 1961", in Patel, K.(ed) *Fertile Ground for Europe? The History of European Integration and the Common Agricultural Policy since 1945*. Nomos, Baden-Baden, pp.270—273.

Pinilla, V., Willebald, H.(eds) (2018a) *Agricultural Development in the World Periphery: A Global Economic History Approach*. Palgrave-Macmillan, London.

Pinilla, V., Willebald, H.(2018b) "Agricultural Development in the World Periphery: A General Overview", in Pinilla, V., Willebald, H.(eds) *Agricultural Development in the World Periphery: A Global Economic History Approach*. Palgrave-Macmillan, London, pp. 3—28.

Ramon, R.(2000) "Specialization in the International Market for Olive Oil before World War II", in Pamuk, S., Williamson, J. G. (eds) *The Mediterranean Response to Globalization before 1950*. Routledge, London, pp. 159—198.

Reis, J.(1982) "Latifúndio e Progresso Técnico: A Difusão da Debulha Mecânica no Alentejo, 1860—1930", *Análise Soc*, XVIII (71):371—433.

Reis, J.(2016) "Gross Agricultural Output: A Quantitative, Unified Perspective, 1500—1850", in Freire, D., Lains, P.(eds) *An Agrarian History of Portugal, 1000—2000. Economic Development on the European Frontier*. Brill, Leiden, pp.166—196.

Ruttan, V.W.(2002) "Productivity Growth in World Agriculture: Sources and Constraints", *J Econ Perspect*, 16(4):161—184.

Serrano, R., Pinilla, V.(2010) "Causes of World Trade Growth in Agricultural and Food Products, 1951—2000: A Demand Function Approach", *Appl Econ*, 42(27):3503—3518.

Serrano, R., Pinilla, V.(2011a) "Agricultural and Food Trade in European Union Countries, 1963—2000: A Gravity Equation Approach", *Économies et Sociétés, Série Histoire Économique quantitative, AF*, 43(1): 191—219.

Serrano, R., Pinilla, V.(2011b) "Terms of Trade for Agricultural and Food Products, 1951—2000", *Rev Hist Econ/J Iber Lat Am Econ Hist*, 29(2):213—243.

Serrano, R., Pinilla, V.(2012) "The Long-run Decline in the Share of Agricultural and Food Products in International Trade: A Gravity Equation Approach of Its Causes", *Appl Econ*, 44(32):2199—2210.

Serrano, R., Pinilla, V.(2014) "Changes in the Structure of World Trade in the Agrifood Industry: The Impact of the Home Market Effect and Regional Liberalization from A Long Term Perspective, 1963—2010", *Agribus Int J*, 30(2):165—183.

Serrano, R., Pinilla, V.(2016) "The Declining Role of Latin America in Global Agricultural Trade, 1963—2000", *J Lat Am Stud*,

48(1):115—146.

Sharp, P., Weisdorf, J.(2013) "Globalization Revisited: Market Integration and the Wheat Trade between North America and Britain from the Eighteenth Century", *Explor Econ Hist*, 50(1):88—98.

Spoere, M.(2015) "Agricultural Protection and Support in the European Economic Community, 1962—1992: Rent-seeking or Welfare Policy?", *Eur Rev Econ Hist*, 19(2):195—214.

Sutch, R.(1965) "The Profitability of Ante bellum Slavery Revisited", *South Econ J*, 31: 365—377.

Sutch, R. (2018) "Slavery", in Diebolt, C., Haupert, M.(eds) *Handbook of Cliometrics, 2nd edn*. Springer, Berlin/Heildelberg.

Swinnen, J. (2002) "Political Reforms, Rural Crises, and Land Tenure in Western Europe", *Food Policy*, 27:371—394.

Swinnen, J.(2009) "The Growth of Agricultural Protection in Europe in the 19th and 20th Centuries", *World Econ*, 32(11):1499—1537.

Toutain, J.F.(1992) *La Production Agricole de la France de 1810 à 1990: Départements et Régions: Croissance, Productivité, Structures*. Presses Universitaires de Grenoble, Grenoble.

Turner, M. (2004) "Agriculture, 1860—1914", in Flour, R., Johnson, P. (eds) *The Cambridge Economic History of Modern Britain, Economic Maturity, 1860—1938, vol. II*. Cambridge University Press, Cambridge, MA, pp.161—189.

Tyres, R., Anderson, K.(1992) *Disarray in World Food Markets: A Quantitative Assessment*. Cambridge University Press, Hong Kong.

Uebele, M.(2011) "National and International Market Integration in the 19th Century: Evidence from Comovement", *Explor Econ Hist*, 48(2):226—242.

Van Zanden, J.L.(1991) "The First Green Revolution: The Growth of Production and Productivity in European Agriculture", *Econ Hist Rev*, XLIV(2):215—239.

Van Zanden, J. L. (1999) "The Development of Agricultural Productivity in Europe, 1500—1800", in Van Bavel, B. J. P., Thoen, E.(eds) *Land Productivity An Agro-systems in the North Sea Area. Middle Ages-20th century. Elements for Comparison*. Brepols, Turnhout, pp.357—375.

Wallis, J.(2018) "Institutions and Institutional Change", in Diebolt, C., Haupert M. (eds) *Handbook of Cliometrics, 2nd edn*. Springer, Berlin/Heildelberg.

Willebald, H. (2007) "Desigualdad y Especialización en el Crecimiento de las Economías Templadas de Nuevo Asentamiento, 1870—1940", *Rev Hist Econ/J Iber Lat Am Econ Hist*, XXV(2):291—345.

Willebald, H., Bértola, L.(2013) "Uneven Development Paths among Settler Societies", in Lloyd, C., Metzer, J., Sutch, R.(eds) *Settler Economies in World History*. Brill, Leiden, pp.105—140.

Williamson, J. G. (1990) "The Impact of the Corn Laws just Prior to Repeal", *Explor Econ Hist*, 27(2):123—156.

Wright, G.(2006) *Slavery and American Economic Development*. LSU Press, Baton Rouge.

Yasuba, Y. (1961) "The Profitability and Viability of Plantation Slavery in the United States", *Econ Stud Q*, 12:60—67.

第四章

营养、生物学意义上的生活水平和计量史学

李·A.克雷格

摘要

在当今世界的大部分地区，人们比过去更富有、更高、更长寿、更健康。计量史学者争论这种“健康转型”在多大程度上是营养改善或其他因素的结果，比如掌握了细菌致病理论后公共卫生基础设施的增加。虽然健康的长期趋势是积极的，但在19世纪，许多西方国家经历了生物学意义上的生活水平的周期性下降，这就是所谓的美国内战战前之谜。虽然实际GDP、收入和工资增长的长期趋势是正的，但正如美国内战战前之谜的存在所表明的那样，工业化的开始伴随着不平等的加剧、出生时预期寿命不再增加、疾病率的增加、成人平均身高的下降以及净营养消费的减少。综上所述，这种现象被称为“马尔萨斯挤压”。

关键词

营养　生活水平　身高　死亡率　疾病率　肥胖

引言:营养与生活水平

1238

诺贝尔经济学奖得主道格拉斯·诺思在其《经济史上的结构与变革》一书开篇说道:“我把解释经济的结构和表现作为经济史的任务。”(North, 1981:3)经济学家通常使用实际国内生产总值(GDP)作为反映经济在一段时间内表现的指标,GDP衡量一个经济体中生产的最终产品和服务的价值,通常以年为单位进行核算。这里的“经济体”是以一个民族国家的地理边界为范围。在数学计算上,实际GDP是价格(经通货膨胀调整后,使核算指标为“实际”值)和最终生产的商品和服务数量的乘积的总和,因此,GDP衡量的是生产而不是消费。[①]在国民收入和产品账户(GDP是其中一个关键组成部分)的核算方式被创建前近一个半世纪,亚当·斯密(Adam Smith)告诫他的读者,在比较一个国家与另一个国家的经济表现时,“消费是所有生产的唯一终点和目的”(Smith, 1976: vol.2, p.179)。在这里,斯密抓住了一个后来被经济学家称为“生活水平”的概念。

由于实际GDP反映总体经济活动,一个地理面积大但贫穷的国家的GDP可能会超过一个地理面积小但富裕的国家,这掩盖了诺思要求我们解释的经济的真正表现。为了应对这个“规模问题”,经济学家使用人均实际GDP作为一个现代民族国家内部生活水平的典型指标,而这一指标的增长被认为反映了生活水平的提高。另一位诺贝尔奖得主——被称为国民收入核算的“守护神”(Feldstein, 1990:10)的西蒙·库兹涅茨——推广了“现代经济增长”这一表述(Kuznets, 1966)。他指出,如果实际GDP增长超过人口增长足够多、时间足够长,周期性的衰退就不会破坏以人均实际GDP衡量的生活水平的长期改善。在19世纪早期现代经济增长开始之前,西方文明社会中的人均实际GDP的长期平均年复合增长率基本上为零(Clark, 2007:2)。因此有观点认为,只有在工业革命开始后,西方才摆脱了短期的经济增长最终要被人口增长赶上的马尔萨斯陷阱。举一个早期发展中国家的例

① 商品生产与其消费之间的差异至少部分体现在GDP的“企业库存变化”部分。

子——美国,其人均实际 GDP 在 1800 年到 1860 年间每年增长 1.3%,在 1239 1860 年到 1910 年间每年增长 1.6%,而在过去一个世纪中每年增长 2.0%(Williamson, 2013)。

尽管人均实际 GDP 在过去两个世纪左右的时间里增长了 30 倍,但是库兹涅茨也承认用 GDP 来衡量生活水平有其缺陷。具体而言,人均实际 GDP 不能衡量收入分配以及"生活质量问题"。①库兹涅茨在他的诺贝尔奖演讲中指出,工业化及其带来的高速经济增长可能对更广义上的生活水平产生负面影响(Kuznets, 1973:257)。

20 世纪 70 年代末,库兹涅茨的一名学生罗伯特·福格尔(也是一位诺贝尔奖得主),以及他的一些同事和学生开始探索可以反映生活水平的生物性指标的使用,其中许多指标与营养有关(Fogel et al., 1979)。这些指标中最突出的是死亡率和人的身高。从婴儿死亡率和预期寿命来看,生存反映了衡量生活质量的终极标准。身高是一个更微妙的衡量标准。净营养的消费是指在工作或与疾病作斗争时消耗的那些营养物质以外的消费,决定了一个人能否达到基因决定的身高潜力,更间接地决定了预期寿命。尽管就像人均实际 GDP,身高可以被研究者用来描述经济表现,但是与 GDP 的不同之处是,它更直接地反映消费,特别是营养的消费,以及由 GDP 所反映的与生产活动相关的生理成本(比如工作和疾病)。因此,它更好地反映了消费和生活水平的分布。

当然,净营养的消费还受劳动时间和强度,以及工作和生活条件的影响。体力要求高和需要更高强度努力的职业增加了营养消耗,故只留下更少的营养用以生长。疾病也会影响身体对营养的需求,相对于农村和农业环境,疾病在城市和工业化环境中更容易传播。由此可见,成人平均身高是反映一定人口的生物学意义上的生活水平的一个有价值的指标。换句话说,它是"生长期间净营养状况的累积指标"(Cuff, 2005:10)。

今天,以人均实际 GDP 衡量,发展中国家的人口平均而言比过去更富有,他们比过去更高,并且更长寿、更健康。福格尔和科斯塔(Fogel and Costa, 1997)以及弗劳德等人(Floud et al., 2011)将与此相随的身高的增高

① 它还忽略了许多类型的经济活动,尽管这并不是库兹涅茨强调的重点。

和死亡率的降低描述为“技术-生理进化”的产物，而科斯塔(Costa，2013)将寿命的延长和健康状况的改善称为“健康转型”。本章回顾了关于营养在这些重要变化中所起作用的研究。

营养、健康转型与技术-生理进化

1240

“健康转型”一词，指的是一系列可作为人口健康例证的结果的改善。关于这一转变的大量研究集中于按年龄划分的死亡率的降低，这导致了预期寿命的提高。从19世纪后期到20世纪中期，在预期寿命增加的国家中，最年轻的年龄段中死亡率下降幅度最大。正如海恩斯(Haines)和斯特克尔观察到的那样：“死亡率的下降很大程度上反映了由传染病引起的死亡率的锐减……年轻人，特别是在这些疾病中死亡率最高的婴儿和儿童，是这些疾病发生率急剧下降的主要受益者。”(Haines and Steckel，2000：647)斯托尼茨(Stolnitz，1955)是最早提出这一观点的学者之一，他认为，由于死亡率下降的地域范围很广，从宏观层面上看，死亡率下降的原因之一是对细菌致病理论的掌握，而不是营养的改善。这使得追随斯托尼茨的学者们将预期寿命的延长很大程度上归因于医疗保健技术的改善，包括以科学为基础的医疗保健，如疫苗接种，以及公共卫生基础设施(Preston，1975)。[1]随后，对清洁水和下水道系统的微观层面研究，提供了可能降低死亡率的基础设施类型的例子，并支持了这一立场(Troesken，2004)。迪顿(Deaton，2003，2006)进一步支持上述论点，指出：“公共卫生措施，特别是提供清洁水和更好的卫生设施……显然是1850年到1950年间降低死亡率的基本力量。”(Deaton，2006：110)

掌握细菌致病理论而导致的死亡率下降，留下了一个对社会总体发病率的净影响的问题。公共卫生技术的早期改进在很大程度上消除了作为年轻

① 正是这篇文章绘制了著名的“普雷斯顿曲线”(Preston Curve)，它将预期寿命作为人均收入(或实际GDP)的函数。结果函数的一阶导数为正，但二阶导数为负，这表明，超过某个点之后，收入的增加不会导致预期寿命的进一步增加。

人杀手的传染病，在其他因素不变的情况下，这在增加预期寿命的同时，对总体疾病率造成了下行压力。与此同时，预期寿命的增加提高了老年人(现在数量更多)的慢性疾病发病率，使其对疾病率的净影响模糊不清，对这一问题，我们将在下文详细讨论。

有相反的观点认为，健康转型主要是医疗保健和公共卫生领域的技术变革，这主要是由公共开支支持的。麦基翁(McKeown，1976)指出，死亡率的下降在很大程度上是在重大医学突破之前出现的，因此他更重视营养改善的作用，而这比与医疗保健相关的作用出现得更早，这一点连迪顿也不得不承认(McKeown，2006:110)。①麦基翁的观点得到了福格尔(Fogel：2004)的支持，他强调营养和收入之间的“协同作用”：更多的净营养产生更多具有生产力的工人，他们反过来赚得更高的收入，这些收入被用来购买更多的营养，等等。此外，正如弗劳德等人(Floud et al.，2011)所指出的，营养和收入之间的协同作用存在代际因素，他认为一代人的营养状况决定了其寿命和生产力(因此也决定了收入)，而这反过来又至少部分地决定了下一代的营养、寿命和生产力，等等。

这种“营养至上”的观点构成了弗劳德等人对“技术-生理进化”的解释基础。它基于科姆洛什(Komlos)所称的智人的“进化优势”，即人类“适应可获得的营养”的能力(Komlos，2012:4)。简而言之，弗劳德等人和科姆洛什反对马尔萨斯在这些问题上形成的大部分早期观点。将马尔萨斯世界与后马尔萨斯世界相提并论是错误的，前者死亡率高，对细菌致病理论一无所知，没有公共卫生支出或技术可言，后者死亡率低，掌握细菌理论的，有以公共卫生为目标的大量公共工程。营养是技术-生理进化和健康转型的关键，因为死亡不是对营养需求的唯一的，甚至不是主要的生理反应。人类可以简单地变得更矮小、更不健康，而不是因为需求无法满足而大量死亡。

事实上，通过对过去营养物质供需的详细估计，以及使用瓦勒曲线(Waaler curves)(绘制身高、体重和死亡风险)，弗劳德等人表明，过去人类的体型大小会根据营养物质的可获得性而调整。但重要的是要注意，更小也意味着

---

① 公平地说，普雷斯顿(Preston)也提到了营养是一个因素：“收入、食物和文化水平无疑限制了预期寿命水平……”(Preston，1975:240)

更虚弱、更易患病、更可能早死。正如一位评论者对这一观点的总结："换句话说，大和小是不一样的。马尔萨斯关注过去人们的苦难是正确的。他的模型只是并没有很好地反映这种痛苦的所有方面。"(Craig，2013:114)

19 世纪末到 20 世纪初也是库兹涅茨现代经济增长的一段标志性时期，以及在大部分处于发展早期阶段的地区，农业生产有相当稳定增长的时期。这些因素间的协同作用导致了疾病率和死亡率的降低，以及工业革命带来的劳动生产率和收入的增长(一些学者认为这是一场农业革命，早于工业革命或与工业革命伴随而来)，并且解释了技术-生理革命和健康转型的大部分原因。然而，一个具有挑战性的"食物谜题"仍有待解释。根据克拉克(Clark et al.，1995)的说法，"食物谜题"即在 1750 年到 1850 年之间，技术-生理进化正在发展，而英国人口和收入的增长却远远快于食物产量的增长。在评估对这个谜题的各种解释时，克拉克等人关注的是消费模式的变化。具体来说，他们认为随着人口越来越城市化，对包括酒精、茶和糖在内的某些加工食品的消费也在增加，而他们以食品的收入弹性变化与各种食品和饮料相对价格变化的组合来解释"食物谜题"。相比之下，弗劳德等人则认为，研究这一谜题的学者所采用的收入弹性过高，因为在工业化早期阶段，收入增长速度比当时体型较矮小的人口增加营养消费的速度更快。也就是说，他们太矮小了，以至于无法摄入足够的额外营养，以证明将他们现在更高的收入花在食物上是合理的。由此可见，高收入的城市工人和他们的家庭增加了对其他商品的消费，包括酒精、咖啡因和糖。

1242

这些问题具有公共政策含义。对于那些把重点放在公共部门在科学、医学研究和公共卫生基础设施上的支出的人来说，提高生物学意义上的生活水平的关键是政府，而不是市场。伊斯特林(Easterlin)指出，从历史上看，在最终打破马尔萨斯陷阱的社会中，"自由市场制度在控制重大传染病方面发挥了很差的作用"，因此在控制死亡率方面表现也很差(Easterlin，2004:125)。弗劳德等人并不否认政府在改善营养消费方面发挥了重要而积极的作用。他们认为，从近代早期开始，西方的饥荒是"人为而非自然灾害"。营养危机的发生"不是因为没有足够的粮食供应，而是因为对库存的需求推高了价格，使得工人们没有钱购买粮食"(Floud et al.，2011:117)。各国政府主要通过价格控制和将产出集中到公共粮仓以干预食品市场，从而减轻了危机的严重程度。因此，几位作者认为："到19世纪初，英国已经克服了饥荒，不是因为天气的改变，也不是因为技术的进步，而是因为政府的政策……"(Floud et al., 2011:116—118)

生物学意义上的生活水平与美国内战战前之谜

关于技术-生理进化和健康转型来源的辩论，往往主要集中在基本指标的长期趋势上。然而，一些西方国家在19世纪经历了生物学意义上的生活水平的周期性下降。例如，在美国，土生土长的白人男性成年后的平均身高在1800年至1860年之间大约下降了2.5厘米(Haines et al., 2003)，而这一时期的人均实际GDP增长速度(每年1.3%)以历史标准来看是非常强劲的。1870年后，平均身高进一步下降，在1880年达到最低(Treme and Craig, 2013)。马戈和斯特克尔(Margo and Steckel, 1983)以及科姆洛什(Komlos, 1987)是第一批探索这种偏离生物学意义上的生活水平长期趋势的学者，科姆洛什和考古莱尼斯(Komlos and Coclanis, 1997)将这一事件称为"美国内战战前之谜"。

1243

19世纪头几十年，美国生物学意义上的生活水平下降的发现，使学者们探索了同一时期其他正在经历现代经济增长的国家的趋势和周期。这些调查发现，就像美国的情况一样，在许多国家，身高的变化是周期性的。一个常见的模式是，成年人平均身高在19世纪早期增加，在19世纪中期下降，在19世纪末又开始增加。不同国家的身高缩减程度各异。在英国，1810年和1850年出生的两代人之间的成年身高差异约为5.8厘米；荷兰的成年人平均身高在1830年到1860年间出现了2.5厘米的下降；在丹麦，成年人平均身高在1820年至1850年间下降了1.7厘米；在瑞典，成年人平均身高在1830年至1840年间下降了0.3厘米(Treme and Craig, 2013: Fig.1)。①

对美国内战战前之谜的解释集中在四个因素上：(1)净营养物质平均消

① 有趣的是，美国奴隶和非常富有的人的生物学意义上的生活水平并没有下降(Craig and Hammond, 2013; Sunder and Woitek, 2005)。

费量的下降；(2)收入分配的日益不平等；(3)库兹涅茨提出的与工业化(包括工作强度的增加)和城市化有关的“负面结果”；(4)交通和城市化的改善导致流行病学环境的恶化。[①]我们将在下面的技术变革部分讨论最后两个问题，但是在本节主要考虑(1)和(2)这两项。

关于净营养的趋势，在科姆洛什对西点军校学员营养状况的开创性研究中，他认为：“(美国)在内战快要爆发时的营养摄入出现下降。营养物质的可获得性降低了，因为食物产量跟不上对它的需求……”(Komlos, 1987: 909—910)他估计，在19世纪40年代，人均营养摄入量下降了大约10%(Komlos, 1987: Table 8)。这一观点随后受到了高尔曼(Gallman)的挑战，高尔曼认为：“在19世纪20年代和50年代之间，饮食肯定有所改善，而且是重要的改善。”(Gallman, 1996:199)在随后的讨论中，科姆洛什和考克莱尼斯(Komlos and Coclanis, 1997)指出，这一时期的一个重要特征是营养物质相对价格的变化，这是由农业商业化引起的，反过来也导致家庭从肉类(蛋白质的主要来源)的消费转向碳水化合物。克雷格和韦斯(Craig and Weiss, 1997)提供的关于农业商业化的证据，以及克雷格和哈蒙德(Craig and Hammond, 2013)提供的关于自由人口和奴隶人口之间营养分配的证据，都基本支持科姆洛什和考克莱尼斯的论点。

关于在此期间收入分配变得更加不平等的论点，有两个相关的问题：第一，收入分配真的变得更加不平等了吗？第二，如果是这样，那么这一事实是如何精确体现在美国人口净营养的下降上的呢？计量史学者收集和分析的证据似乎支持这样一个命题：在19世纪时，财富(可能还有收入)的分配变得更不平等了(Lindert and Williamson, 1980:33—95)。当然，这种观察仍然留下了一个问题：日益增长的不平等是如何导致大部分人口的净营养下降的？虽然食品的收入弹性往往较低，但它是正的，而在这一时期，平均收入和财富都在上升。因此，只要食物供应跟得上，食物摄入量就应该增加，但科姆洛什认为实际并非如此。虽然对这个问题仍有很大争议，但科姆洛什-考克莱尼斯的观点所受争议较小，他们认为，就营养物质相对价格的变化来说，肉类和奶制品的价格超过了谷物，这导致农场家庭放弃了更有可能 1244

① 这几个因素与科姆洛什的发现大体一致，尽管不完全相同(Komlos, 1987:905)。

促进成年人身高的富含蛋白质的产品，转而食用谷物。简言之，农业产量增加，而农产品价格下降；以人均实际GDP衡量，平均财富和收入都在增长，但这一增长的大部分却被在财富和收入分配中较富裕的阶层享受到了。对于那些社会经济阶层更低的人来说，营养物质相对价格的变化（高蛋白质食物的相对价格上升，高碳水化合物食物的相对价格下降）导致替代效应压倒收入效应，因而对大多数人来说，这导致了营养物质净消费的减少。因此，收入分配的变化和营养物质相对价格的变化共同抵消了现代经济增长的积极影响，导致生物学意义上的生活水平的下降。

营养、身材与收入

科姆洛什开创性地对西点军校学员的身高和体重进行了微观层面研究，强调了营养、身材和实际产出之间的关系。这项研究提出了两个重要的问题。一是关于生长期间净营养摄入量与成年身高之间的实证关系：具体来说，在边际意义上，需要多少净营养才能使成年身高增加1厘米？第二个问题仍然是在边际意义上的，即每增加1厘米，能产生多少额外的实际产出？

不幸的是，由于数据的匮乏，我们无法将获取营养物质的途径与个体消费者进行匹配，因此无法对这两个问题进行理想的详细研究。然而，海恩斯等人（Haines et al., 2003）利用福格尔等人（Fogel et al., 1979）汇编的联邦军队新兵样本和美国人口与农业普查的微观数据，将新兵出生地的营养可得性和其他变量与新兵成年后的身高进行联系。他们的论点是，在食物“盈余”的地方长大的新兵，在成长过程中更有可能获得营养物质，因此成年后应该更高。他们指定的模型是：

1245

$$\mathrm{Height}_i = f(\mathrm{Nutrition}_i, \boldsymbol{X}_i) + \varepsilon_i \tag{4.1}$$

这里的 Height_i 指第 i 个联邦军队新兵的成年身高，$\mathrm{Nutrition}_i$ 是新兵出生县的每日营养盈余①，$\boldsymbol{X}_i$ 是预计会影响成年身高的其他地点或个人特定变量

① 根据阿塔克和贝特曼（Atack and Bateman, 1987）的定义，这一指标衡量的是该县人口和牲畜所消耗的营养物质以外的剩余营养物质。

的向量，ε_i 是一个误差项，服从正态分布$(0, \sigma^2)$。①

当关系到身材的形成时，有些营养物质比其他的要好。巴滕和默里(Baten and Murray, 2000)指出，蛋白质是营养-身材关系中特别重要的组成部分。因此，海恩斯等人将蛋白质生产盈余作为衡量营养可得性的标准。他们的结果表明，如果出生在一个每天农业生产盈余比1840年美国各县平均水平(大约人均35克蛋白质，相当于10片全麦面包或120克牛肉)高出二分之一个标准差的县，则会使成年身高增加0.125厘米(Haines et al., 2003:405)。

至于收入与身材之间的关系，斯特克尔(Steckel, 1995:1914)利用国家层面的数据估计了以下方程：

$$\text{Height}_j = g(\text{Income}_j, \mathbf{Y}_j) + \mu_j \qquad (4.2)$$

这里的 Height_j 为第 j 个国家的成年人平均身高，Income_j 为第 j 个国家的人均收入，$\mathbf{Y}_j$ 为包括了其他的国家特定变量的向量，μ_j 为误差项，服从正态分布$(0, \sigma^2)$。②

结果表明，收入的身高弹性平均而言在0.20—0.25之间。克雷格等人(Craig et al., 2004)倒置了这一关系，以发现身高对人均收入的影响。结合海恩斯等人和斯特克尔、克雷格等人的系数，可以估计，每人每天多摄入3.5克蛋白质(大约1片全麦面包)，就会使成年人的平均身高增加0.012 5厘米，从而增加0.05%的国民收入(在今天的美国，这相当于人均收入增加超过2 000美元)。③值得注意的是，这一估计代表的是收入的永久性增长，而不仅仅是一次性冲击。在任何合理的比较中，营养改善对生活水平的长期影响都可以说是相当大的。

营养与死亡率、疾病率

1246

相当多的研究将健康转变与死亡率改变联系起来。具体而言，发展较早

---

① 其他变量反映了城市化的影响、个人的职业、成长地区的财富，以及一个反映该地区是否有水路或铁路运输的虚拟变量。

② 其他变量包括或反映了财富、地区、城市化和人口年龄分布的影响。

③ 斯特克尔假定身高是收入的函数来进行估计，因此，这个系数代表了他的估计值的倒数。

的国家和发展较晚的国家的预期寿命都有显著提高。在美国，白人的预期寿命从1850年的39.5岁上升到今天的78.9岁，而在发展较晚的国家墨西哥，这一数字从25.3岁上升到今天的70岁以上(Haines and Steckel, 2000: 696—698)。正如前文所指出的，麦基翁(McKeown, 1976)强调了营养在这一改善中的作用，随后的微观层面的研究结果表明，从历史上看，营养与寿命之间存在很强的关系(Cuff, 2005; Haines, 1996)。例如，前文所定义的具有农业营养盈余的美国各县的死亡率比营养赤字的县要低30%(Haines et al., 2003:394)。

尽管预期寿命有明显的长期积极趋势，但就像身高一样，19世纪中期许多国家的预期寿命都出现了下降。在美国，20岁人群的预期寿命在19世纪上半叶下降了大约6年(Pope, 1992)，同样，与身高的情况类似，这种下降至少部分与净营养物质消费的减少有关(Floud et al., 2011; Komlos, 1987, 1996)。

我们应根据对疾病率的相关研究来回顾关于死亡率趋势和周期的学术研究。对疾病率的研究往往遵循两条路径。一条路径追溯了死亡与疾病之间的联系。到19世纪，传染病的暴发往往足够严重和/或足够普遍，这导致了死亡率大幅上升。根据弗林(Flinn)的说法，黑死病是最有效、最持久的杀手，其“在(近代早期)大部分时期在欧洲各地蔓延……只有在少数年份，这种疾病没有攻击人类”(Flinn, 1981:51)。导致死亡率上升的流行病往往会通过劳动力市场直接扰乱经济，在劳动力市场中，由于生病者和死亡者失去了生产力，所以产出减少。因此，即使没有歉收，饥荒也可能紧随瘟疫而来。严重的流行病也扰乱了贸易。疾病通常通过港口城市进入一个地区，随之而来的贸易损失——主要是劳动力的损失，但也包括检疫和恐惧带来的隔离——可能是巨大的(Craig and Garcia-Iglesias, 2010)。

严重流行病的负面冲击相对容易识别，有时它们可能导致死亡率急剧上升。然而，到19世纪中期，除了霍乱或黄热病等偶尔的局部暴发外，食物供应已经足够安全(对公共卫生措施的重视也足够广泛)，所以至少在西方，由疾病和饥荒引起的死亡危机已经成为过去式。因此，对于大多数人来说，疾病变成了一种慢性问题，而不是会立即危及生命的麻烦。赖利(Riley, 1990,

1997)通过使用来自英国友谊会*的微观数据，发现随着现代经济增长，疾病率在死亡率下降的同时趋于增加。对赖利这一发现的一种解释是，医疗保健行业的发展帮助劳动者更好地控制了自己的疾病，死亡率下降伴随着更长的发病时间——尽管就个人而言患病次数更少了。因此，赖利的研究表明，总体而言西方社会的健康状况随着时间的推移而恶化了，因为公共和私人卫生技术的改善让病人得以熬过在过去可能致死的疾病。

1247

这一结论并非没有争议。它不仅与麦基翁的观点至少在定性上相冲突，即麦基翁认为是营养，而不是公共卫生支出或私人卫生保健供给的改善推动了健康转型。它还与最近许多关于疾病率的实证研究相冲突。例如，多拉·科斯塔(Dora Costa)在几个国家进行了广泛的研究，这些研究总体上表明，自19世纪后期以来，西方人口的健康状况有了明确改善。科斯塔和其他人(Costa, 2000; Costa et al., 2007)比较了美国内战时期和20世纪后期的人口，发现老年人中各种疾病的发病率随着时间的推移而下降，并通过将20世纪早期与后期的人口进行比较，她指出："出生在20世纪10年代和30年代的孩子的母亲更矮，显示出营养不良的迹象，在怀孕期间有高血压，而且比出生在60年代和1988年的孩子的母亲更有可能患梅毒。"(Costa, 2013: Table 3)

这些论点的中心是一个基本的数学元素，而需要注意的是，这些论点并不是相互排斥的。如果我们认为疾病是一种随着时间而持续的状态，那么个体患病率可以被表示为：

$$M_i = \int_0^T h(t)\,\mathrm{d}t \tag{4.3}$$

其中，M_i 表示第 i 个个体一生中患病的时间，$h(t)$ 反映她随时间变化的患病路径，T 表示她的生命长度。假设 h 可以被表示为一个包括营养、公共和私人医疗保健技术等变量的函数，那么麦基翁的观点可以被总结如下：h 的减少，主要是由营养改善引起的，反过来导致了 T 的增加，留下对终生疾病率

* 友谊会产生于17世纪末的英国，是工人阶级之间的互助社团，在该社团中，成员通过自愿缴纳会费成为会员，当自身或家属遭遇疾病、失业、衰老、死亡等变故时从共同基金中领取津贴，得到救助。——译者注

的净影响，因此 M 的变动不明确。简而言之，随着时间的推移，人们吃得更好，活得更久，但这增加了他们患病的风险。赖利的观点则可以解释为：T 的长期增长是现代经济增长和医疗保健技术改进的结果，这毫无疑问增加了一生中患病的概率。简而言之，随着人们活得越久，他们生病的时间就越长，尽管医生在治疗他们的疾病方面做得更好了。最后，科斯塔的立场可以解释为：尽管 T 增加，但营养和保健技术的改善毫无疑问降低了疾病率。简而言之，人们现在比过去活得更久、更健康。

在将疾病率与死亡率直接联系起来的相关研究中，奥尔特和赖利（Alter and Riley, 1989）提出了一种"损害积累模型"，在该模型中，暴露于疾病——即"损害"，以一种无法通过随后的营养获取轻易消除的方式削弱了幸存者；因此，与没有遭受到损害的情况相比，幸存者未来更容易受到损害，死亡率也更高。李（Lee, 2003）使用来自联邦军队样本的微观数据，挑战了这一观点。他发现，在儿童死亡率高的地区（如城市地区）长大的成年人，在军队中的死亡率低于来自农村地区的成年人。这一发现表明，在面对未来的损害时，从先前的损害中幸存下来会给一个人带来优势，而不是奥尔特和赖利所认为的劣势。

1248

营养与技术变革

尽管技术变革常常令人困惑，但其在技术物理革命和健康转型中发挥了重要的作用。在最基本的层面上，人口获得营养的机会与国内生产或来自贸易的粮食供应有关。今天，世界上大多数人口不再面临粮食危机，而粮食危机曾使人口增长停滞了几千年。在过去的5个世纪里，世界人口的平均年复合增长率比此前2000年高出一个数量级，分别为0.71%和0.03%（United Nations, 1999：Table 1）。这在很大程度上是一系列农业技术变革的结果。这种变革通常在文献中被称为"革命"（revolutions），一些研究认为，第一次革命发生在工业革命之前，涉及无数由在小农场上露天劳作的农民作出的小规模改进。作为支持这一理解的证据，艾伦（Allen, 1999）估计了英格兰的农业产量在1520年到1740年间翻了一番。第二次革命发生在19世纪中后期，是以农业机械化为中心的。克雷格和韦斯(Craig and Weiss, 2000)估计，在美国，作为反映技术变革速度的一个标准经济指标，全要素生产率的年平均增长率从1860年之前20年的接近零，增长提高到1860年之后40年的约0.70%。最后，在20世纪，所谓的绿色革命，标志着化学杀虫剂、除草剂和化肥的发展和扩大使用，提高了世界大部分地区的农业产量。在1500年，世界上绝大多数劳动力直接投入食品和纤维的生产；而在现代发达经济体中，只有1%或2%的人从事这样的工作，在许多国家，最主要的营养问题是食物过剩导致肥胖的流行(Komlos et al., 2008)。

在保持其他因素不变的情况下，长期来看，技术变革带来的食物产量增加无疑会降低死亡率和疾病率，尽管正如美国内战战前之谜所表明的那样，这种积极的趋势并非没有周期性成分。交通运输的改善——也经常被称为一场“革命”——被证明对粮食产量的增加和生物学意义上的生活水平之间的关系产生了一种模糊的影响。运输方面的技术变革降低了成本，并导致运输货物数量的增加，这往往会增加总消费，包括营养物质的消费。然而，交通对净营养也有两个负面影响。

1249

正如科姆洛什和考克莱尼斯所指出的，在19世纪，交通的改善伴随着城市化，而城市化增加了市场对食物的需求，进而影响了城市和农村人口的营养状况。在城市地区，现在有更多的人在市场上购买食物，尽管运输食物的单位成本下降了，“更大比例的人口不得不支付运输成本以获取其营养……”(Komlos and Coclanis, 1997:448)在农场上，农业商业化导致经济作物产量和出口的增加，尤其是南方的棉花，而这是以牺牲先前以动物性蛋白质为主的更健康、更多样化的饮食为代价的。

> 肉类和奶制品的价格随着相对生产地点的距离而上涨，从而影响了需求量。因此，人均牲畜数量的下降意味着营养状况的一个重要决定因素——动物蛋白质的消费量正在下降……换句话说，在工业化时代早期，钱并没有自动转化为更高级的营养状况……(Komlos and Coclanis, 1997:447—448)

因此，由于这些变化，城市和农村人口的营养都受到了影响。

交通运输的改善给生物学意义上的生活水平带来的另一个问题是疾病关系的扩大。工业和运输革命促进了城市化的扩大，城市化与死亡率的上升和生物学意义上的生活水平的其他指标的下降密切相关。海恩斯等人(Haines et al., 2003)在研究美国内战战前之谜时估计，在美国，一个县城市化率每增加10个百分点，死亡率就大概增加7.5%，而来自城市地区的美国军队新兵平均比来自农村地区的新兵矮1英寸。福格尔(Fogel, 1986)估计，城市化解释了同一时期美国人身高下降的约20%，这更广泛地支持了海恩斯等人的发现。

此外，这些变化还导致了农业劳动强度增加。在此期间，农业劳动力的平均工作时间增加了(Craig and Weiss, 2000)。前文的分析指出，净营养让身体强壮，而身体在与疾病斗争和在工作中发挥能量时需要消耗营养物质。疾病关系的扩大和与农业商业化相关的工作时间增加(所有这些至少部分依赖于交通的改善)，导致了人体对营养物质需求的增加，而对大多数人来说，营养物质的供应日益受到挑战。

有一项技术革新毫无疑问地提高了传统上用收入来衡量的生活水平以及生物学意义上的生活水平，这项技术即机械制冷。在19世纪末20世纪初机械制冷被广泛采用之前，制冷物理学已经被充分理解了几千年。1853年，美国颁发了第一个机械式冰箱的专利。早期的机器建造和维护成本太高，而且太不稳定，无法被广泛采用。只有在“机床行业的日常改进、相关的冶金改进、高压密封的发展，以及电机的加入”等一系列技术被完善和采用后，低成本的冰箱才出现(Goodwin et al., 2002)。所有这些变化在19世纪末被汇集在一起。

1250

冷藏缓解了自远古以来一直困扰农业市场的季节性价格和供应波动，也允许农民在屠宰季节之后保持畜群，而且在不减少屠宰的情况下，可以增加整体畜群规模：“简而言之，冷藏不仅仅是让农民今天把生猪从市场上拖下来，以便未来屠宰。它允许农民今天宰杀一头生猪，并将另一头生猪从市场上拖下来等待以后宰杀。”(Craig and Holt, 2008:111)这对肉类和乳制品的整体生产产生了影响，而这两种产品共约占农业总产量的30%，农业则占1900年GDP的25%。克雷格和霍尔特(Holt)估计，由于采用了机械冷藏，农业产出的市场价值增加了2.28%，这相当于GDP增加了0.17%。关于营养方面，克雷格等人估计，机械制冷导致热量消费增加0.75%，蛋白质消费增加1.25%，以及家庭收入增加1.26%(Craig，2004:333)。请注意，这些是对这些变量的长期增长路径的永久性增加，而非一次性增加。正如戈登(Gordon，2000)所言，冰箱确实是“伟大的发明”之一。

关于工业化期间生物学意义上的生活水平的表现的争论，是计量史学者关于工业革命影响的更大的争论的一部分。一般来说，关注实际GDP、收入和工资增长的长期积极趋势的学者被贴上了“乐观主义者”的标签，而关注不平等加剧、出生时预期寿命不再增加、疾病率上升、成年人平均身高下降和净营养消费下降的学者则被贴上了“悲观主义者”的标签(Craig，2006)。经过几十年的计量史学争论，我们可以清楚地看到，对于这些变化的长期观察(这里的长期指的是工业化开始后一个世纪左右的时间)得出了一个乐观的结论。然而，从许多人(也许是大多数人)的角度来看，在从马尔萨斯时代到镀金时代的转变中，生物学意义上的生活水平很可能有所下降，海恩斯等人将这一过程称为“马尔萨斯挤压”(Haines et al.，2003:408)。

结　语

今天，发展较早的国家的人口比过去更富有、更高、更健康。计量史学者一直在争论技术-生理的进化和健康转型在多大程度上是由营养改善，或是掌握了细菌致病理论后公共卫生基础设施的增加等其他因素导致的。虽然实际GDP、收入、工资和生物学意义上的生活水平增长的长期趋势是积极的，但正如美国内战战前之谜的存在所表明的那样，工业化的开始伴随着不平等的加剧、出生时预期寿命的停滞、疾病率的增加、成年人平均身高的下降以及净营养消费的减少。总的来说，这个过程被称为“马尔萨斯挤压”。

尽管许多关于营养的计量史学研究都集中于它在技术-生理进化和健康转型中的作用，现代发达社会却面临一个完全不同的营养问题：肥胖。正如特雷姆(Treme)和克雷格所指出的，“一个种群的平均身高有一个生物学最大值，对于那些享受过剩营养的种群来说，进一步的营养消费只会导致肥胖”(Treme and Craig，2013:s131)。虽然这一现象在富裕和不那么富裕的

1251

社会中普遍存在，但美国可能是这一趋势最显著的例子。在过去的30年里，以身体质量指数（BMI）衡量的话，美国肥胖的发病率翻了一番，大约三分之一的美国成年人处在肥胖之列（Flegal et al.，2012）。这一流行病的社会代价是巨大的。考利和迈耶霍弗尔（Cawley and Meyerhofer，2012）估计，美国超过20％的医疗支出直接归因于肥胖。

尽管近期有很多相关研究，但导致大量肥胖的原因仍然不太清楚。考利等人（Cawley et al.，2010）采用工具变量的横截面计量经济学方法，表明收入差异只能解释体重差异的很小一部分。这一发现表明，肥胖上升的一个可能的罪魁祸首——帮助发展中国家产生技术-生理进化并摆脱马尔萨斯陷阱的现代经济增长，可以被排除于导致肥胖的原因行列。科姆洛什等人（Komlos et al.，2008）认为现代消费技术，如电视和汽车，以及节省劳动力的生产技术，解释了日益流行的肥胖。无论如何，这个话题代表了对营养及其经济和社会影响进行实证研究的下一个前沿。

参考文献

Allen，R.(1999) "Tracking the Agricultural Revolution in England"，*Econ Hist Rev*，52(2)：209—235.

Alter，G.，Riley，J.(1989) "Frailty，Sickness and Death：Models of Morbidity and Mortality in Historical Populations"，*Popul Stud*，43(1)：25—45.

Atack，J.，Bateman，F.(1987) *To Their Own Soil：Agriculture in the Antebellum North*. Iowa State University Press，Ames.

Baten，J.，Murray，J.E.(2000) "Heights of Men and Women in 19th-Century Bavaria：Economic，Nutritional，and Disease Influences"，*Explor Econ Hist*，37(4)：351—369.

Cawley，J.，Meyerhofer，C.(2012) "The Medical Care Costs of Obesity：An Instrumental Variables Approach"，*J Health Econ*，31(1)：219—230.

Cawley，J.，Moran，J.R.，Simon，K.I.(2010) "The Impact of Income on the Weigh of Elderly Americans"，*Health Econ*，19(8)：979—993.

Clark，G.(2007) *A farewell to Alms：A Brief Economic History of the World*. Princeton University Press，Princeton.

Clark，G.，Huberman，M.，Lindert，P.(1995) "A British Food Puzzle，1770—1850"，*Econ Hist Rev*，48(2)：215—237.

Costa，D.(2000) "Understanding the Twentieth Century Decline in Chronic Conditions Among Older Men"，*Demography*，37(1)：53—72.

Costa，D.(2013) "Health and the Economy in the United States，from 1750 to the Present"，NBER working paper no 19685，© National Bureau of Economic Research.

Costa，D.，Helmchen L，Wilson S(2007) "Race，Infectious Disease，and the Arteriosclerosis"，*Proc Natl Acad Sci*. 104：13291—13224.

Craig，L.A.(2006) "A Review of Timothy Cuff's the Hidden Cost of Economic Development：The Biological Standard of Living in Antebellum Pennsylvania"，reviewed for Eh.net.

Craig，L.A.(2013) "The Changing Body：

Health, Nutrition, and Human Development in the Western World Since 1700: A Review Essay", *Econ Hum Biol*, 11(1):113—116.

Craig, L. A., Garcia-Iglesias, C. (2010) "Business Cycles", in Broadberry S, O'Rourke K(eds) *An Economic History of Modern Europe: vol.1: 1700—1870*. Cambridge University Press, Cambridge, pp.122—146.

Craig, L.A., Hammond, R.(2013) "Nutrition and Signaling in Slave Markets: A New Look at a Puzzle Within the Antebellum Puzzle", *Cliometrica*, 7(2):189—206.

Craig, L.A., Holt, M.(2008) "Did Refrigeration Kill the Hog-corn Cycle", in Rosenbloom, J.(ed) *Quantitative Economic History: The Good of Counting: Essays in Honor of Thomas Weiss*. Routledge, London, pp. 100—118.

Craig, L.A., Weiss, T.(1997) "Long-term Changes in the Business of Farming: Hours at Work and the Rise of the Marketable Surplus", paper presented at the international business history conference, Glasgow, July.

Craig, L.A., Weiss, T.(2000) "Hours at Work and Total Factor Productivity Growth in 19th-Century U. S. Agriculture", *Adv Agric Econ Hist*, 1(1):1—30.

Craig, L. A., Goodwin, B., Grennes, T.(2004) "The Effect of Mechanical Refrigeration on Nutrition in the United States", *Soc Sci Hist*, 28(3):325—336.

Cuff, T.(2005) *The Hidden Cost of Economic Development: The Biological Standard of Living in Antebellum Pennsylvania*. Ashgate, Aldershot.

Deaton, A.(2003) "Health, Inequality, and Economic Development", *J Econ Lit*, 41(1):113—158.

Deaton, A.(2006) "The Great Escape: A Review of Robert Fogel's the Escape from Hunger and Premature Death, 1700—2010", *J Econ Lit*, 44(1):106—114.

Easterlin, R.(2004) *The Reluctant Economist: Perspectives on Economics, Economic History and Demography*. Cambridge University Press, Cambridge, UK.

Feldstein, M.(1990) "Luncheon in Honor of Individuals and Institutions Participating in the First Income and Wealth Conference", in Berndt, E.R., Triplett, J.E.(eds) *Fifty Years of Economic Measurement: The Jubilee of the Conference on Research in Income and Wealth*. University of Chicago Press, Chicago, pp.9—18.

Flegal, K.M., Carroll, M.D., Kit, B.K., Ogden, C.L.(2012) "Prevalence of Obesity and Trends in the Distribution of BMI Among U.S. Adults, 1999—2010", *JAMA*, 307(5): E1—E7.

Flinn, M.W.(1981) *The European Demographic System, 1500—1820*. Johns Hopkins, Baltimore.

Floud, R., Fogel, R. W., Harris, B., Hong, S.C.(2011) *The Changing Body: Health, Nutrition, and Human Development in the Western World Since 1700*. Cambridge University Press, Cambridge.

Fogel, R.(1986) "Nutrition and the Decline in Mortality Since 1700", in Engerman, S., Gallman, R.(eds) *Long-term Factors in American Economic Growth*. University of Chicago Press, Chicago, pp.439—556.

Fogel, R.(2004) *The Escape from Hunger and Premature Death, 1700—2100: Europe, America and the Third World*. Cambridge University Press, Cambridge, UK.

Fogel, R., Costa, D.(1997) "A Theory of the Technophysio Evolution, with Some Implications for Forecasting Population, Health Care Costs, and Pension Costs", *Demography*, 34(1):49—66.

Fogel, R.W, Engerman, S.L., Floud, R., Steckel, R.H., Trussell, J., Wachter, K.W., Margo, R., Sokoloff, K., Villaflor, G.(1979) "The Economic and Demographic Significance of Secular Changes in Human Stature: The U.S. 1750—1960", NBER working paper, © National Bureau of Economic Research.

Gallman, R.(1996) "Dietary Change in Antebellum America", *J Econ Hist*, 56(1): 193—201.

Goodwin, B., Craig, L. A., Grennes, T.(2002) "Mechanical Refrigeration and the Integration of Perishable Commodity Markets", *Explor Econ Hist*, 39(2):154—182.

Gordon, R.(2000) "Does the 'New Economy' Measure up to the Great Inventions of the Past?", NBER working paper no 7833, © National Bureau of Economic Research.

Haines, M.R.(1996) "Estimated Life Tables of the United States, 1850—1900", *Hist Methods*, 32(4):149—169.

Haines, M.R., Steckel, R.(2000) *A Population History of North America*. Cambridge University Press, Cambridge.

Haines, M. R., Craig, L. A., Weiss T (2003) "The Short and the Dead: Nutrition, Mortality, and the 'Antebellum Puzzle' in the United States", *J Econ Hist*, 63(2): 385—416.

Komlos, J.(1987) "The Height and Weight of West Point Cadets: Dietary Change in Antebellum America", *J Econ Hist*, 47(4):897—927.

Komlos, J.(1996) "Anomalies in Economic History: Toward a Resolution of the 'Antebellum Puzzle'", *J Econ Hist*, 56(1):202—214.

Komlos, J.(2012) "A Three-Decade 'Kuhnian' History of the Antebellum Puzzle: Explaining the Shrinking of the US Population at the Onset of Modern Economic Growth", University of Munich discussion papers in economics 2012—10. http://epub. ub. uni-muenchen. de/12758/.

Komlos, J., Coclanis, P.(1997) "On the 'Puzzling' Antebellum Cycle of the Biological Standard of Living: The Case of Georgia", *Explor Econ Hist*, 34(4):433—459.

Komlos, J., Breitfelder, A., Sunder, M.(2008) "The Transition to Post-Industrial BMI Values Among US Children", NBER working paper no 13898, © National Bureau of Economic Research.

Kuznets, S.(1966) *Modern Economic Growth: Rate, Structure and Spread*. Yale University Press, New Haven.

Kuznets, S.(1973) "Modern Economic Growth: Findings and Reflections", *Am Econ Rev*, 63(3):247—258.

Lee, C.(2003) "Prior Exposure to Disease and Later Health and Mortality: Evidence from Civil War Medical Records", in Costa, D. L. (ed) *Health and Labor Force Participation over the Life Cycle*. University of Chicago Press, Chicago, pp.51—88.

Lindert, P. H., Williamson, J. G.(1980) *American Inequality: A Macroeconomic History*. Academic, New York.

Margo, R., Steckel, R.(1983) "The Heights of Native-born Whites During the Antebellum Period", *J Econ Hist*, 43(1): 167—174.

McKeown, T.(1976) *The Modern Rise of Population*. Arnold, London.

North, D.(1981) *Structure and Change in Economic History*. W.W. Norton, New York.

Pope, C.(1992) "Adult Mortality in America Before 1900: A View from Family Histories", in Goldin, C., Rockoff, H.(eds) *Strategic Factors in Nineteenth-century American Economic History*. University of Chicago Press, Chicago, pp.267—296.

Preston, S.(1975) "The Changing Relation Between Mortality and Level of Economic Development", *Popul Stud*, 29(2):231—248.

Riley, J.(1990) "The Risk of Being Sick: Morbidity Trends in Four Countries", *Popul Dev Rev*, 16(3):403—432.

Riley, J.(1997) *Sick, Not Dead: The Health of British Workingmen During the Mortality Decline*. Johns Hopkins, Baltimore.

Smith, A.(1976) *An Inquiry into the Nature and Causes of the Wealth of Nations*. University of Chicago Press, Chicago.

Steckel, R. H.(1995) "Stature and the Standard of Living", *J Econ Lit*, 33(4):1903—1941.

Stolnitz, G.(1955) "A Century of International Mortality Trends: I", *Popul Stud*, 9(1): 24—55.

Sunder, M., Woitek, U.(2005) "Boom,

Bust, and the Human Body: Further Evidence on the Relationship Between Height and Business Cycles", *Econ Hum Biol*, 3(3): 450—466.

Treme, J., Craig, L.A.(2013) "Urbanization, Health, and Human Stature", *Bull Econ Res*, 65(S1):s130—s141.

Troesken, W.(2004) *Water Race and Disease*. MIT Press, Cambridge.

United Nations.(1999) "The World at Six Billion", http://www.un.org/esa/population/publications/sixbillion/sixbilpart1.pdf. Accessed 17 Jan 2014.

Williamson, S.H.(2013) "The Annual Real Nominal GDP for the United States, 1790—2012", MeasuringWorth.com, August. http://www.measuringworth.com/usgdp/. Accessed 20 Jan 2014.

第五章

健康的改善以及医疗和健康保险市场的组织和发展

格雷戈里 · T.尼梅什　梅莉萨 · A.托马森

摘要

本章描述了20世纪健康方面的进步以及医疗和健康保险市场的发展。本章首先概述了一些文献,它们记录了19世纪末和20世纪初导致美国死亡率变化的公共卫生成果。清洁的水、卫生设施和电气化有助于降低死亡率,对食品和牛奶的检查、消除疟疾和钩虫等寄生虫以及食品强化等工作也有助于此。随着世纪的发展、科学和技术的进步,加上医生教育和执照的改革,医疗和健康得到了改善。这些变化增加了医疗的费用,并带来了医疗保险市场的发展。

关键词

医疗和保险　公共卫生　医院　医学教育

引　言

1256

在19世纪末和20世纪初，随着死亡率从1915年开始由传染病死亡率转变为慢性疾病死亡率，婴儿死亡率和预期寿命有所改善（Meeker，1972；Haines，2001）。在这一时期的早期，寿命的增加很大程度上可以归因于公共卫生方面的提高。在大多数情况下，医疗并没有帮助改善死亡率，因为它基本上是无效的。经济史上的大量研究表明，在这一时期，公共卫生方面的进步显著改善了健康结果。清洁的水、卫生设施和电气化有助于降低死亡率，对食品和牛奶的检查也是如此。消除疟疾，根除钩虫等寄生虫，以及强化食物以消除营养不良，也在降低死亡率和改善其他结果方面发挥了作用。

在20世纪的头几十年里，科学和技术的进步再加上医生教育的改善，提升了健康和生活质量。白喉抗毒素、梅毒特效药和抗生素的发现使更多人意识到医疗的有效性。这些发现增加了对医疗保健的需求，导致医疗费用的增加和美国医疗保险体系的发展。随着医学院寻求提高新医生的质量，以及保护消费者不受不合格从业人员的伤害，医生和其他医疗专业人员的职业许可不断发展。在本章中，我们将重点总结这些不同研究领域的文献。我们首先讨论关于公共卫生举措所产生的健康改善的文献，然后总结关于医生教育和执照的变化如何影响医疗服务的需求和供应的研究。最后，我们提供一个关于美国医疗保险的出现和影响的研究概述。

公共卫生的改进

"公共卫生"的定义是随着影响人口的健康问题的变化演变而来的。19世纪和20世纪早期的定义侧重于通过"社区行动以避免疾病和对个人及整个社区的健康和福祉构成的其他威胁"，以消除传染性疾病（如霍乱、伤寒、痢疾）（Duffy，1992:1）。公共卫生方案往往是由地方、州和联邦政府采取的，而不是通过医生和病人在医疗市场上的自愿交易达成的。早期公共

1257

卫生举措的成功情况如图 5.1 所示:20 世纪上半叶,美国的传染病死亡率最初很高,但之后迅速下降。至少到 20 世纪 30 年代,老年慢性疾病已经成为健康的最大杀手。作为回应,公共卫生的定义扩大到包括"积极促进健康,而不是简单地维持健康"(Duffy, 1992:1),重点关注健康的社会决定因素,以作为解决慢性病死亡率的一种方法。例如,贫穷被视为造成高死亡率的一个根本原因。因此,保证每个人的生活水平足以支持其健康地生活,成为公共卫生组织的一个目标。

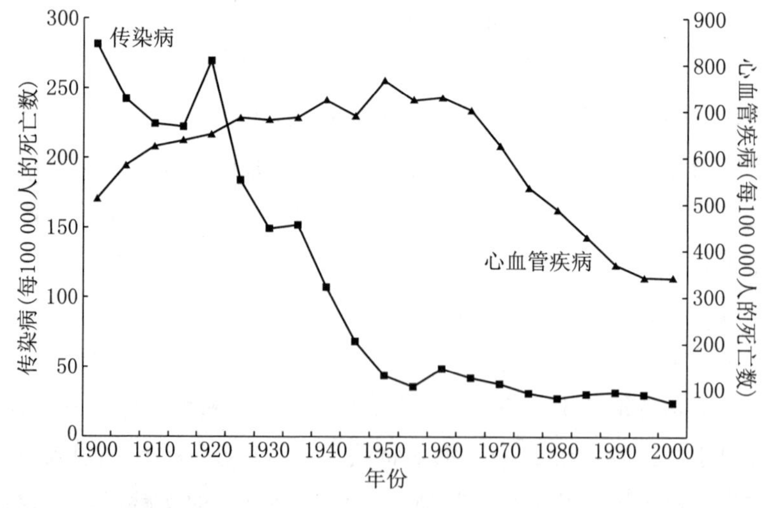

资料来源:转载自 Cutler et al., 2006。数据来自美国疾病控制和预防中心、美国国家卫生统计中心,并经过年龄调整。

图 5.1　1900—2000 年美国传染病和心血管疾病的死亡率

必须强调经济史对理解早期公共卫生运动在消除疾病方面的贡献。这些文献的主要发现之一是,在 20 世纪早期,人们在健康方面的大部分改善来自公共卫生干预措施。几乎改善了所有人健康状况的早期举措包括净化水和卫生设施。在 20 世纪后期,营养强化也改善了美国人的健康。其他公共卫生工作的重点是根除寄生虫,如钩虫和疟原虫。

水的净化和污水处理系统

在 20 世纪早期,诸如水过滤、卫生设施、垃圾收集和食品检查等公共卫生干预措施，在早期死亡率下降方面发挥了重要作用。利用城市级别的数据，戴维·卡特勒和格兰特·米勒(David Cutler and Grant Miller, 2005)发现，水过滤和氯化处理的作用带来了主要城市死亡率下降的近一半，婴儿死亡率下降的75%，儿童死亡率下降的三分之二。同样，沃纳·特勒斯肯(Werner Troesken, 2004)发现，由于公共供水和下水道服务的扩大，伤寒和其他水传播疾病所造成的死亡几乎被消除。在马萨诸塞州，阿尔桑和戈尔丁(Alsan and Goldin, forthcoming)的研究表明，安全的水和污水处理的结合使儿童死亡率降低了26.6个对数点，并且比单独的任何一种干预都更有效。约瑟夫·P.费列和沃纳·特勒斯肯(Joseph P. Ferrie and Werner Troesken, 2008)发现，减少伤寒也使非水传播疾病减少，包括胃肠炎、结核病、肺炎、流感、支气管炎、心脏病和肾脏疾病的死亡率降低(称为米-兰二氏现象，Mills-Reincke phenomenor)。 1258

虽然水净化系统减少了伤寒造成的死亡，但它们可能导致使用铅管输送水的城市的发病率和死亡率增加，这取决于管道的年龄和当地供水的酸度。特勒斯肯(Troesken, 2006, 2008)在两项研究中报告说，1900年，马萨诸塞州各县的平均婴儿死亡率和死胎率增加了25%—50%。20世纪初，随着城市放弃了铅水管，铅暴露对婴儿死亡率的有害影响有所减少，尽管由于缺乏数据，很难估计其减少的规模。卡伦·克莱等人(Karen Clay et al., 2014)跟踪研究了这个问题，并观察了20世纪前二十年美国城市输水中的铅暴露对婴儿死亡率的影响。他们使用了各个城市的水的酸度数据和城市所用的管道类型(铅、铁或混凝土)数据，证实了铅管导致了婴儿死亡率的显著增加。具体来说，他们发现将pH值从第25百分位增加到第50百分位(由于水的酸性降低，铅渗出的速度更慢)将使婴儿死亡率降低7%—33%。

早期的公共卫生改善几乎只发生在州和地方一级(Preston and Haines, 1991)。州和地方公共卫生部门以各种方式降低了死亡率。路易斯·P.凯恩和爱丽丝·罗泰拉(Louis P. Cain and Elyce Rotella, 2001)使用了来自48个美国城市的数据，检查卫生支出对死亡率的影响。他们发现，在下水道系统和垃圾收集方面的支出降低了伤寒、痢疾和腹泻的死亡率。市政当局还从事街道清洁和分发白喉抗毒素的工作(Condron and Crimmins-Gardner, 1978; Meckel, 1990)。州和地方的立法旨在保障食物和牛奶，并防止疾病的传播。莫基尔和斯坦(Mokyr and Stein, 1996)指出,到1905年,有32个州制定了禁止牛奶掺假的法律。

同时,政府还颁布了几种不同类型的法律来遏制结核病的传播。在1900年到1917年间,州和地方政府通过了要求结核病报告的法律。他们还颁布了消毒法、禁止吐痰和禁止共用水杯的法令(Anderson et al., forthcoming)。安德森等人研究了这些法律,发现要求结核病报告的法律使结核病死亡率降低了6%,而建立一个国营疗养院则使结核病死亡率降低了4%。这一发现与亚历克斯·霍林斯沃思(Alex Hollingsworth, 2013)针对北卡罗来纳州卫生的研究发现相似,但规模更大。然而,卡伦·克莱等人(Karen Clay et al., 2018)的论文表明,相对于控制组的城市来看,基于社区的旨在减少结核病的卫生干预措施并没有在长期减少结核病,尽管它们确实降低了婴儿死亡率。

1259

有兴趣研究州和地方支出及其对结果的影响的学者可以依靠几个数据来源。在各州层面上,各州财政统计提供了与1915年开始的各市财政统计类似的信息。理查德·E.西拉(Richard E. Sylla et al., 1993)制作了"州和地方政府的来源和资金使用:20世纪统计(ICPSR,研究6304)"数据库。在各市层面上,劳工统计局公告(*Bureau of Labor Statistics Bulletins*)第24、30、36和42号提供了1899—1902年的市政财政数据,人口普查公告(*Census Bulletin*)第20号(United States Census Bureau, 1904)提供了1902—1903年的类似信息。美国人口普查局公布的城市统计数据(United States Census Bureau, 1907, various years)报告了1905—1908年3万多个城市市级卫生相关支出的年度数据。美国人口普查局还公布了城市财政统计数据(United States Census Bureau, 1909, various years),其中提供了1909—1913年、1915—1919年和1921—1930年的类似信息。与健康有关的具体类别包括关于健康保护和卫生费用支付的信息,健康保护和卫生支出,慈善机构、矫治机构和医院费用支付,以及慈善机构、矫治机构和医院支出。

公共卫生教育和信息

除了直接将公共卫生支出用于垃圾收集、基础设施和通过旨在阻止疾病传播的法律外,一些公共卫生措施还围绕着对家庭进行卫生和婴幼儿保健教育展开。格兰特·米勒(Grant Miller，2008)认为，授予妇女公民权致使在卫生运动中公共支出的大幅变化，从而提高了儿童的存活率。在米勒关注城市财政统计数据的同时(因此，他的研究中关于公共支出使儿童死亡率下降的机制是一个黑匣子)，其他研究则利用公共卫生活动的数据来确定在改善健康结果方面最有效的渠道。例如，卡罗琳·默林和梅莉萨·A.托马森(Carolyn Moehling and Melissa A. Thomasson，2014)考察了公共卫生当局在谢泼德-汤纳(Sheppard-Towner)法案下进行的活动，在该活动中，联邦政府向各州提供配套资金，以用于婴儿和儿童保健以及卫生方面。他们发现，与课堂、会议和展示等活动相比，最有效的干预措施是那些提供一对一护理的活动，如护士访问和保健中心。

寄生虫的根除

在20世纪初，多达30%的人口感染了疟疾(Kitchens，2013a)。疟疾的影响多种多样，从身体发育不良、认知受损到死亡(Hong，2007；Bleakley，2010)。几个罗斯福新政下的机构和项目促成了疟疾的减少。《农业调整法案》(AAA)通过付钱给农场主让他们不再耕种土地，使得农场工人得以离开蚊子滋生地(Humphreys，2001)。艾伦·巴雷卡等人(Alan Barreca et al.，2012)估计，在1930年至1940年间，这种人口外迁贡献了疟疾发病率下降的约10%。卡尔·基钦斯(Carl Kitchens，2013a，2013b)研究了其他新政项目对疟疾的影响。利用1932年至1941年佐治亚州的县级数据，基钦斯(Kitchens，2013a)表明，在公共事业振兴署(WPA)赞助下建造的排水项目解释了这期间观察到的疟疾减少率的至少40%。

1260

基钦斯(Kitchens，2013b)在研究田纳西河流域管理局(TVA)主导的大坝建设时发现了不同的结果。他使用了来自阿拉巴马州和田纳西州的县级面板数据，发现这些水坝新创造了大量适合蚊子繁殖的海岸线。尽管TVA随后努力控制蚊子，但基钦斯计算出，TVA导致疟疾造成的生命损失显著增加，进而使大坝建设的财政效益减少了24%。

其他公共卫生工作的重点是根除另一种南方寄生虫：钩虫。钩虫通过土壤传播，最终栖息在受害者的肠道中。它会导致嗜睡和贫血，但很少致命。然而，它的影响会导致生产力下降，并使儿童难以集中注意力。例如，加兰·布林克利(Garland Brinkley, 1997)表明,美国内战后南方农业产出的急剧下降可以归因于钩虫感染率的增加。

1910年,洛克菲勒卫生委员会(Rockefeller Sanitary Commission, RSC)估计,40%的南方学龄儿童受到了钩虫的影响。RSC参与了一项根除钩虫的运动,并派卫生保健人员分发驱虫药物。霍伊特·布利克利(Hoyt Bleakley, 2007)发现,在RSC运动之前生活在钩虫感染率较高地区的儿童,比生活在感染率较低地区的儿童在入学率、出勤率和识字率方面有了更大的提高。因此,根除钩虫可以弥补南北之间多达一半的识字率差距,并减少高达20%的收入差距。

饮食的改善

营养不足——无论是由寄生虫感染还是由不良饮食导致,都与经济成果减少相关。许多经济学者和历史学者注意到,营养改善(以热量和/或蛋白质摄入量衡量)与收入增长和健康提升都相关(Higgs, 1971; Fogel, 1994; Steckel, 1995; Floud et al., 2011)。最近,格雷戈里·尼梅什(Gregory Niemesh, 2015)通过衡量1943年第一个要求在面包中强化含铁营养的联邦规定的影响,丰富了相关文献研究。婴儿和儿童缺铁会导致发育迟缓和行为问题,并削弱成人的生产能力。尼梅什使用了铁摄入的预处理方差,并表明该法令使铁摄入水平较低地区的收入和受教育程度相比法令实施前有所提高。类似地,詹姆斯·费雷尔等人(James Feyrer et al., 2017)研究了20世纪20年代美国的食盐碘化对后来认知结果的影响。他们的研究结果表明,碘盐提高了那些最缺乏碘的人群的智商,但也增加了与甲状腺相关的死亡,老年人尤甚。卡伦·克莱等人(Karen Clay et al., 2018)研究了糙皮病的流行和消失。糙皮病流行于美国南方,该病因烟酸缺乏而引起,特征是皮炎、腹泻和精神异常。他们认为,南方的棉花生产取代了当地的粮食生产,这导致了糙皮病发病率的上升。利用双重差分(DID)方法,他们使用棉铃象鼻虫的到达和传播来确定棉花生产和糙皮病之间的关系。他们发现,在棉铃象鼻虫到来后,棉花产量高的县的糙皮病死亡率相比棉花产量低的县下降了23%到40%。他们还发现,1937年以后,州的强化法律帮助消除了糙皮病。

1261

医疗市场的增长

医学教育改革与公众对医院的观念转变

在20世纪初，正式的医疗市场比今天简单得多，并且在经济活动中所占比例较小。1900年的消费者医疗支出（约3.84亿美元）约占国内生产总值的2%（Craig，2006；Sutch，2006），而这一比例在2017年约为18%（医疗保险和医疗补助服务中心，2018）。医疗曾经很便宜，因为它没有效果，所以人们不需要医疗保险来支付医疗费用（Thomasson，2002）。有钱的人通常避开医院，医院只是救济院，或用来收留那些没有家人照顾的人。体面的有钱人让医生上门服务。

在20世纪初，与欧洲的医学教育相比，美国的医生培训基本上不合格，但一些医学院已经在医学教育质量改革方面取得了重大进展。约翰斯·霍普金斯大学、哈佛大学、密歇根大学和宾夕法尼亚大学都提高了入学要求，延长了学制，并从学徒制转向专注于临床教学。在亚伯拉罕·弗莱克斯纳等人（Abraham Flexner et al.，1910）发表他们关于美国医学教育质量的著名报告时，改革运动正在顺利进行（Moehling et al.，2018）。现代医学教育的一个关键组成部分是医学院和医院临床培训之间的结合。随着医生的培训转移到医院，病人也转移到了医院。在20世纪初，很少有人考虑去医院，人们更喜欢让医生去家里看病。随着公众逐渐意识到科学方面的进步，并到那些在新制度下接受培训的医生那里看病之后，这种情况发生了重大变化。尽管医院在1900年被认为是二流的，而且是充斥着细菌的，但到了20世纪的第二个十年，一些产品（如来苏尔）经过大肆广告宣传，它们在医院的使用被吹上了天。因为来自欧洲第一次世界大战期间的新闻表明，医生在战场上拯救生命，公众对医院的看法变得越来越正面。 1262

医疗提供者的职业执照

虽然美国的第一个医师执照法是在19世纪70年代通过的，但大多数法律直到20世纪10年代都非常宽松。例如，直到1906年，仍有13个州允许未从医学院毕业的人成为医师(Ludmerer，1985)。医学教育改革的支持者长期以来一直在推动更严格的执照要求，而弗莱克斯纳的报告促使立法者实施更高的标准，以确保未来的医师能够达到新的标准。在整个20世纪10年代，各州继续提高入学和毕业的要求。学制被延长到4年，各州开始要求接受至少2年，有时是4年的医学预科教育。许多学校没有资源投资于改革，在此后便被关闭或与其他学校合并。因此，医学院数量从1900年的160所下降到1922年的81所(American Medical Association，Council on Medical Education，1922:633)。

图5.2显示，医学院对学生入学时的教育水平要求普遍变得更严格。1907年，没有一个州要求医学预科教育。仅仅8年后，1915年，有35个州强制要求学士学位教育作为进入医学院的条件。图5.3显示了医学院应届毕业生在这一时期技能提升，而供给减少。在1910年弗莱克斯纳的报告发表之前，美国医学院产生的新医生数量已经逐渐下降，但医学预科教育要求的增加加速了这一趋势。一方面，随着上医学院的费用越来越高——由于工资损失的间接成本和接受学士教育的学费的直接成本，医学院毕业生数量下降了。另一方面，潜在进入者的技能增加了，这可以用他们需要满足更严格的医学预科教育要求来衡量。

1263

经济史学者试图解释医疗专业人员早期采用的职业执照法，及其在各州对职业广泛覆盖的影响。他们的研究重点是执照对供应、价格和质量的影响，并且利用他们的研究结果来区分解释职业法规存在的两种经济理论。一种理论认为，职业人员出于自身的利益，游说政府制定职业执照要求。随着进入该行业的要求越来越严格，对现有从业者的竞争变得更加有限。供应下降，因此价格和工资将超出不采取执照制度时的水平。一个相关的概念是“监管俘获”，指的是从业者控制了旨在监管职业准入资质的许可机构。

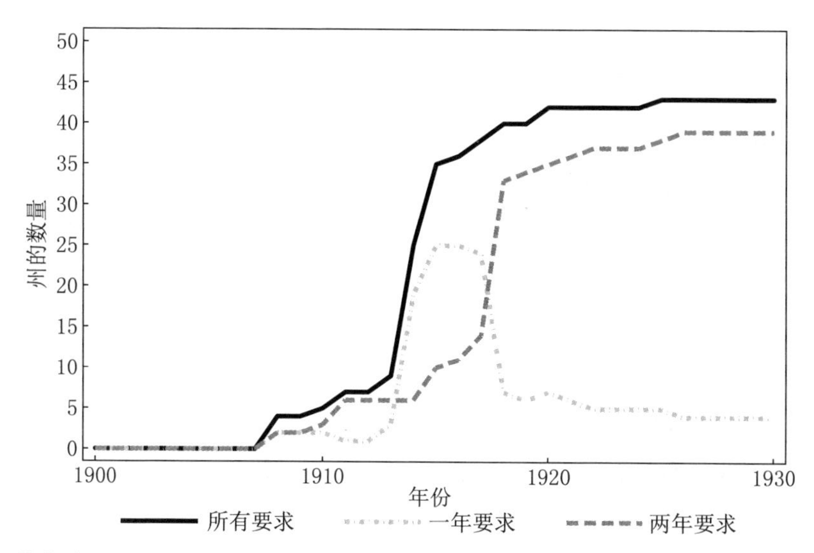

资料来源：Medical Education in the United States, *Journal of American Medical Association*, Aug. 27, 1932:746。

图 5.2　对医师执照有医学预科要求的州

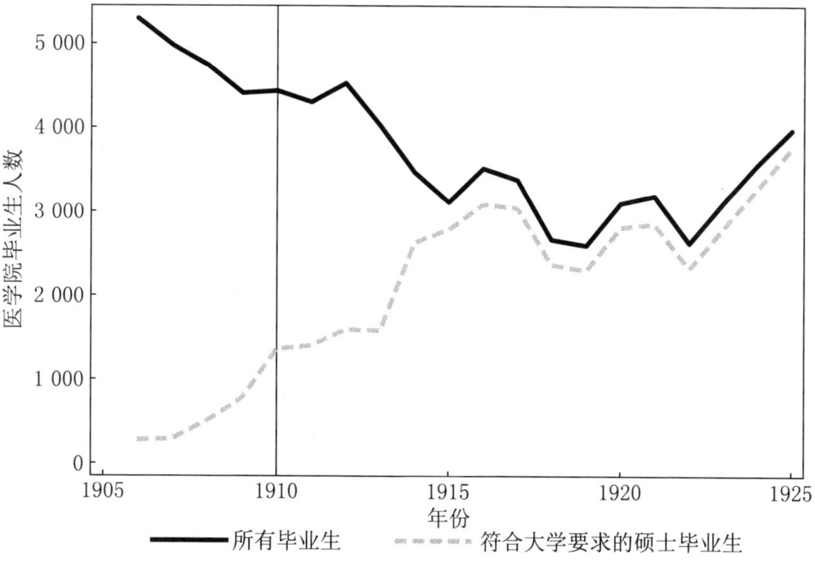

医学院毕业生人数
5 000
4 000
3 000
2 000
1 000
0
1905
1910
1915
1920
1925
年份
所有毕业生
符合大学要求的硕士毕业生

资料来源：大学医学预科的要求数据来自美国医学协会医学教育委员会(American Medical Association Council on Medical Education, 1919, 1923)。医学院和毕业生数据来自美国医学协会医学教育委员会(American Medical Association Council on Medical Education, 1905—1910, 1911—1914, 1915—1920)。

图 5.3　符合大学要求的医学院毕业生人数

1264 例如，医师占据了大半个州医疗委员会。一旦俘获了许可机构，理事会可以根据他们的职业利益制定法规(例如，限制供应和增加工资)，并以牺牲消费者的利益为代价(例如，更高的价格和更少的渠道)。这一观点的潜台词是，执照所提高的医师质量不会给消费者带来好处，或者至少任何实际发生的质量收益都不能完全弥补更高价格和更少的医疗服务数量所带来的福利损失。

另一种观点认为，执照的出现可能是为了解决医疗服务销售者和患者之间的信息不对称问题。医师的质量可能无法被观察到。由于患者没有能力辨别好医生和“庸医”，职业执照可以通过消除市场上低质量供应者来帮助解决信息不对称问题。教育要求或职业准入考试证明了供应者是高质量的。随着低质量竞争的消失，剩下的高质量供应者可能会有工资的上涨。然而，与监管俘获理论所强调的纯粹自身利益相反，在这种情况下，消费者从质量增长中获益。

医师

刘和金(Law and Kim, 2005)使用1870—1930年的执照数据，记录了进步时代的医师执照法律对医师供应和质量的影响。他们在州一级的十年面板数据中，使用了执照法的特定部分得到通过的时间的跨州变化。一般来说，执照法的通过或入学要求的增加减少了进入该行业的人数，并减少了人均医师供应。与入行人数减少最相关的要求是2年和4年的医学预科教育要求。他们发现几乎没有证据表明19世纪70年代最初的执照法规影响了入行人数。

此外，他们还发现了医师执照可能已经减少了信息不对称和改善了患者结果的证据。使用同样的实证方法，他们发现了相关证据，暗示在20世纪10年代，在要求医学预科教育之后，医师质量得到了提高。在有医学预科要求的州，孕产妇死亡率和阑尾炎死亡率的下降幅度相对较大，而这是这一时期可能由医师行为所消除的负面后果。然而，研究者们发现，更多的执照要求对总体死亡率或婴儿死亡率都没有影响。

刘和金(Law and Kim, 2005)提供了额外的证据，证明职业执照减少了信息不对称性，提高了职业质量。那些在经验上被认为更容易受到信息不对称影响的职业在限制准入资格方面更成功(医师、牙医和兽医,而不是水管工、电工和理发师)。他们的研究结果表明,这种质量的提高是以减少进入该行业的人数为代价的。

利用1906年至1932年医学院入学人数的面板数据,默林、尼梅什和托马森(Moehling, Niemesh and Thomasson, 2018)衡量了医学院和州的执照要求如何对女性医师产生不同的影响。他们研究了学校层面的医学院预科要求对女性入学率的影响,还包括了第三项改革措施——学校是否要求毕业生完成实习。此外,他们还研究了州一级的要求如何影响入学人数。他们的研究结果表明,随着学校提高入学标准和要求医院实习,女性入学比例下降(图5.4)。同样,当一个州规定获得医师执照必须满足医院实习要求时,该州医学院中的女性比例会下降。这些结果与刘和马克斯(Law and Marks, 2009)的发现相悖,刘和马克斯发现在1870年至1930年的人口普查中,州执照法对女性报告自己是医师的可能性没有不利影响。这种差异的出现,可能是因为刘和马克斯没有检查医院实习要求的影响。此外,他们使用的是来自人口普查的IPUMS样本的个体数据。虽然从历史数据集的角度来看,这一数据规模很大,但由于这一时期女性医生数量较少,用于识别执照法变化的影响的数据变异性非常小。

1265

虽然这些研究着眼于执照对医师供应的影响,但仅关注执照对州一级供应的影响,掩盖了在医师服务市场适应新的空间均衡时可能发生的医师的地理再分配。默林等人(Moehling et al., 2018)研究了20世纪头几十年医师的农村/城市位置选择,以检验它们是否与当时医学教育的变化有关。在20世纪早期,医师正在成为一种城市职业,整个国家的人口分布趋势也是如此。然而,与毕业自不要求医学预科教育的学校的医师相比,在要求医学预科教育的医学院接受培训的医生明显更有可能在城市地区建立诊所。相比于在低质量学校接受培训的医师,在“现代”医学院接受培训的医师更喜欢位于城市地区的专业设施,如医院床位和较大的医师社区。随着各州对医学院制定了越来越严格的入学要求,不仅医师的总供应减少了,而且应届毕业生也更有可能在城市地区工作。这两个因素综合起来导致农村地区居民获得医师服务的机会减少,增大了业已存在的城乡差距。

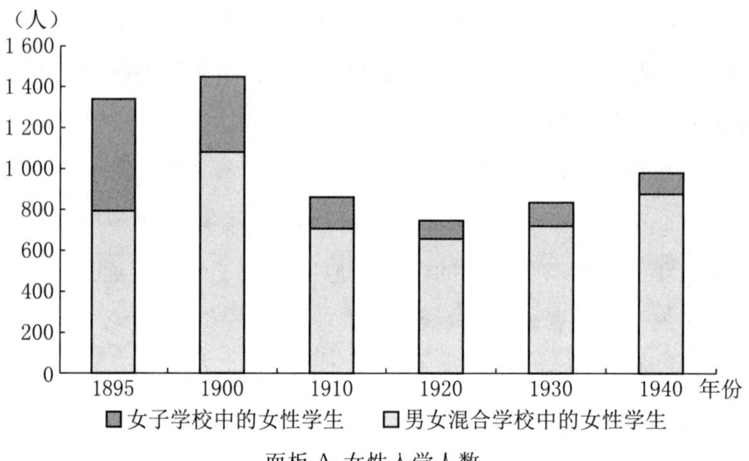

面板 A:女性入学人数

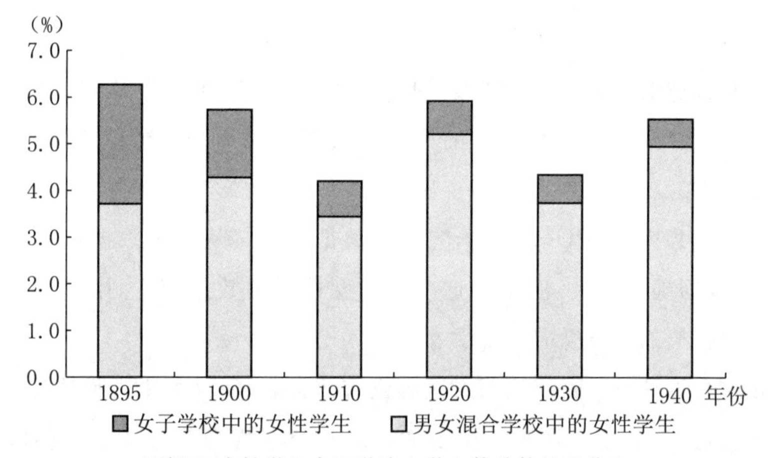

面板 B:女性学生占医学院入学人数总数的百分比

资料来源:United States Commissioner of Education, 1895, 1900; American Medical Association Council Medical Education, 1910—1940。

图 5.4　1895—1940 年女性的医学院入学情况

助产士

上述研究描述了医疗执照对医师的影响。然而,在进步时代,助产士也受到了更严格的监管。在 20 世纪初,一半的分娩由助产士协助,另一半由医生协助。只有 5%的分娩(主要是贫困妇女或未婚母亲的分娩)是在医院进行的(Wertz and Wertz, 1989)。这一时期的助产士(几乎全部)是女性,她们通过帮助更有经验的助产士来学习这门手艺。市场上没有正式的培训可

1266

以提供给她们。此外，在20世纪初为提高助产士服务质量而颁布一系列执照法律之前，助产士市场完全不受监管。

1267

安德森等人（Anderson, et al., 2016）分析了1900—1940年，22个州和至少12个城市颁布执照要求后的供应和死亡率结果。各州准入要求的严格程度差别很大。"在密西西比州，执照申请者是根据他们的性格、清洁程度和智力来被评判的，但不需要参加考试或从助产学院毕业。相比之下，加利福尼亚州、华盛顿州和威斯康星州的助产士被要求从正式的助产士学校毕业，并通过他们所在州的医学检查委员会主持的考试。"（Anderson et al., 2016:3）引入助产士的执照要求使得孕产妇死亡率降低了6%—7%。

医疗对健康的影响

随着医学教育的进步和治疗方法的发展，医疗变得更加有效。托马森和特勒贝（Thomasson and Treber, 2008）研究表明，虽然分娩的医疗化最初并没有降低孕产妇死亡率，但在1937年出现磺胺类药物后，孕产妇死亡率立刻开始下降。磺胺类药物为医师提供了针对一系列细菌感染的第一个有效的治疗方法。贾亚钱德拉等人（Jayachandran et al., 2010）表明，除了降低孕产妇死亡率外，使用磺胺类药物还减少了肺炎和猩红热的死亡。他们估计，磺胺类药物将总死亡率降低了2%—3%，并使预期寿命增加了0.4—0.7年。

医疗费用与医疗保险市场的发展

任何一种保险的基本功能都是通过汇集风险来减少与灾难性事件相关的财务不确定性。人们在一段时间内支付固定数额的钱，如果他们遭受了损失，就会得到一笔赔偿。市场之所以有效，是因为平均而言，支付的保费金额低于损失的福利金额。在20世纪20年代末之前，医疗保险在美国未得到发展的原因有两个。首先，对医疗保险的需求很低。当医疗费用不高的时候，人们不需要医疗保险来支付出乎意料的高额账单（Thomasson, 2002）。相反，工薪阶层需要支付与失去工作能力相关的工资损失，因此他们通过他们的公司、工会或兄弟会获得了失去工作能力的保险（称为“疾病”保险）（Emery，1996；Emery and Emery，1999；Murray，2007）。对实际医疗保险需求的缺乏反映在进步时代医疗保险改革尝试的第一次失败上。1916 年，美国劳工立法协会（AALL）发布了一项法案草案，其中提议为低收入工人提供全面的疾病和医疗福利。根据该计划，当地的共同保险公司将管理由雇主、工人和政府分担的保险费。雇主和工人将各自贡献该计划保费的 40%，而政府将贡献剩余的 20%（Chasse，1994）。包括保险公司、药剂师和医师在内的根深蒂固的利益集团反对该法案，而且该法案缺乏民众的支持，1918 年加利福尼亚州的全民公投结果显示，该计划以 358 324 反对票对 133 858 赞成票未获通过（Murray，2007）。

1268

在缺乏对医疗保险的需求的同时，也缺乏愿意承保“健康”的保险公司。商业保险公司并不将健康视为一种可保险的产品。为了使保险市场运转良好，必须具备两个条件。首先，保险公司承保的损失必须能够被测量和观察。保险公司不知道如何监控健康状况并支付健康不良的索赔。他们能分辨出某个人是真的病了，还是只是装病吗？如果损失难以衡量，可能会导致道德风险——当有保险时，被保险人更有可能提出索赔。其次，保险公司只能在它们能够衡量某人提出索赔的可能性的情况下才能提供保险。如果投保人隐瞒了关于他们提出索赔的可能性的信息，保险公司将无法收取足够的保费来支付损失。这个被称为逆向选择的问题会阻止保险市场良好运作。在 20 世纪早期（甚至在今天），保险公司担心它们可能无法判断谁可能提出健康索赔、谁不会提出，因此，它们觉得自己无法在提供医疗保险中盈利。

对医疗保险的需求直到医疗保健的总体成本增加后才有所上升，并随着医疗转移到医院而变得更加多样化。到 1929 年，医疗费用委员会（CCMC）的一项全国性研究表明，美国家庭的平均医疗费用总共是 108 美元，其中医院支出约占医疗费用的 14%（Falk et al.，1933）。这一平均值模糊了实际的显著变化：年收入在 2 000 美元至 3 000 美元之间的城市家庭，没有住院治疗的平均医疗费用为 67 美元，但如果有人住院，平均医疗费用则为 261 美元（Falk et al.，1933）。

随着与住院治疗相关的费用增加，一些家庭难以支付账单。为此，医院开始组织支付计划，并在这样做的过程中，无意中减轻了逆向选择和道德风险问题，并为广泛销售医疗保险奠定了基础。1929年，一位从前的学校负责人贾斯廷·福特·金博尔(Justin Ford Kimball)担任贝勒大学医院的管理者。他与达拉斯的教师们一起制定了一个计划，它后来被称为"蓝十字计划"。这一计划基于保险原则，帮助教师们支付账单：贝勒大学医院将在每年收取6美元费用的基础上，为每位教师提供21天的住院治疗。这项计划通过向健康到足以工作的工作者群体出售保险，减少了逆向选择。它们也降低了道德风险，因为"蓝十字计划"直接报销给医院，而病人通常不能让自己住院。在大萧条期间，随着医院的入住率和收入的下降，越来越多的医院开始制定这些计划。

"蓝十字计划"还受益于被称为"授权法律"的州一级立法，这使得他们可以建立非营利性的公司，并享有免税地位以及免除某些保险规定，如存款准备金要求和评估责任。托马森(Thomasson, 2002)表明，这些法律增加了州一级的医疗保险数量。 1269

尽管医师开发预付费用计划的速度比医院稍慢，但美国医学协会(AMA)惧怕国家医疗保险，并试图通过鼓励州和地方医疗协会制定自己的预付费计划来阻止其发展，该计划后来被称为"蓝盾计划"(Thomasson, 2002)。到1940年，美国9%的人口被医疗保险覆盖，且主要是通过"蓝十字计划"和"蓝盾计划"(Thomasson, 2003)。在蓝十字计划证明它已克服了逆向选择和道德风险问题后，商业性、营利性公司开始迅速进入市场。

在20世纪40年代，一系列因素导致了医疗保险的迅速扩张。全国战时劳工委员会限制了公司提高工资以保证劳动力供应的能力，即使在美国加入第二次世界大战而导致工人短缺时，也同样如此。而医疗保险不受委员会规定的限制，公司开始提供健康福利来吸引工人。1943年行政税收法院的一项裁决(后来被编纂入1954年《国内税收法》中)从雇员所得税中免除了雇主缴纳的工人健康保险费。托马森(Thomasson, 2003)发现，税收变化使一个家庭获得保险的可能性增加了9%，购买的保险金额增加了9.5%。到1957年，大约76%的人口拥有了某种形式的私人健康保险。

“向贫困宣战”对医疗保险的影响

作为减轻逆向选择的一种手段，以就业为基础的保险发展以及税收政策对其的适应，使没有工作的人很难获得医疗保险。老年人、残疾人和失业者往往很难找到医疗保险并支付医疗费用。国会认识到这些人需要财政援助。1950 年，《社会保障法》的修正案允许联邦政府向各州提供配套资金，以支付医生和医院向福利接受者提供医疗服务的费用。1960 年，这些“卖方支付”扩大到包括没有领取福利的老年人(Moore and Smith, 2005)。

尽管根据《老年人医疗援助法案》，人们努力支持那些负担不起医疗服务的老年人，但在 20 世纪 60 年代初举行的国会听证会得出的结论是：“……越来越多的老年人面临着由疾病带来的财务灾难。”(U.S. Congress. Senate. Special Committee on Aging, 1964) 1965 年，联邦医疗保险成为法律规定。根据 A 部分，老年人在 65 岁时自动参加强制医院保险计划。B 部分为医师的服务提供保险。对联邦医疗保险的研究显示了它的成本和收益。戴维·卡德等人(David Card et al., 2008)表明，由于联邦医疗保险，保险覆盖范围在 65 岁时增加。通过利用这种不连续的变化，他们能够检验不同群体在医疗保险利用和结果方面的差异(如受教育程度较高的白人与受教育程度较低的少数群体的差异)。他们发现，医疗保险的覆盖范围确实影响了医疗服务的利用，并发现自我报告的健康状况略有改善。通过观察联邦医疗保险对死亡率的影响，埃米·芬克尔斯坦和罗宾·麦克奈特(Amy Finkelstein and Robin McKnight, 2008)发现，尽管医疗保险并没有降低老年人的死亡率，但它显著降低了他们的自付费用和财务风险。

1270

医疗补助计划(《社会保障法》第 19 章)也与医疗保险计划一起颁布，为需要医疗费用援助的非老年人口提供医疗保险覆盖。联邦医疗保险由联邦政府资助，并向所有参保者提供统一的福利，而医疗补助计划与之不同，各州参与医疗补助计划是自愿的。参与医疗补助计划的州获得了一些联邦资金，开始向公共援助的受助人提供符合其经济情况的福利，尽管多年来的立法改革扩大了公共援助金领取资格。虽然联邦政府规定了获得资格和提供福利的最低标准，但各州可以选择使获得保险或福利的资格更加宽松。根据2010年的《平价医疗法案》，联邦政府向寻求扩大医疗补助资格的州提供了额外的资金。学术界已有大量关于医疗补助计划对参保者身体和财务健康影响的文献。托马斯·布赫米勒等人（Thomas Buchmueller et al.，2016）提供了一个针对该项目的总结和一个非常彻底的文献回顾。

未来研究方向

本章列举了审查公共卫生举措对健康和福祉以及医疗保健和医疗保险市场发展的影响的各种研究。然而，文献中的重大空白指明了未来亟须研究的领域。例如，我们对根据1950年的《社会保障法》修正案，卖方代表福利接受者支付给医院和医师的影响知之甚少，但研究表明，其影响可能是巨大的。例如，马莎·贝莉和安德鲁·古德曼-培根（Martha Bailey and Andrew Goodman-Bacon，2015）的研究表明，社区健康中心（作为“向贫困宣战”的一部分推出）显著降低了美国老年人经年龄调整后的死亡率。同样令人感兴趣的是，在法律上和事实上的种族隔离和偏见的影响方面可以做更多的工作。道格拉斯·阿尔蒙德等人（Douglas Almond et al.，2006年）的研究表明，1964年以后在南方医院中消除种族隔离降低了黑人的婴儿死亡率。2018年的一项研究发现，黑人在医疗行业中的代表性不足可能导致黑人男性的死亡率过高（Alsan et al.，2018），这与阿尔桑和沃纳梅克（Alsan and Wanamaker，2018）的研究结果相一致。阿尔桑和沃纳梅克发现，剥削性的塔斯基吉梅毒实验（Tuskegee Study）导致了受害者及其身边的人在健康方面的种族差异。这两项研究都表明，经济史学者可以做更多的工作，来检验种族健康差异的原因和影响。

参考文献

Almond，D.，Chay，K. Y.，Greenstone，M.(2006) *Civil Rights，the War on Poverty，and Black-White Convergence in Infant Mortality in the Rural South and Mississippi*. Social Science Research Network，Rochester.

Alsan，M.，Goldin，C.(forthcoming) "Watersheds in Child Mortality：The Role of Effective Water and Sewerage Infrastructure，1880 to

1920", *J Polit Econ*.

Alsan, M., Wanamaker, M.(2018) "Tuskegee and the Health of Black Men", *Q J Econ*, 133: 407—455. https://doi. org/10. 1093/qje/qjx029.

Alsan, M., Garrick, O., Graziani, G. C.(2018) *Does Diversity Matter for Health? Experimental Evidence from Oakland*. National Bureau of Economic Research, Cambridge, MA.

American Medical Association, Council on Medical Education.(1922) "Medical Education in the United States", *J Am Med Assoc*, 79.

Anderson, D. M., Brown, R., Charles, K.K., Rees, D.I.(2016) *The Effect of Occupational Licensing on Consumer Welfare: Early Midwifery Laws and Maternal Mortality*. National Bureau of Economic Research, Cambridge, MA.

Anderson, D.M., Charles, K.K., Las Heras Olivares, C., Rees, D. I. (forthcoming) "Was the First Public Health Campaign Successful? The Tuberculosis Movement and Its Effect on Mortality", *Am Econ J Appl Econ*. https://doi.org/10.1257/app.20170411.

Bailey, M. J., Goodman-Bacon, A. (2015) "The War on Poverty's Experiment in Public Medicine: Community Health Centers and the Mortality of Older Americans", *Am Econ Rev*, 105: 1067—1104. https://doi. org/10. 1257/aer.20120070.

Barreca, A. I., Fishback, P. V., Kantor, S.(2012) "Agricultural Policy, Migration, and Malaria in the United States in the 1930s", *Explor Econ Hist*, 49:381—398. https://doi.org/10.1016/j.eeh.2012.05.003.

Bleakley, H.(2007) "Disease and Development: Evidence from Hookworm Eradication in the American South", *Q J Econ*, 122: 73—117. https://doi.org/10.1162/qjec.121.1.73.

Bleakley, H.(2010) "Malaria Eradication in the Americas: A Retrospective Analysis of Childhood Exposure", *Am Econ J Appl Econ*, 2:1. https://doi.org/10.1257/app.2.2.1.

Brinkley, G. L. (1997) "The Decline in Southern Agricultural Output, 1860—1880", *J Econ Hist*, 57:116—138.

Buchmueller, T., Ham, J.C., Shore-Sheppard, L. D.(2016) *Economics of Means-tested Transfer Programs in the United States, vol.1*. University of Chicago Press, Chicago.

Cain, L. P., Rotella, E. J.(2001) "Death and Spending: Urban Mortality and Municipal Expenditure on Sanitation", *Ann Demogr Hist*, 1:139.

Card, D., Dobkin, C., Maestas, N.(2008) "The Impact of Nearly Universal Insurance Coverage on Health Care Utilization: Evidence from Medicare", *Am Econ Rev*, 98: 2242—2258. https://doi.org/10.1257/aer.98.5.2242.

Centers for Medicare & Medicaid Services.(2018) "NHE-Fact-Sheet", in NHE Fact Sheet. https://www. cms. gov/research-statistics-data-and-systems/statistics-trends-and-reports/national-health expenddata/nhe-fact-sheet. html. Accessed 20 Aug 2018.

Chasse, J.D.(1994) "The American Association for Labor Legislation and the Institutionalist Tradition in National Health Insurance", *J Econ Issues*, 28:1063—1090.

Clay, K., Troesken, W., Haines, M.(2014) "Lead and Mortality", *Rev Econ Stat*, 96:458—470. https://doi.org/10.1162/REST_a_00396.

Clay, K., Egedesø, P., Hansen, C. W., Jensen, P.S.(2018) "Controlling Tuberculosis? Evidence from the Mother of All Community-wide Health Experiments", *SSRN Electron J*. https://doi.org/10.2139/ssrn.3144355.

Clay, K., Schnick, E., Troesken, W.(2018) "The Rise and Fall of Pellagra in the American South", National Bureau of Economic Research Working Paper 23730.

Condron, G., Crimmins-Gardner, E.(1978) "Public Health Measures and Mortality in U.S. Cities in the Late Nineteenth Century", *Hum Ecol*, 6:27—54.

Craig, L. (2006) "Consumer Expenditures", in Carter, S.B., Gartner, S.S., Haines, M. R., Olmstead, A. L., Sutch, R., Wright,

G. (eds) *Historical Statistics of the United States: Millennial Edition*, *vol. 3*. Cambridge University Press, Cambridge.

Cutler, D., Miller, G. (2005) "The Role of Public Health Improvements in Health Advances: The Twentieth Century United States", *Demography*, 42: 1—22. https://doi.org/10.1353/dem.2005.0002.

Cutler, D., Deaton, A., Lleras-Muney, A. (2006) "The Determinants of Mortality", *J Econ Perspect*, 20:97—120.

Duffy, J. (1992) *The Sanitarians*. University of Illinois Press, Urbana.

Emery, J. C. H. (1996) "Risky Business? Nonactuarial Pricing Practices and the Financial Viability of Fraternal Sickness Insurers", *Explor Econ Hist*, 33:195—226.

Emery, G., Emery, J. C. H. (1999) *A Young Man's Benefit: The Independent Order of Odd Fellows and Sickness Insurance in the United States and Canada, 1860—1929*. McGill-Queen's University Press, Montreal & Kingston.

Falk, I. S. C., Rorem, R., Ring, M. D. (1933) *The Cost of Medical Care*. The University of Chicago Press, Chicago.

Ferrie, J.P., Troesken, W. (2008) "Water and Chicago's Mortality Transition, 1850—1925", *Explor Econ Hist*, 45:1—16. https://doi.org/10.1016/j.eeh.2007.06.001.

Feyrer, J., Politi, D., Weil, D. N. (2017) "The Cognitive Effects of Micronutrient Deficiency: Evidence from Salt Iodization in the United States", *J Eur Econ Assoc*, 15: 355—387. https://doi.org/10.1093/jeea/jvw002.

Finkelstein, A., McKnight, R. (2008) "What Did Medicare Do? The Initial Impact of Medicare on Mortality and out of Pocket Medical Spending", *J Public Econ*, 92: 1644—1668. https://doi.org/10.1016/j.jpubeco.2007.10.005.

Flexner, A., Carnegie Foundation for the Advancement of Teaching, Pritchett, H. S. (1910) *Medical Education in the United States and Canada; A Report to the Carnegie Foundation for the Advancement of Teaching*. New York City.

Floud, R., Fogel, R. W, Harris, B., Hong, S. C. (2011) *The Changing Body: Health, Nutrition, and Human Development in the Western World since 1700*. Cambridge University Press, Cambridge.

Fogel, R. W (1994) "Economic Growth, Population Theory, and Physiology: The Bearing of Long-term Processes on the Making of Economic Policy", *Am Econ Rev*, 84:369—395.

Haines, M.R. (2001) "The Urban Mortality Transition in the United States, 1800—1940. National Bureau of Economic Research Historical Paper 134", National Bureau of Economic Research, Cambridge, MA.

Higgs, R. (1971) *The Transformation of the American Economy, 1865—1914: An Essay in Interpretation*. Wiley, New York.

Hollingsworth, A. (2013) "The Impact of Sanitaria on Pulmonary Tuberculosis Mortality: Evidence from North Carolina, 1932—1940", unpublished working paper.

Hong, Sok Chul. (2007) "The Health and Economic Burdens of Malaria: The American Case", Ph.D. diss., The University of Chicago.

Humphreys, M. (2001) *Malaria: Poverty, Race, and Public Health in the United States*. The Johns Hopkins University Press, Baltimore.

Jayachandran, S., Lleras-Muney, A., Smith, K.V. (2010) "Modern Medicine and the Twentieth Century Decline in Mortality: Evidence on the Impact of Sulfa Drugs", *Am Econ J Appl Econ*, 2: 118—146. https://doi.org/10.1257/app.2.2.118.

Kitchens, C. (2013a) "The Effects of the Works Progress Administration's Anti-malaria Programs in Georgia 1932—1947", *Explor Econ Hist*, 50:567—581.

Kitchens, C. (2013b) "A Dam Problem: TVA's Fight against Malaria, 1926—1951", *J Econ Hist*, 73: 694—724. https://doi.org/10.1017/S0022050713000582.

Law, M. T., Kim, S. (2005) "Specialization and Regulation: The Rise of Professionals and the Emergence of Occupational Licensing Regulation", *J Econ Hist*, 65:723—756.

Law, M.T., Marks, M.S.(2009) "Effects of Occupational Licensing Laws on Minorities: Evidence from the Progressive Era", *J Law Econ*, 52:351—366. https://doi.org/10.1086/596714.

Ludmerer, K.R.(1985) *Learning to Heal: The Development of American Medical Education*. Basic Books, New York.

Meckel, R.A.(1990) *Save the Babies: American Public Health Reform and the Prevention of Infant Mortality, 1850—1929*. The Johns Hopkins University Press, Baltimore.

Meeker, E.(1972) "The Improving Health of the United States, 1850—1915", *Explor Econ Hist*, 9:353—374.

Miller, G.(2008) "Women's Suffrage, Political Responsiveness, and Child Survival in American History", *Q J Econ*, 123: 1287—1327. https://doi.org/10.1162/qjec.2008.123.3.1287.

Moehling, C.M., Thomasson, M.A.(2014) "Saving Babies: The Impact of Public Education Programs on Infant Mortality", *Demography*, 51:367—386.

Moehling, C.M., Niemesh, G.T., Thomasson, M.A., Treber, J.(2018) *Medical Education Reforms and the Origins of the Rural Physician Shortage*.

Moehling, C.M., Niemesh, G.T., Thomasson, M.A.(2018) "Shut Down and Shut Out: Women Physicians in the Era of Medical Education Reform", unpublished working paper.

Mokyr, J., Stein, R.(1996) "Science, Health and Household Technology: The Effect of the Pasteur Revolution on Consumer Demand", in Bresnahan, T.F., Gordon, R.J.(eds) *The Economics of New Goods*. The University of Chicago Press, Chicago.

Moore, J.D., Smith, D.G.(2005) "Legislating Medicaid: Considering Medicaid and Its Origins", *Health Care Financ Rev*, 27:8.

Murray, J.E.(2007) *Origins of American Health Insurance: A History of Industrial Sickness Funds*. Yale University Press, New Haven.

Niemesh, G.T.(2015) "Ironing out Deficiencies: Evidence from the United States on the Economic Effects of Iron Deficiency", *J Hum Resour*, 50:910—958. https://doi.org/10.3368/jhr.50.4.910.

Preston, S., Haines, M.R.(1991) *Fatal Years: Child Mortality in Late Nineteenth-century America*. Princeton University Press, Princeton.

Steckel, R.H.(1995) "Stature and the Standard of Living", *J Econ Lit*, 33:1903—1940.

Sutch, R.(2006) "National Income and Product", in Carter, S.B., Gartner, S.S., Haines, M.R., Olmstead, A.L., Sutch, R., Wright, G.(eds) *Historical Statistics of the United States: millennial edition, vol.3*. Cambridge University Press, Cambridge.

Sylla, R.E., Legler, J.B., Wallis, J.(1993) *Sources and Uses of Funds in State and Local Governments, 1790—1915: [United States]*. Ann Arbor, MI: Inter-university Consortium for Political and Social Research [distributor]. https://doi.org/10.3886/ICPSR09728.v1.

Thomasson, M.A.(2002) "From Sickness to Health: The Twentieth Century Development of U.S. Health Insurance", *Explor Econ Hist*, 39:233—253.

Thomasson, M.A.(2003) "The Importance of Group Coverage: How Tax Policy Shaped U.S. Health Insurance", *Am Econ Rev*, 93:1373—1384.

Thomasson, M.A., Treber, J.(2008) "From Home to Hospital: The Evolution of Childbirth in the United States, 1928—1940", *Explor Econ Hist*, 45:76—99.

Troesken, W.(2004) *Water, Race, and Disease*. The MIT Press, Cambridge, MA.

Troesken, W.(2006) *The Great Lead Water Pipe Disaster*. The MIT Press, Cambridge, MA.

Troesken，W.（2008）“Lead Water Pipes and Infant Mortality at the Turn of the Twentieth Century”，*J Hum Resour*，43：553—575. https://doi.org/10.3368/jhr.43.3.553.

U.S. Congress. Senate. Special Committee on Aging.（1964）*Blue Cross and Private Health Insurance Coverage of Older Americans*. Government Printing Office，88th Congress，2d. Sess.

United States Bureau of Labor Statistics.（1899）*Bureau of Labor Statistics bulletin*，*# 24*，*30*，*36*，*and 42*.

United States Bureau of the Census.（1904）*Census bulletin*，*# 20*.

United States Bureau of the Census.（1907）*Statistics of Cities Having A Population of over 30,000*，*1905（and through 1908 Annually）*. United States Government Printing Office，Washington，DC.

United States Bureau of the Census.（1909）*Financial Statistics of Cities Having A Population of over 30,000*，*1909（and 1910—1913*，*1915—1919*，*1921—1930*）. United States. Government Printing Office，Washington，DC.

United States Commissioner of Education.（1895—1900）*Report of the Commissioner of Education*. United States Government Printing Office，Washington，DC.

Wertz，R.W.，Wertz，D.C.（1989）*Lying-in：A History of Childbirth in America*. Yale University Press，New Haven/London.

第六章

计量史学与大萧条*

普赖斯·费什巴克

摘要

“大萧条”是美国历史上最严重的经济灾难。导致大萧条的因素有很多，但在关于这个主题的大量文献中，对于应当给予各个原因多少权重，目前仍然存在很大的分歧。在20世纪30年代初期，胡佛政府和美国国会几乎将联邦政府的支出翻了一番，提供许多贷款，寻求市场经济的自发作用以抗击大萧条。然而经济持续下行，1932年税率的提高进一步加剧了这种下行。随着罗斯福和民主党国会制定新政、大量新的监管和支出计划，经济终于在1933年重新开始增长。1933年的经济低谷实在太低迷，以至于失业率在整个十年中一直居高不下，尽管GDP增长得很快，但直到1939年或1940年左右，人均实际GDP才再次达到1929年的水平。越来越多的文献开始评估新政计划的影响，而本章讨论了几个主要计划的影响。

关键词

大萧条　新政　政府政策　财政政策　货币政策　失业　监管

---

* 我非常感谢包括众多合著者和学生在内的学者们，他们制作了我在本章当中调查的有价值的气候测量学研究。还要特别感谢迈克尔·霍伯特和克洛德·迪耶博在编辑本章时所提供的帮助。

大紧缩

大紧缩是美国建国以来最严重的经济危机。表 6.1 显示，失业率从 1929 年的 2.9%飙升至 1931 年的近 16%，随后在 1932 年和 1933 年进一步上升到 20%以上。除了 20 世纪 30 年代外，仅有 1921 年的年失业率高于 10%。其中有很大比例的人口因沮丧而放弃求职，因而没有被归为失业人口。而那些未失业的人们则经常发现他们的每周平均工作时间减少了 1/4(参见表 6.2)，因为公司试图在更多的雇员中分配工作。

如果有更糟糕的情况，那便是产出的统计数据。图 6.1 和表 6.1 显示，1930 年美国人均生产的最终商品和服务比 1929 年减少了近 10%。除 20 世纪 30 年代之外，美国历史上只有在 1907 年的金融大恐慌和 1946 年的军队复员时期表现得更糟糕。但这还只是大萧条的第一年。1931 年，美国人均产量比 1929 年减少了 16%，1932 年减少了 27%，1933 年减少了大约 29%。我们很难将 GDP 的这种下滑情况概念化。在 1932 年和 1933 年，经济衰退的程度相当于密西西比河以西的整个地区经济停摆。实际人均 GDP 直到 1939 年才再次达到 1929 年的水平。

与此同时，物价一落千丈——仅在 4 年内就下跌了 26%。一些人认为这种“通货紧缩”是好现象。对于能够维持原先工资水平的工作者来说，现在可以多购买 26%的商品。但是对于那些陷入债务危机的人们，情况恰恰相反，无论是贷款购置房屋还是在新的信贷账户上借钱，他们突然发现必须偿还的美元价值大幅上升。如果没有这么多人被迫拖欠贷款，占用放贷人的资金，放贷人可能会重新规划最优资本回报率的路径，从而获得更高价值的还款报酬。考虑到建筑和机器设备的折旧，美国的净投资实际完全停止，并在一年内转为负值。1932 年和 1933 年总的企业利润为负值。持有股票的一小部分人见证了道琼斯指数在 4 年期间下跌了大约 90%(图 6.2)。在一些城市，如果你能在任何一个还存在着的市场上出售掉自己名下的房产，你出售房产所获得的名义价值可能会比 20 世纪 20 年代末减少 40%—60%。[1]

[1] 请参阅费什巴克和科尔曼(Fishback and Kollmann，2014)新的估计。

表 6.1　20 世纪 20 年代和 30 年代的经济统计

年份	以 2013 年价格估计的人均数据(美元)				失业率(%)		通货膨胀/通货紧缩(—)率(%)	增长率(%)		
	实际 GDP	联邦政府								
		收入	支出	盈余/赤字(—)	包含救济工作人员	除救济工作人员		货币供应量(M2)	实际 GDP	货币流通速度
1920	7 267	555	531	24	5.2	5.2				
1921	7 100	535	486	49	11.3	11.3	—14.7	—5.6	—0.4	—10.0
1922	7 303	404	330	74	8.6	8.6	—5.6	2.6	4.3	—4.1
1923	8 144	370	301	68	4.3	4.3	2.8	8.5	13.4	7.4
1924	8 289	369	277	92	5.3	5.3	—1.2	5.4	3.7	—2.8
1925	8 417	335	269	66	4.7	4.7	1.8	9.0	3.1	—3.7
1926	8 825	344	265	78	2.9	2.9	0.4	3.9	6.3	2.7
1927	8 857	367	261	106	3.9	3.9	—2.4	2.4	1.8	—3.0
1928	8 678	350	265	84	4.7	4.7	0.8	3.8	—0.8	—3.6
1929	9 173	342	277	65	2.9	2.9	0.2	0.4	6.9	6.7
1930	8 292	369	302	67	8.9	8.9	—3.6	—1.9	—8.6	—10.3
1931	7 702	313	360	—46	15.7	15.7	—10.4	—6.6	—6.4	—10.1
1932	6 652	218	527	—309	23.5	22.9	—11.7	—15.6	—13.1	—9.1
1933	6 516	231	531	—300	22.1	20.9	—2.6	—10.6	—1.5	7.3
1934	7 186	328	724	—395	20.4	16.2	5.4	6.6	11.0	9.7
1935	7 766	393	688	—296	20.1	14.4	2.1	13.7	8.8	—2.3
1936	8 701	415	875	—460	15.8	10.0	1.3	11.3	12.8	2.6

续表

年份	以 2013 年价格估计的人均数据(美元)				失业率(%)		通货膨胀/通货紧缩(一)率(%)	增长率(%)		
	实际GDP	联邦政府								
		收入	支出	盈余/赤字(一)	包含救济工作人员	除救济工作人员		货币供应量(M2)	实际GDP	货币流通速度
1937	9 120	492	767	—276	16.1	9.2	4.1	5.1	5.5	4.5
1938	8 718	566	685	—119	17.5	12.5	—2.8	—0.4	—3.7	—6.0
1939	9 321	504	896	—391	17.8	11.3	—0.9	8.3	7.8	—1.3

资料来源和说明:以 2013 年价格估计的实际 GDP 和联邦政府支出、收入和盈余/赤字的人均数据来源见图 6.1 的附注。用于计算实际 GDP 增长率的实际 GDP 是由用于计算人均 GDP 的实际 GDP 构建的。失业率是根据戴维·韦尔(David Weir)的估计计算出来的,来自第 2-82 页和 2-83 页的 Ba473、Ba474 和 Ba477 系列。M2 货币供应量的增长率根据第 3-605 页和第 3-606 页的系列 Cj45 计算得出。货币流通速度是用货币供应量除以名义 GDP 进行计算,然后再从 1920 年较高的 2.5 和 1932 年较低的 1.6 之间的水平变化进一步计算得出。上述各系列来自 Carter et al., 2006。通货膨胀/通货紧缩率是根据威廉森和奥菲瑟(Williamson and Officer, 2014)的数据系列计算出来的,来自 http://www.measuringworth.com/。

表 6.2　20 世纪 20 年代和 30 年代的劳动力和建筑业统计数据

年份	居民劳动力比例(%)		制造业			建筑许可证(千)
			以 2013 年价格计算的收入(美元)		每周工作时长(小时)	
	工会会员	参与罢工工人	时薪	周薪		
1920	12.2	3.5	5.39	261.18	48.5	247
1921	11.2	2.6	5.46	247.75	45.4	449
1922	9.3	3.8	5.45	268.09	49.2	716
1923	8.4	1.7	5.81	285.72	49.2	871
1924	8.0	1.5	6.11	287.26	47.0	893
1925	7.9	0.9	5.99	289.02	48.3	937
1926	7.9	0.7	6.04	291.49	48.3	849
1927	7.8	0.7	6.27	299.82	47.8	810
1928	7.6	0.7	6.25	300.31	48.0	753
1929	7.6	0.6	6.36	307.79	48.4	509
1930	7.5	0.4	6.59	289.09	43.9	330
1931	7.1	0.7	7.04	282.37	40.1	254
1932	6.4	0.6	7.04	241.03	34.2	134
1933	5.6	2.3	7.13	257.17	36.1	93
1934	6.3	2.8	7.99	276.26	34.6	126
1935	7.1	2.1	8.08	299.95	37.1	216
1936	7.9	1.5	8.25	324.99	39.4	304
1937	13.4	3.5	8.89	342.97	38.6	332
1938	15.2	1.3	9.42	321.51	34.1	399
1939	16.3	2.1	9.56	359.09	37.6	458

资料来源和说明：工会会员的数量来自 Ba4783 系列(第 2-336、2-337 页)，居民劳动力来自 Ba475 系列(第 2-82、2-83 页)，参与罢工工人来自 Ba4955 系列(第 2-354 页)，时薪和周薪来自国家工业会议局的估计，在 Ba4381 和 Ba4382 系列(第 2-279 页)，每周工作时长是通过将周薪除以时薪来计算的。建筑许可证来自 Dc510 系列(第 4-481 页)。上述各系列均来自 Carter et al.，2006。收入数据使用了威廉森和奥菲瑟(Williamson and Officer，2014)的 GDP 价格平减指数数据转换为以 2013 年价格为基准的数据，该平减指数数据来自 http://www.measuringworth.com/。

1278　统计数据无法使我们充分了解当时经济有多么萎靡不振。家庭耗尽了积蓄，进而不得不寻找谋生之道。由于每年有 2%—3%的非农人口因抵押贷款断供，丧失抵押品赎回权，从而失去住房，因此有些人搬进了父母的大

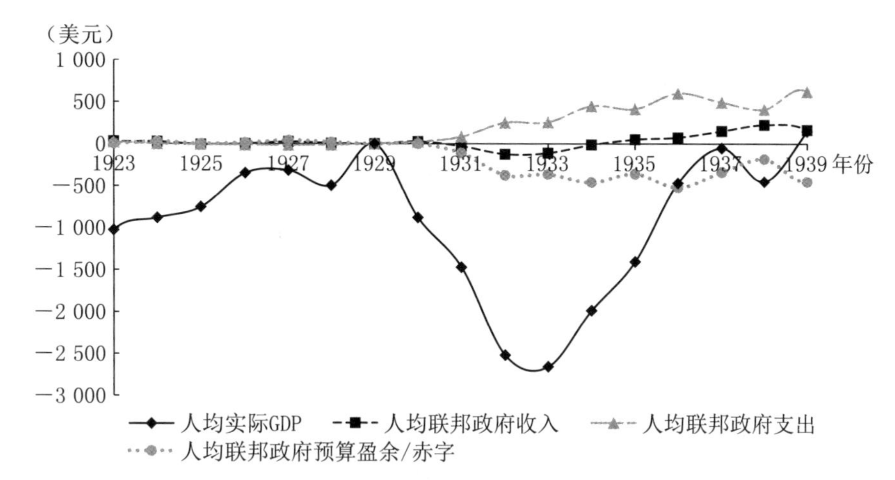

资料来源：财政年度是从 7 月 1 日到次年 6 月 30 日，因此 1930 年的数值所涵盖期间为 1929 年 7 月 1 日至 1930 年 6 月 30 日。联邦政府支出收入和预算赤字/盈余来自 Ea584、Ea585 和 Ea586 系列，名义 GDP 来自 Ca10 系列，出自 Carter et al.，2006：5-80，5-81，3-25。用于计算 2013 年价格的平减指数和用于计算人均数据的常住人口数据来自威廉森和奥菲瑟（Williamson and Officer，2014）的网站，访问时间为 2014 年 10 月 10 日。

图 6.1　1923—1939 年人均 GDP，人均联邦政府收入、支出和盈余/赤字值减去 1929 年的价值（以 2013 年价格为基准）

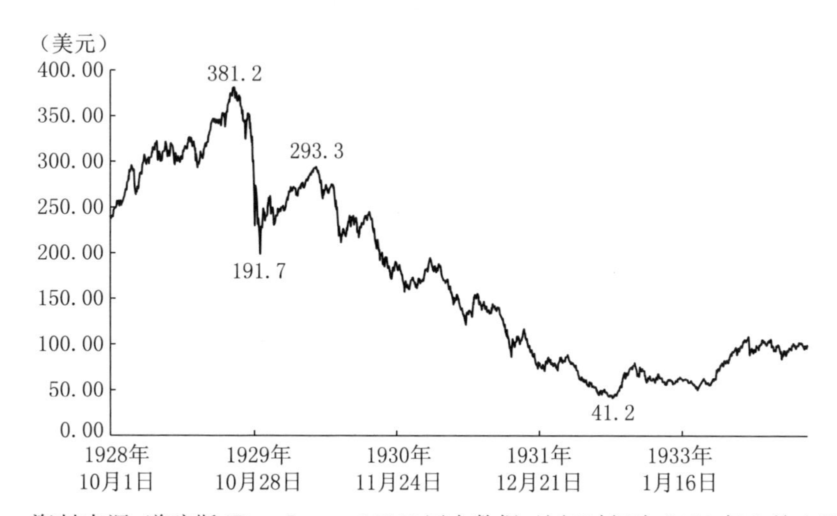

资料来源：道琼斯（Dow Jones，2010）历史数据，访问时间为 2010 年 6 月 4 日。

图 6.2　道琼斯工业平均指数收盘价（1928 年 10 月 1 日—1933 年 12 月 31 日）

家庭。一大批居无定所的人住在搭建的简易帐篷里，或者睡在报纸上，并将报纸改称为“胡佛毯子”。其他人则在乡下游荡，试图寻找工作和食物。对美国社会影响最大的特征曾经是在霍雷肖·阿尔杰(Horatio Alger)的故事中体现的乐观精神。在过去，励志口号是只要努力工作，成功就会到来。然而那些一生都在努力工作的人突然发现自己失业了很长一段时间。对未来的悲观情绪很快占据了上风，这使得刺激复苏变得更加困难。

1280

为什么？

经济学家对大萧条的成因有许多看法，但对于每种原因的权重，他们意见不一。大萧条的开端可能是经济繁荣与萧条更替的自然周期性结果。随着汽车、电力、无线电和许多新设备等新技术的发展和传播，投资在20世纪20年代迅速增加。股市的繁荣使得道琼斯指数从1921年63点的低点上升到1929年381点的高点。各种类型的建筑都出现了爆炸式增长。在1922年至1928年间，城市地区住房的建筑许可证数量几乎是之前的两倍(Carter et al.，2006:4-481)。导致投资繁荣的乐观情绪与银行、保险公司、建筑和放贷的意愿相匹配。股票以保证金的方式出售，消费者可以分期付款购买新车和电器，抵押贷款迅速增长(Olney，1991)。一些贷款方将抵押贷款打包，以抵押支持债券的形式转售给投资者。20年代的繁荣和1929年开始的经济衰退，在许多方面与约瑟夫·熊彼特(Joseph Schumpeter，1939)的描述相吻合，即热情日益增加，导致过度建设和过度投资，而随后的修正导致经济衰退，直到对商品的实际需求赶上来才恢复平稳。

但这只能解释大萧条的开始。例如，按照这种解释，表6.2中建筑许可证数量在1925年达到937 000的峰值(几乎是20世纪20年代之前任何一年的两倍)之后，未来将会回落。到1929年，这一数字几乎减半，但仍远高于20年代初的水平。但如何解释1933年这一数字降至93 000的低点？如何解释前所未有的超过20%的失业率和历史上最大的产量下降？

鉴于华尔街股灾发生在1929年末，这一时机似乎暗示股市崩盘是导致大萧条的主要原因。道琼斯指数(图6.2)在1929年9月3日收于381点，达到顶峰。这一时间在8月经济开始出现衰退后不久。最惊人的跌幅发生在10月28日和29日(周一和周二)，道琼斯指数从前一周周五收盘价的

301点下跌了24%。然后它在11月11日跌至198点的低点，随后股价逐步恢复。到1930年4月，道琼斯指数又挑战了它在"黑色星期二"之前的水平。此后，它一阵一阵地下跌，并在1932年7月8日跌至41.2点的低点。

大多数经济学家并未强调股市崩盘是造成大萧条的主要原因之一。其中一个理由是股市价值多次大幅下跌，而实体经济却未因此而下跌。1987年的惊人跌幅几乎没有影响实体经济，即使是最近一次——2008年股市下跌近40%后，也只有一年的实际产出增长为负。对股市崩盘给予最高权重的经济学家认为崩盘导致更大的不确定性，进而导致消费者减少购买汽车和冰箱等耐用消费品。此外，它给那些难以偿还贷款或无法再借贷的股东带来了困扰，这反过来又使银行更加难以有足够的资金来为新投资提供贷款。但当时拥有股票的人口比例相对较小，因此绝大多数人在股市崩盘中损失很少。一项针对债券评级的研究发现，投资者信心在崩盘后的几年内保持得相对较好。股市跌至1933年极低水平所用的漫长时间表明，市场很可能是对经济变化做出反应，而不是经济下滑的原因。①

1281

对大萧条原因的探究往往会得出许多有待解释的答案。关于消费下降是主要原因的推测只是将这个问题往回推了一层，因为学者们对消费者购买量减少的原因知之甚少。其他学者将经济供给方面的一系列负面生产率冲击作为原因。然而，没有人能够在确定这些冲击的确切性质方面取得较大成功。其他学者则指出不确定性增加可能是一个重要原因。②

无论私营经济中发生了什么，美国国会、总统胡佛和美联储所选择的经济政策都无济于事。几乎所有人都认为美联储的货币政策助推了经济衰退

① 彼得·特明(Peter Temin, 1976)使用债券评级来表明投资者在股灾后的几年里保持良好的信心。现代经济学家克里斯蒂娜·罗默(Christina Romer, 1990)和费德里克·米什金(Frederic Mishkin, 1978)将导致大萧条的最大因素归为股市崩盘。有关大萧条原因的其他易于阅读的讨论，请参见斯迈利(Smiley, 2002)和兰德尔·帕克(Randall Parker, 2002, 2007)的著作，他们对许多分析过大萧条的著名经济学家进行了深度访谈。

② 关于消费的论点，请参见特明(Temin, 1976)和罗默(Romer, 1990)的研究。对于负面的生产率冲击，请参见瓦尼安(Ohanian, 2001)和科尔等人(Cole et al., 2005)的研究以及其中引用的文献。关于不确定性，请参见弗拉科和帕克(Flacco and Parker, 1992)的论述。

向大萧条的转变。主要分歧集中在美联储应该受到多少指责，以及为什么他们采取了如此不恰当的政策。20 世纪 30 年代初的经济是对美联储的第一次重大考验。然而可悲的是，美联储在考验中失败了。①

到 1935 年，美联储有两个主要的工具来影响货币供应。他们可以在"公开市场操作"中买卖现有债券，还可以调整成员银行从美联储借入资金以满足准备金要求的"贴现率"。为应对恐慌或普遍的经济衰退中的银行倒闭，美联储可以通过购买债券和/或降低贴现率来增加货币供应量并刺激经济。

在制定政策时，美联储也不得不关注国际金本位制。为了维持金本位制，美联储和美国银行必须准备好为每 20.67 美元的美联储票据支付 1 盎司黄金。这意味着需要持有足够的美国黄金储备以使该承诺可信。如果美元相对吸引力的变化导致美国黄金供给跌至适当水平以下，人们期待美联储将采取行动使美元变得更具吸引力。此时，应对黄金外流的标准政策包括提高贴现率和出售（或至少减少购买）现有债券。

1282

为了减缓股票投机热潮，美联储在 1928 年和 1929 年的政策旨在减缓货币供应量的增长（Hamilton，1987）。在接下来的 4 年里，货币供应面临一系列负面冲击，包括 1929 年的股市崩盘；1930—1931 年、1931 年和 1932—1933 年的银行危机；以及英国在 1931 年 9 月放弃金本位制。美联储对这些危机的反应被形容为"太少、太迟"，因为它让货币供应量下降了 30%。

美联储的政策制定者认为，当他们分 11 次将名义贴现率从 1929 年 10 月的 6%降低到 1931 年的 1.5%时，他们对货币供应采取了很大的刺激措施。利

① 弗里德曼和施瓦茨（Friedman and Schwartz，1963）在发展这种货币主义论点方面处于领先地位。伯南克（Bernanke，2000）根据货币供应量萎缩时借贷渠道的崩溃提供了额外的论据。这个论点在 20 世纪 70 年代和 80 年代引发了激烈的争论，阿塔克和帕赛尔（Atack and Passell，1994）很好地总结了这些争论。货币主义者的分析得到了博多等人（Bordo et al.，2000）使用动态一般均衡分析的研究的支持。反对这一观点的一些学者在将其与对金本位制的依赖联系起来时，变得更能接受此论点。认同实际商业周期的经济学者倾向于较少重视货币主义的论点，但认同实际商业周期的经济学家科尔等人（Cole et al.，2005）将全球大萧条的 33%归咎于货币冲击。另见查理等人（Chari et al.，2002）的研究。有关 20 世纪 90 年代和 21 世纪 10 年代的近期研究的综述，请参见费什巴克（Fishback，2010）的著作。

率似乎很低，但收效甚微，因为快速通货紧缩提高了借款人必须偿还的美元价值，导致实际贴现利率高达 10.5%。在他们的会议记录中，政策制定者所关心的问题里没有涉及通货紧缩对实际利率的影响(Meltzer, 2003)。

当英国在 1931 年退出金本位制时，美联储认为它必须在 1931 年底使贴现率回升到 3.5%，以阻止黄金外流至英国。而经过通缩调整后，这一实际贴现率达到 14%。尽管利率再次被降低，但通货紧缩使实际贴现率在 1932 年一度达到 15.2%。1933 年之后的下一个最高实际贴现率为 5.8%，几乎是 1932 年峰值的 1/3。通货紧缩本身是货币供应量下降的结果，而它使得贴现率对美联储来说几乎变成了无用的工具。

美联储的另一种选择是"公开市场购买"债券。它最大胆的举动是于 1932 年春天的几个月内在公开市场购买了 10 亿美元债券。那时，经济产出已下降了 30%，失业率超过 20%。如果美联储在 1930—1931 年通过 10 亿美元的公开市场购买来对冲银行危机，那么以上损失可能会得到控制，并且大萧条不至于恶化到那样深的程度。[①]

美联储为何如此固执？在某种程度上，美联储对银行的政策与它在 20 世纪 20 年代所采取的政策相同。在 1920—1929 年间，美联储和州银行监管部门平均每年允许 630 家银行暂停运营。大多数银行都很小，并有充分的理由证明它们进行了无法挽救的不良贷款和投资。随着经济在 1930—1933 年间衰退，银行问题急剧恶化，因为挤兑导致银行数量从 2.5 万家减少到 1.78 万家。在许多情况下，被停业的银行看起来与 20 年代倒闭的银行一样糟糕。美联储的政策在全国范围内并不统一。亚特兰大联储通过迅速向面临挤兑的银行提供大量准备金，在避免银行倒闭和南方经济下滑方面取得了一些成功。迅速的支持使银行能够让所有的储户放心，然后重新存入他们的资金。[②]

1283

① 这是弗里德曼和施瓦茨(Friedman and Schwartz, 1963)论点的精髓。见克里斯蒂亚诺等人(Christiano et al., 2003)的分析，他们强调货币政策的作用，但不一定是弗里德曼和施瓦茨的"太少、太迟"的假设。

② 惠洛克(Wheelock, 1991)使用计量经济学方法表明，美联储政策工具与政策制定者关注的经济因素之间的统计关系在 20 世纪 20 年代和 30 年代初期没有变化。惠洛克(Wheelock, 1991)以及理查森和特罗斯特(Richardson and Troost, 2009)讨论了地区联邦储备银行的政策差异。有关资产质量下降和银行停业的讨论，请参见凯罗米里斯和梅森(Calomiris and Mason, 2003)的文章。

美联储专注于将美国维持在金本位制上也造成了重大问题。为了应对经济低迷,美联储希望刺激货币供应,进而刺激经济,但国际市场的变化迫使它采取相反的做法,以继续维持金本位制。等到1933年美国退出金本位制后,经济开始好转。20世纪30年代对银行恐慌的缓慢反应伴随着其他领域的一系列政策失误。美国1930年的《霍利-斯穆特关税法案》(Hawley-Smoot Tarrif Act)将关税提高到限制美国进口的水平。其他国家的反应是建立各自的贸易壁垒,在英国1931年9月取消金本位制之后更是如此。结果是世界贸易呈螺旋式下降。在美国,人均进出口(参见表6.2)在1933年减少了一半。关税导致了经济中的各种低效率问题,但在大萧条期间对人均实际GDP的影响相对较小,因为出口在经济繁荣时期仅约占GDP的6%,而净出口通常占不到0.5%。①

直到20世纪30年代,工资和价格通常在经济低迷时期下降。过去的下降往往导致消费品购买和雇佣工人的激增,从而帮助扭转经济。美国总统胡佛在1929年召开会议,要求国内的主要制造商保持工资稳定,并实施一项减少每周工作时间的工作共享政策(job-sharing policy),这样工人就不会失去工作。许多大公司听从他的指示,一直等到1931年年中才削减小时工资。在要求制造商遵循工作共享模式时,胡佛政府希望保持更多工人以稳定的工资就业,让工人们在周收入有所下降的情况下,还有足够的购买力来保持经济发展。1932年,胡佛签署了《诺里斯-拉瓜迪亚法案》(Norris-La-Guardia Act),该法案取缔了一些反工会的做法,并赋予工会更多的权力来组织和维护工资水平。在以上措施被引入后,经济继续下滑,甚至连工会会员的人数在接下来的一年中也下降了11%。②

1284 面对不断上升的失业率,胡佛没有敦促联邦政府开始提供新的福利计

① 欧文(Irwin, 2011)详细描述了关税的政治经济学,并认为关税增加的幅度并不像许多人所说的那么大。

② 瓦尼安(Ohanian, 2009)认为,胡佛政府向劳工界领袖发出的呼吁是造成大萧条的主要因素,他认为雇主之所以遵循这些政策,部分原因是担心工会的力量。这有点令人费解,因为工会成员数量在20世纪30年代初期有所下降,如表6.2所示。另见罗斯(Rose, 2010)和纽曼等人(Neumann et al., 2013)论述中有关胡佛政策的更多细节。

划。相反，他遵循的是长期的联邦政府结构所设定的道路。自殖民时代以来，照顾穷人和残疾人的责任就被归于地方政府。1909年以后，各州开始通过建立母亲补助金、工人补偿、盲人援助和老年援助的方式在这一领域发挥更大作用。

胡佛还坚信"自愿主义"，这从他努力施压让制造商支付高工资就可以看出。他认为联邦政府应该通过协调其他人的努力来解决这些问题。政府可能会通过贷款提供帮助。当苦苦挣扎的农民要求政府直接提供补贴以控制生产和提高价格时，胡佛政府转而支持通过联邦农业委员会提供5亿美元贷款。为了帮助失业者，他于1930年成立了总统紧急就业委员会，以支持私人机构帮助穷人。该组织于1931年演变为总统失业救济组织。最终，在1932年夏天，他签署了一项立法，向地方政府提供3亿美元的贷款以帮助他们救济贫困者。

面对大规模的银行倒闭，胡佛说服银行家成立国家信贷公司(NCC)来帮助陷入困境的银行。当NCC失败时，胡佛和共和党国会模仿第一次世界大战时的贷款计划，于1932年2月创建了复兴金融公司(RFC)，为陷入困境的银行、工业和农业部门提供贷款。银行贷款无法有效防止破产，因为银行必须持有资产作为RFC贷款的抵押品，因此银行无法将其出售后付款给储户以应对可能的问题。当RFC开始持有银行的短期股权时，它在拯救银行方面变得更加成功(Mason, 2001; Calomiris et al., 2013)。RFC的持股为财政部长亨利·保尔森(Henry Paulson)和美联储主席本·伯南克在2008年秋季入股银行的举措开创了先例。

胡佛通常被视为财政政策保守派。然而，与他的共和党前辈相比，他看起来却像一个狂热的挥霍者。从1921年到1929年，哈丁和柯立芝政府都有预算盈余(图6.1)。他们遵循了偿还第一次世界大战期间债务增长的标准模式。为了应对经济恶化，胡佛和共和党国会在1929—1932年间将人均实际联邦支出(图6.1和表6.1)增加了91%。对这一增加，赫伯特·胡佛收获的赞誉低于富兰克林·罗斯福的新政，因为胡佛没有创建新的支出机构，他只是通过将联邦高速公路支出增加一倍，将陆军工程兵团的河流、港口以及防洪支出增加40%以上来扩大现有计划。

赫伯特·胡佛相信预算平衡，富兰克林·罗斯福在新政期间也是如此。

1932年，胡佛和美国国会之间关于如何提高税收以平衡预算的辩论导致了两种主要类型的增税。首先是“富人纳重税”的努力。在30年代早期，只有不到10%的家庭收入足以缴纳所得税。在1932年的《税收法》中，针对收入超过2 000美元的个人的税率从0.1%提高到2%，针对收入为10 000美元到15 000美元之间的个人的税率从0.9%上升到6%。收入超过100万美元的个人的税率从23.1%上升到57%(Carter et al., 2006:5-114)。

1285

较高的所得税率对1932—1933财政年度之间税收收入下降几乎没有作用，因为所得税和遗产税收入降至37%。[①]部分下跌是由于非常富有的人避税，其余则是由于经济持续恶化。新的消费税帮助弥补了所得税收入的不足，因此1932年和1933年的人均联邦政府收入大致保持不变(图6.1和表6.1)。《税收法》对石油管道转让、电力、银行支票、通信和制造商征收新的消费税，特别是汽车、轮胎、石油和汽油0020(Commissiorer of Internal Revenue, 1933:14—15)。不幸的是，这些新税种阻碍了一些可能带来复苏的新行业的发展。

随着经济滑向大萧条的深渊，赫伯特·胡佛和共和党国会提出了各种各样的新政策来解决这些问题。其中一些，如《霍利-斯穆特关税法案》和美联储的不作为，不仅对美国，而且对世界经济都是灾难。工作分享政策可能是错误的，自愿组织的努力在如此严重的大萧条面前艰难挣扎。胡佛政府提供了广泛的补贴贷款，甚至将联邦支出提高到和平时期前所未见的GDP份额。然而，无论胡佛如何应对大萧条，都无法阻止这一趋势。结果，他和共和党国会在1932年的选举中以极大的劣势输给了富兰克林·德拉诺·罗斯福和民主党。

从罗斯福11月的压倒性胜利到他1933年3月4日的就职典礼，美国经济的混乱加深了。工业生产、农民和生产者能拿到的价格、制造业工人的实际周工资，以及盈利企业的比例都跌至谷底。工业生产达到了自1921年春天严重衰退以来以及自1915年以来从未见过的低点。失业率徘徊在25%左右，而每周平均工作时间第二次降至35小时以下。

---

① 埃伦·麦克格拉顿(Ellen McGrattan, 2012)开发了一个模型，该模型显示了20世纪30年代初税收对企业收入和红利的负面影响。

从1932年12月到1933年2月，633家银行停止支付，银行业又经历了一波倒闭潮。罗斯福和胡佛在如何处理冬季银行倒闭的问题上存在分歧。胡佛敦促罗斯福同意他建议的政策，而如果没有罗斯福的同意，他不会采取行动。罗斯福不想被胡佛的政策所拖累，因此他拒绝同意，而是决定等待，并在就职典礼后制定了自己的政策。与此同时，各州政府已经开始宣布银行放假并限制存款支付。到3月4日，每个州和华盛顿特区都实施了某种类型的限制（Wicker，1966：153）。而新政府能做些什么来扭转局面，还有待观察。

新政和部分复苏

1286

"这个国家呼吁采取行动，而且是立即行动"——富兰克林·罗斯福在1933年3月4日的就职演说中这样宣称。[①]两天后，他宣布全国银行放假。在100天内，罗斯福和民主党国会达成了"为美国人民的新政"，这一新政发展成为美国历史上联邦政府活动在和平时期的最大扩张。

在接下来的7年里，罗斯福和民主党国会尝试通过政府解决美国经济中的数十个问题。当他们看到一个问题时，他们就试图通过增加支出或新的政府监管来解决它。但在许多情况下，旨在解决一个问题的政策与解决另一个问题的政策相矛盾。例如，当他们试图通过限制生产来提高农业部门的价格时，反而加剧了农场工人的失业率，同时提高了工人和失业者的食品价格，导致他们的生活水平下降。

衡量复苏

经济跌入的谷底是如此之深，以至于复苏后的增长率相对较快，直到1937—1938年发生第二次衰退。1933年人均实际GDP（表6.1和图6.2）比1929年的数字低约29%。1937年，人均实际GDP再次接近1929年的水

① 参见富兰克林·德拉诺·罗斯福的就职演说（Roosevelt，1933），内容来自http://www2.bartleby.com/124/pres49.html，访问时间为2010年6月10日。

平，但在1938年回落，直到1939年最终超过1929年的水平。在整整十年的时间里，人均产出都少于1929年。当考虑长期增长路径时，这一缺口甚至更大。如果人均实际GDP能以每年1.6%的长期平均增长率增长，那么以2009年价格衡量的人均GDP将比1939年实际达到的9 112美元高出1 000多美元。

对私营经济可能造成影响的一个因素是政府计划的高度不确定性。新政经历了多个阶段，例如农业调整管理局（AAA）和国家复兴管理局（NRA）的活动在1935年被法院驳回，以及罗斯福政府对新法规修修补补，新税种被引入而后又被删去，临时性机构得到新的延期。当企业和工人进行长期决策时，这种不确定性会造成严重破坏（Higgs, 1997）。

失业率并没有像实际GDP那样得到恢复。表6.1显示了对20世纪30年代失业率的两种衡量标准，其差异在于救济工作人员是被归类为失业人员还是就业人员。不论采取哪一种衡量标准，都显示新政期间的失业率是美国经济史上最高的。自1890年以来，失业率仅在大萧条期间以及1921年和1983年（Carter et al., 2006:2-82, 2-83）①超过10%。在1933年到1937年间，失业率下降，但美联储提高准备金要求、对联邦预算赤字的平衡（图6.2）* 以及对经济的各种其他冲击导致1938年失业率急剧上升。直到1942年，失业率才回落到较为正常的范围内。

1287

摆脱大萧条的一个亮点是"生产率"出人意料地迅速上升。生产率是衡量产出相对于生产过程中投入的指标。亚历克斯·菲尔德（Alex Field,

① 在研究20世纪30年代的失业率中，最棘手的问题之一是将参加紧急救济工作计划的人定义为就业者还是失业者，这些计划例如1933年至1935年的联邦紧急救济署和1935年至1942年的公共事业振兴署。参加救济的人员通过工作获得救济金，其小时工资大约是其他政府项目支付的正常工资的一半到三分之二。自1940年以来，失业统计数据将领取类似规模失业救济金的人视为失业者，但这些人没有被要求工作。在笔者看来，参与新政救济工作的人员比领取失业保险的现代人情况更糟糕，因为他们虽然获得了与现代人相同的福利，但必须为其工作。因此，笔者认为，与现代失业率的计算相比，救济工作人员应该被视为失业者。参见达比（Darby, 1976）和纽曼等人（Neumann et al., 2010）针对这个问题的更多讨论。

* 原文如此，疑应为"图6.1"。——译者注

2003，2011)将20世纪30年代描述为“20世纪技术进步最快的十年”。生产率的提高部分来自对道路、水电站、高速公路、卫生工程和机场的大量公共投资，这些投资早在新政前就开始了，并在新政过程中得到了扩大。其中许多投资为第二次世界大战和战后繁荣时期的更高生产率奠定了基础。一些改进来自面临高工资率和有限工作时间的公司，它们找到了组织工人和提高每工时产量的新方法。部分进展来自20年代企业对研发实验室的投资，这些投资在30年代取得了成果。大部分研究都基于化学和工程的基础科学，这些科学和工程带来了电力、新材料和新家用电器的新用途。在20世纪下半叶主导了通信领域的电视正准备进入商业应用，但战争延缓了其普及速度(Field，2003)。在农业中，新的杂交种子、拖拉机、汽车、卡车和化肥开始得到推广。其应用可能部分受到农民的推动，因为他们试图提高未因AAA付款而停止生产的土地的生产率。

在1940年和1941年，经济持续复苏。美国可能已经从开始席卷欧洲的灾难性战争中获益。对美国生产的军事装备、食品、服装和其他必需品的需求增加，因为许多物品在欧洲的生产受到纳粹入侵和英国轰炸的阻碍(Gordon and Krenn，2010)。美国消费量的增长速度不如生产量，部分原因是美国已经开始将一些工厂转用于生产军火。其目标是通过《租借法案》援助盟军，并为美国的可能参战做好准备。当日本轰炸珍珠港后，美国经济迅速转变为战时指令经济。

1288

衡量新政政策的成功

罗斯福的新政带来了巨大的制度变革，并一直延续到21世纪。联邦政府负责防止各种潜在危机，实施若干紧急计划、新法规和社会保险计划。经济学者和经济史学者一直在研究经济政策对经济复苏的贡献程度以及它们如何改变经济结构。

货币政策

在上任两个月内，罗斯福和美联储彻底扭转了20世纪30年代初期的货币政策。他们的目标是将对持续通缩的预期转变为对通货膨胀的预期。罗斯福在多个场合宣布提高农民和生产者的产品价格以及提高工人工资的目标。全国银行假期暂时关闭了所有银行和储蓄机构,同时审计人员对银行进行了审计。银行很快宣布将重新开放的消息。资不抵债的银行进行了重组,其中一些得到了 RFC 的支持。这些对重新开业的银行的批准有助于改变公众对银行系统偿付能力的预期。①

到 6 月,罗斯福已经让美国脱离金本位制,并任命亚特兰大联储的尤金·布莱克(Eugene Black)担任美联储主席。布莱克曾通过提供大量现金拯救了许多面临挤兑的南方银行,在他的领导下,美联储开始重视货币扩张(Richardson and Troost, 2009)。在 4—5 月间,贴现率从 3.5%降至 2.5%,而后在年底下降到 2%,在 1934 年下降到 1.5%,然后在 1937 年下降到 1%。通货膨胀的回归意味着到 1937 年,实际贴现率是负的,这与胡佛时代正的两位数的实际贴现率形成了鲜明对比。

脱离金本位制、美元贬值至每盎司黄金 35 美元,再加上欧洲的政治事件,导致黄金流入美国。经济开始复苏。同样的模式在世界各地重复上演。在一个又一个国家,当中央银行试图维持金本位制,其国内经济继续下滑。而在每个退出金本位制的国家,经济都出现了反弹。②

1289 美联储对增加货币供应量的重视在三年的复苏时期中得到了持续。1937 年的人均实际 GDP 接近了 1929 年的水平,而且失业率降至 14%(图 6.1 和表 6.1)*。1935 年,美联储控制了一项额外的政策工具——"准备金要求",即银行被要求作为准备金持有的存款份额。不幸的是,到 1936 年 8 月,美联储开始担心银行持有超出法定准备金的大量超额准备金。由于担心银行会借出超额准备金、增加货币供应量并造成严重通货膨胀,美联储于 1936 年 8 月 16 日、1937 年 3 月 1 日和 1937 年 5 月 1 日分三步将长期存在

---

① 关于全国银行假期的说明,参见 Mason, 2001。有关扭转政策以对抗通货紧缩的讨论,请参见特明和威格莫尔(Temin and Wigmore, 1990)以及埃格特松(Eggertsson, 2008)的研究。

② 艾肯格林(Eichengreen, 1992)、特明(Temin, 1989)、特明和威格莫尔(Temin and Wigmore, 1990)和金德尔伯格(Kindleberger, 1986)广泛讨论了金本位制的废除。

* 原文如此,表 6.1 中 1937 年失业率实为 16.1%,疑有误。——译者注

的准备金要求提高了一倍。美联储没有意识到，银行持有如此多的超额准备金是为了保护自己免受银行挤兑。它们过去十年的经验使它们对美联储充当最后贷款人的信心不足。因此，银行进一步增加了准备金，以确保它们能保留一些超额准备金，以作为对新增一倍的准备金要求的缓冲。在这些变化之后，失业率在 1938 年飙升至 19%(图 6.2)*，人均实际 GDP 下降至 1936 年的水平(图 6.1)。[①]

财政政策

罗斯福遵循约翰·梅纳德·凯恩斯(John Maynard Keynes)的学说，利用政府支出来刺激经济的说法是一段似乎不会消亡的神话。在 1935 年的《就业、利息和货币通论》中，凯恩斯(Keynes, 1964)认为，经济可以在未达到充分就业的情况下达到均衡，特别是当存在阻碍工资和价格调整的因素时。导致更大预算赤字的增加政府支出和减少税收，是推动经济实现充分就业的方法。由于新政增加了政府支出，人们错误地认为罗斯福遵循的是凯恩斯主义政策。

尽管到 1939 年，罗斯福政府已将人均实际政府支出提高了近 70%(图 6.1)，但人均税收收入的增长速度也与其大致相同。因此，图 6.1 中的预算赤字看起来与胡佛政府在 1932 财政年度和 1933 财政年度的赤字没有太大区别。经济学者和经济史学者，包括凯恩斯本人，早就知道罗斯福没有遵循凯恩斯的指示。凯恩斯甚至在 1933 年 12 月下旬在报纸上发表了一封致罗斯福总统的公开信，称增加支出是好的，但税收的增加正在减少刺激效应。[②]

鉴于实际 GDP 缺口的规模，联邦支出和赤字规模都远低于凯恩斯主义的建议。图 6.1 底部的线是图上标记的年份与 1929 年人均实际 GDP 之间

1290

---

① 这种描述是基于弗里德曼和施瓦茨(Friedman and Schwartz, 1963)的研究。关于不太强调美联储角色的观点，请参见罗默(Romer, 1992)的论文。凯罗米里斯等人(Calomiris et al., 2011)使用个别银行的数据来挑战法定准备金率上升对 1937—1938 年经济衰退产生重大影响的观点。有关 1937—1938 年经济衰退的动态模型，请参见埃格特松和帕格斯利(Eggertsson and Pugsley, 2006)的论述。

② 参见布朗(Brown, 1956)和佩珀斯(Peppers, 1973)的更复杂的分析，其分析表明新政没有遵循凯恩斯主义政策。巴伯(Barber, 1996)描述了许多新政顾问的经济思维。

* 原文如此，疑应为“表 6.1”，且 1938 年失业率实为 17.5%。——译者注

的差异。1934年,以2013年价格衡量的人均GDP缺口为1 987美元。该财政年度的人均政府支出仅比1929年多出约436美元,而人均赤字仅比1929年多出455美元。如果要开始接近旨在实现充分就业的凯恩斯主义刺激政策的规模,赤字需要至少扩大3倍甚至可能更多。

罗斯福的税率政策抑制了投资者的积极性,使事情变得更糟。在1934年进行了一些微小调整后,1936年针对收入超过10万美元的人的所得税税率再次提高。收入超过100万美元的人面对的最高税率从57.2%上升到68%。1933年的《国家工业复兴法》对20世纪30年代剩余时间积累的股本、股息和超额利润征税。1936年,对未(作为股息)分配利润增加了附加税。这些新税率都没有产生大量税收收入,但它们确实为投资带来了错误的激励措施。可悲的是,那些最无法避免针对未分配利润的27%的最高边际税率的公司是规模较小、增长较快的公司,因为它们还不能获得外部融资(Calomiris and Hubbard, 1993)。税收收入的大部分增长来自随着经济复苏而来的税收收入自然增长、到1935年才取消的农产品临时加工税以及禁酒令结束后重新征收的酒类税。

罗斯福政府最好的税收政策是放宽了1930年实施的一些关税壁垒。1934年的《互惠贸易协定法》使罗斯福领导的美国得以与加拿大、几个南美国家、英国和主要的欧洲贸易伙伴签署一系列关税削减协议。因此,美国进口从1932—1933年的20年内最低点上升到1940年的历史最高点。[①]

字母缩写组合

新政结合了联邦支出和监管角色的扩张,使新机构的首字母缩写词激增。有些机构是临时的,如联邦紧急救援署(FERA)、土木工程署(CWA)和公共事业振兴署(WPA)救济机构,但大多数成为经济格局的永久组成部分。

发放最多补助金的机构为穷人提供救济,建设公共工程,并付钱让农民将土地停产。在FERA成立的最初100天内,联邦政府第一次承担了援助

① 关于关税税率影响的历史比较,见欧文(Irwin, 1998)。金德尔伯格(Kindleberger, 1986:170)以及阿塔克和帕赛尔(Atack and Passell, 1994:602)描述了20世纪30年代的国际贸易发展。

穷人和失业者的责任。①FERA提供直接救济金和工作救济直到1935年，而CWA仅在1933—1934年的冬天持续了4个月。1935年，“不能受雇者”的责任被归还给州和地方政府，而WPA接管了工作救济的提供。与此同时，新的机构公共工程管理局（PWA）、公共道路管理局（PRA）和公共建筑管理局（PBA）继续发挥联邦政府在资助建设大型水坝、联邦高速公路、联邦建筑和改善联邦土地中的作用，同时还帮助州和地方政府建设它们的项目。

过去10年的一系列研究表明，按净值计算，公共工程和救济支出对它们所覆盖的社区是有益的。几乎所有的研究都基于针对每个地区的多个年份的面板数据集。识别影响的方法通常是在控制了全国性的经济冲击后，检查政策变化在一段时间内对同一地区所造成的影响。它们使用方法来避免因政府在经济不景气的地区提供更多资金而产生的负反馈效应。在不同的州，额外的1美元公共工程和救济支出使收入增加了67美分至1.09美元。公共工程和救济项目较多的地区零售额增加了，吸引了更多的国内移民，并且犯罪减少，婴儿死亡率、自杀率和传染病死亡率下降。但公共工程和救济支出没有产生积极影响的一个领域是提高私营企业就业，这可能有助于解释为什么失业率在整个十年中始终如此之高。②

1935年的《社会保障法》建立了一系列新的长期社会保险机构。新的养老金保障计划，也就是人们现在所说的社会保障，要求对雇主和员工征税，以资助退休员工的养老金。失业保险（UI）要求雇主支付资金存入基金，以便在员工失业时为其提供福利。尽管许多州已经制定了帮助有孩子的寡妇、贫困老人和盲人的计划，但《社会保障法》通过联邦政府提供的配套拨款

---

① 联邦政府长期以来一直为其行政雇员、士兵和退伍军人提供福利和残疾津贴。

② 参见沃利斯和本杰明（Wallis and Benjamin，1981）、本杰明和马修斯（Benjamin and Mathews，1992）、弗莱克（Fleck，1999）、费什巴克（Fishback，2015）、费什巴克等人（Fishback et al.，2007）、费什巴克等人（Fishback et al.，2005，2006）、费什巴克和卡恰诺夫斯卡娅（Fishback and Kachanovskaya，2015）、约翰逊等人（Johnson et al.，2010）、纽曼等人（Neumann et al.，2010）、加勒特和惠洛克（Garrett and Wheelock，2006）的研究。有关20世纪30年代各州的联邦支出的数据集，请参见Fishback，2015。有关州、市和县级的数据集，请参见亚利桑那大学经济系普赖斯·费什巴克的网站http://econarizona.edu/faculty/fishback.asp。关于一般性调查，请参见费什巴克和沃利斯（Fishback and Wallis，2013）的研究。

帮助扩大了这些计划，提高了福利，并激励没有这类计划的州创建相关计划。各州在基于需求的老年援助计划上花费最多。这些计划鼓励老年人独立生活和退休，尽管它们对老年人的死亡率没有太大影响。①

1292 相比之下，AAA农场计划是专门为减少产量和提高农产品价格而设计的，旨在从十年的低迷中提高农民收入。归根结底，AAA导致利益被显著地从消费者、农场工人和一些农场佃户那里重新分配给拥有土地的农民。大农场主是该项支付和价格上涨的主要受益者。耕地的减少通常会减少对劳动力的需求，从而使农场工人和佃农更难找到工作。最近对AAA的地方影响的估计表明，接受更多AAA支出的县在整体经济活动上没有出现变化或出现负面变化，并且发生了一些人口的外迁。②

金融灾难引致了各种新的金融法规。自20世纪30年代以来，美国证券交易委员会(SEC)一直监控股票市场、为发行股票的公司制定报告要求、打击内幕交易，并强制执行市场交易规则。为了阻止未来的银行挤兑风潮，联邦存款保险公司(FDIC)和联邦储蓄与贷款保险公司(FSLIC)为银行存款以及储蓄和贷款提供联邦政府保险。商业银行可以从事的投资类型以及储蓄和贷款都受到了限制。Q条例禁止支付支票账户的利息。③

在奄奄一息的住房部门，各州曾试图通过允许家庭和农场主延迟偿还抵押贷款的暂停法，来防止他们丧失抵押品赎回权。不幸的是，这些法律增加了贷款风险，因为贷款人无法确定各州不会再次阻止还款(Rucker and Alston, 1987)。在暂停法被取消后，其结果是在复苏期间利率更高，而且放贷受到更多限制。房主贷款公司(HOLC)购买了超过100万份"非因房主的过错"而面临丧失抵押品赎回权的抵押贷款，然后以慷慨的条款对其进行资助。这些购买几乎完全取代了贷方账面的不良贷款，同时帮助约80%的

① 参见科斯塔(Costa, 1999)、斯托扬和费什巴克(Stoian and Fishback, 2010)、帕森斯(Parsons, 1991)、巴兰-科恩(Balan-Cohen, 2009)，以及弗里德伯格(Friedberg, 1999)的研究。

② 参见费什巴克等人(Fishback et al., 2005, 2006)、迪皮尤等人(Depew et al., 2013)、费什巴克等人(Fishback et al., 2003)，以及费什巴克和卡恰诺夫斯卡娅(Fishback and Kachanovskaya, 2015)的研究。

③ 有关银行条例的详细规定，见(Mitchener and Richardson, 2013)、凯罗米里斯(Calomiris, 2010)，以及梅森和米奇纳(Mason and Mitchener, 2010)的研究。

借款人保留了自己的房屋。鉴于该计划的不确定性,对住房市场的直接补贴可能高达贷款价值的20%—30%,尽管事实证明,HOLC的损失仅相当于约2%的贷款总值。该计划还帮助阻止了房价和住宅自有率的进一步下跌。①1934年,联邦住房管理局成立,目的是为新建和现有房屋的抵押贷款以及维修和重建提供联邦保险。1938年,房利美(Fannie Mae)作为一家政府公司成立,来为抵押贷款提供二级市场。在该市场上银行可以将贷款作为资产出售,然后使用这些资金发放新的抵押贷款。

1293

新政创建的最具争议的经济机构是国家复兴管理局(NRA)。在1933年至1935年间,当它被宣布违宪时,NRA促进了行业"公平"竞争准则的发展。每个行业的企业家、工人和消费者都应该满足并制定最低价格、质量标准和贸易惯例的规则。工人将受到最低工资、工作时间限制以及与工作条件相关的规则的保护,这些规则看起来就像早些时候胡佛提出的工作共享建议。《国家工业复兴法》的第7a部分为上述准则制定了标准语言,赋予工人通过他们选择的代理人进行集体谈判的权利。一旦获得NRA的批准,这些准则将对行业中的所有公司都具有约束力,即使是那些没参与规则编写过程的公司也是如此。建立准则的几个目标之一是防止"破坏性"竞争,因为罗斯福的一些顾问认为这导致了通货紧缩。顾问们预期,获准提价的公司销量反而会增加。工时限制得到实施,以允许更多工人继续就业,同时工资也被提高,以帮助减少因工时下降而造成的每周收入损失。

NRA可能对宏观经济产生了有益的影响,因为它有助于将人们的预期从通货紧缩转变为通货膨胀。②然而从微观经济的角度来看,NRA与美国历史上任何其他时期的反垄断政策都是对立的。美国法律一直禁止卡特尔和限制贸易的定价协议。突然间,联邦政府赋予行业领导者反垄断的豁免权和类似卡特尔的权力来设定价格、工资和产出。许多规则是由行业贸易团体撰写的,而工会的建议很少,因为当时工会相对弱势。更糟糕的是,联邦

① 有关HOLC的分析,请参见库特芒希和斯诺登(Courtemanche and Snowden, 2011)、费什巴克等人(Fishback et al., 2011, 2013)、哈里斯(Harriss, 1951),以及罗斯(Rose, 2011)的论述。

② 参见特明和威格莫尔(Temin and Wigmore, 1990)和埃格特松(Eggertsson, 2008, 2012)的论述以了解这个论点。

政府被要求成为阻止企业脱离卡特尔协议的自然趋势的执行者。最近一项对行业规范的出台时间及其对行业影响的研究显示，它提高了时薪，并以降低平均周薪的方式减少了工作时间。当最高法院在 1935 年的“谢克特家禽公司诉美国案”中以违宪为由解散了 NRA 时，没有人对 NRA 的离去感到遗憾。与在被宣布违宪后迅速以修订过的形式重新被引入的 AAA 不同，几乎没有人支持从许多方面重新制定竞争准则，罗斯福政府任其消亡。①

在 NRA 被解散后，1935 年的《国家劳动关系法》重新制订了第 7A 部分工会组织和集体谈判的权利。如果大多数工人投票成立工会，雇主就必须与工会谈判。国家劳工关系委员会成立，其作用是监督选举和仲裁集体谈判纠纷。在该法案于 1937 年春天被确认为合宪后，工会承认的罢工激增，会员人数从 1936 年的 420 万增加到 1938 年的 830 万(参见表 6.2)。②

1294

结　语

大萧条是美国经济史上最严重的经济灾难。年产量比之前的高点下降了 30%，失业率在 10 年中的大部分时间里高达 10%，在其中 4 年内更是高达 20%。有关大萧条的研究罗列了多种原因，包括与金本位相关的和对通货紧缩关注不足所致的美联储错误政策、与股市崩盘有关的不确定性和资产负债表受损、霍利-斯穆特关税、无法解释的消费下降、对生产率的负面冲击和劳动力市场政策。学者们仍然就赋予每个原因多少权重而意见不一。

① 贝卢什(Bellush, 1975)提供了对 NRA 组织沿革的良好概述。科尔和瓦尼安(Cole and Ohanian, 2004)发现，与 NRA 和罗斯福政府的后 NRA 政策相关的高工资政策和反垄断行动中的裁员大大减缓了复苏。亚历山大(Alexander, 1997)、泰勒(Taylor, 2007)以及维克斯和齐巴思(Vickers and Ziebarth, 2014)讨论了行业在建立“公平”竞争准则方面存在的问题，以及在 NRA 被宣布违宪时，企业没有要求新的 NRA 的原因。贾森·泰勒(Jason Taylor, 2011)研究了 NRA 和总统再就业协议对时薪、周薪、每周工作时间、总就业小时数和行业产出的影响。亚历山大和利贝卡(Alexander and Libecap, 2000)描述了对取代 NRA 和 AAA 的不同态度。

② 有关工会政策变化的经济概述，请参阅弗里曼(Freeman, 1998)的研究。

为应对1929—1932年的经济紧缩，总统赫伯特·胡佛和共和党国会的实际政府支出几乎翻了一番，他们向银行、工业和地方政府发放贷款，并尝试了几种自愿措施。为了平衡1933财政年度的预算，他们大幅提高了所得税税率，但并没有进一步增加联邦支出，使得经济更加恶化。

富兰克林·罗斯福于1933年3月就职总统，他与在国会中赢得多数席位的民主党制定了大量新的监管和支出计划，并将其称为“为美国人民的新政”。美国放弃了金本位制，货币供应量的缰绳被放松，尽管当美联储在1935年后分三步将法定准备金要求翻倍时，货币供应再次被收紧。罗斯福政府也将联邦政府的支出大致翻了一番，但税收收入也几乎同步增长，因此从未真正遵循凯恩斯主义的刺激政策。人均实际产出在走出1933年的低谷后迅速增长，但因1937—1938年的第二次衰退而放缓。1939年后，它终于达到了1929年的水平。尽管产出增长，但失业率在1941年以前一直保持在9%以上。

新政计划取得了喜忧参半的成功记录。RFC在1932年向银行提供的贷款在防止银行停业方面并不是很有效，尽管其在获得银行股权时取得了更大的成功。公共工程和救济支出促进了经济活动的增加，并有助于降低各种死亡率和犯罪率，但并未刺激私营企业的就业。AAA农场计划付钱给农民，以让土地退出生产，这项计划帮助了农场主，主要是大农场主，但代价则由大量农场工人、佃农和失去岗位的佃户承担。国家复兴管理局似乎有助于扭转通缩预期，但对微观经济产生了强烈的负面影响。HOLC帮助大约80万人留住了房子，并以相对较低的事后成本帮助避免了住房价值和房屋拥有率的下降。

1295

本章的重点是新政期间创建的紧急计划。新政还创造了许多至今仍在实施的计划，并为当前的政策反应树立了先例。[①]对新政的计量史学研究仍在继续，笔者相信，对新政研究的广度和深度在下一个十年将大大增加。

① 有关更多新政计划及其与过去和现在相关的长期变化的其他讨论，请参见Fishback and Wallis, 2013。

参考文献

Alexander, B.(1997) "Failed Cooperation in Heterogeneous Industries under the National Recovery Administration", *J Econ Hist*, 57: 322—344.

Alexander, B., Libecap, G.(2000) "The Effect of Cost Heterogeneity in the Success and Failure of the New Deal's Agricultural and Industrial Programs", *Explor Econ Hist*, 37: 370—400.

Atack, J., Passell, P.(1994) *A New Economic View of American History from Colonial Times to 1940, 2nd edn.* Norton, New York.

Balan-Cohen, A.(2009) "The Effect on Elderly Mortality: Evidence from the Old Age Assistance Programs in the United States", unpublished working paper. Tufts University.

Barber, W.J.(1996) *Designs within Disorder: Franklin D. Roosevelt, the Economists, and the Shaping of American Economic Policy, 1933—1945*. Cambridge University Press, New York.

Bellush, B.(1975) *The Failure of the NRA*. Norton, New York.

Benjamin, D., Mathews, K.(1992) *U.S. and U.K. Unemployment between the Wars: A Dol eful Story*. Institute for Economic Affairs, London.

Bernanke, B.(2000) Essays on the Great Depression. Princeton University Press, Princeton.

Bordo, M., Erceg, C., Evans, C.(2000) "Money, Sticky Wages, and the Great Depression", *Am Econ Rev*, 90:1447—1463.

Brown, E.C.(1956) "Fiscal Policy in the 'Thirties: A Reappraisal", *Am Econ Rev*, 46: 857—879.

Calomiris, C.(2010) "The Political Lessons of Depression-era Banking Reform", *Oxf Rev Econ Policy*, 26:540—560.

Calomiris, C., Hubbard, G.(1993) "Internal Finance and Investment: Evidence from the Undistributed Profits Tax of 1936—1937", NBER working paper no. 4288.

Calomiris, C., Mason, J.(2003) "Fundamentals, Panics, and Bank Distress during the Depression", *Am Econ Rev*, 93:1615—1647.

Calomiris, C., Mason, J., Wheelock, D.(2011) "Did Doubling Reserve Requirements Cause the Recession of 1937—1938? A Microeconomic Approach", NBER working paper no. 16688.

Calomiris, C., Mason, J., Weidenmier, M., Bobroff, K.(2013) "The Effects of Reconstruction Finance Corporation Assistance on Michigan's Banks' Survival in the 1930s", *Explor Econ Hist*, 50:526—547.

Carter, S. et al.(2006) *Millennial Edition of the Historical Statistics of the United States*. Cambridge University Press, New York.

Chari, V., Kehoe, P., McGrattan, E.(2002) "Accounting for the Great Depression", *Am Econ Rev Pap Proc*, 92:22—27.

Christiano, L., Motto, R., Rostagno, M.(2003) "The Great Depression and the Friedman-Schwartz Hypothesis", *J Money Credit Bank*, 35:1119—1197.

Cole, H., Ohanian, L., Leung, R.(2005) "Deflation and the International Great Depression: A Productivity Puzzle", National Bureau of Economic Research working paper no. 11237.

Cole, H., Ohanian, L.(2004) "New Deal Policies and the Persistence of the Great Depression: A General Equilibrium Analysis", *J Polit Econ*, 112:779—816.

Commissioner of Internal Revenue.(1933) *Annual Report for the Year Ending June 30, 1933*. GPO, Washington, DC.

Costa, D.(1999) "A House of Her Own: Old Age Assistance and the Living Arrangements of Older Nonmarried Women", *J Public Econ*, 72:39—59.

Courtemanche, C., Snowden, K.(2011) "Repairing a Mortgage Crisis: HOLC Lending and Its Impact on Local Housing Markets", *J Econ Hist*, 71:307—337.

Darby, M.(1976) "Three and A Half Mil-lion U.S. Employees Have Been Mislaid: Or, An Explanation of Unemployment, 1934—1941", *J Polit Econ*, 84:1—16.

Depew, B., Fishback, P., Rhode, P. (2013) "New Deal or No Deal in the Cotton South: The Effect of the AAA on the Labor Structure in Agriculture", *Explor Econ Hist*, 50:466—486.

Dow, J. (2010) *Dow Jones Historical Data*. Data downloaded on 4 June from http://dowjonesdata. blogspot. com/2009/04/historical-dow-jones-data.html.

Eggertsson, G.(2008) "Great Expectations and the End of the Depression", *Am Econ Rev*, 98:1476—1516.

Eggertsson, G.(2012) "Was the New Deal Contractionary?", *Am Econ Rev*, 102: 524—555.

Eggertsson, G., Pugsley, B.(2006) "The Mistake of 1937: A General Equilibrium Analysis", *Monetary Econ Stud*, 24:1—41.

Eichengreen, B. (1992) *Golden Fetters: The Gold Standard and the Depression 1919—1939*. Oxford University Press, New York.

Federal Reserve Board of Governors.(Various years) *Federal Reserve Bulletin*. Government Printing Office, Washington, DC.

Field, A.(2003) "The Most Technologically Progressive Decade of the Century", *Am Econ Rev*, 93(4):1399—1413.

Field, A.(2011) *A Great Leap Forward: 1930s Depression and U. S. Economic Growth*. Yale University Press, New Haven.

Fishback, P.(2010) "Monetary and Fiscal Policy during the Great Depression", *Oxf Rev Econ Policy*, 26:385—413.

Fishback, P.(2015) "New Deal Funding: Estimates of Federal Grants and Loans Across States by Year, 1930—1940", *Res Econ Hist*.

Fishback, P., Kachanovskaya, V. (2015) "The Multiplier for the States in the Great Depression. With Valentina Kachanovskaya", *J Econ Hist*, 75(1):125—162.

Fishback, P., Kollmann, T.(2014) "New Multi-city Estimates of the Changes in Home Values, 1920—1940", in White, E., Snowden, K., Fishback, P.(eds) *Housing and Mortgage Markets in Historical perspective*. University of Chicago Press, Chicago, pp.203—244.

Fishback, P., Wallis, J. (2013) "What Was New about the New Deal", in Crafts, N., Fearon, P.(eds) *The Great Depression of the 1930s: Lessons for Today*. Oxford University Press, Oxford, pp.290—327.

Fishback, P., Kantor S, Wallis, J.(2003) "Can the New Deal's Three R's Be Rehabilitated? A Program-by-program County-by-county Analysis", *Explor Econ Hist*, 40:278—307.

Fishback, P., Horrace, W., Kantor, S. (2005) "Did New Deal Grant Programs Stimulate Local Economies? A Study of Federal Grants and Retail Sales during the Great Depression", *J Econ Hist*, 65:36—71.

Fishback, P., Horrace, W., Kantor, S. (2006) "The Impact of New Deal Expenditures on Mobility during the Great Depression", *Explor Econ Hist*, 43:179—222.

Fishback, P., Haines, M., Kantor, S. (2007) "Births, Deaths, and New Deal Relief during the Great Depression", *Rev Econ Stat*, 89:1—14.

Fishback, P., Flores-Lagunes, A., Horrace, W., Kantor, S., Treber, J.(2011) "The Influence of the Home Owners' Loan Corporation on Housing Markets during the 1930s", *Rev Financ Stud*, 24:1782—1813.

Fishback, P., Rose, J., Snowden, K. (2013) *Well Worth Saving: How the New Deal Safeguarded Home Ownership*. University of Chicago Press, Chicago.

Flacco, P., Parker, R. (1992) "Income Uncertainty and the Onset of the Great Depression", *Econ Inq*, 30:154—171.

Fleck, R.(1999) "The Marginal Effect of New Deal Relief Work on County-level Unemployment Statistics", *J Econ Hist*, 59: 659—687.

Freeman, R. (1998) "Spurts in Union Growth: Defining Moments and Social Processes", in Bordo, M., Goldin, C., White, E.(eds) *The*

Defining Moment: The Great Depression and the American Economy in the Twentieth Century. University of Chicago Press, Chicago, pp.265—296.

Friedberg, L.(1999) "The Effect of Old Age Assistance on Retirement", *J Public Econ*, 71:213—232.

Friedman, M., Schwartz, A.(1963) *A Monetary History of the United States 1867—1960*. Princeton University Press, Princeton.

Garrett, T., Wheelock, D.(2006) "Why Did Income Growth Vary across States during the Great Depression", *J Econ Hist*, 66:456—466.

Gordon, R., Krenn, R.(2010) "The End of the Great Depression 1939—1941: Policy Contributions and Fiscal Multipliers", NBER working paper no. 16380.

Hamilton, J.(1987) "Monetary Factors in the Great Depression", *J Monetary Econ*, 19:145—169.

Harriss, C.L.(1951) *History and Policies of the Home Owners' Loan Corporation*. National Bureau of Economic Research, New York.

Higgs, R.(1997) "Regime Uncertainty: Why the Great Depression Lasted So Long and Why Prosperity Resumed after the War", *Indep Rev*, 1:561—590.

Irwin, D.(1998) "Changes in U.S. Tariffs: The Role of Import Prices and Commercial Policies", *Am Econ Rev*, 88:1015—1026.

Irwin, D.(2011) *Peddling Protectionism: Smoot-Hawley and the Great Depression*. Princeton University Press, Princeton.

Johnson, R., Fishback, P., Kantor, S.(2010) "Striking at the Roots of Crime: The Impact of Social Welfare Spending on Crime during the Great Depression", *J Law Econ*, 53:715—740.

Keynes, J.M.(1964) *The General Theory of Employment Interest, and Money*. A Harbinger Book Harcourt Brace and World, New York.

Kindleberger, C.(1986) *The World in Depression 1929—1939, rev edn*. University of California Press, Berkeley.

Mason, J.(2001) "Do Lenders of Last Resort Policies Matter? The Effects of the Reconstruction Finance Corporation Assistance to Banks during the Great Depression", *J Financ Service Res*, 20:77—95.

Mason, J., Mitchener, K.(2010) "'Blood and Treasure': Exiting the Great Depression and Lessons for Today", *Oxf Rev Econ Policy*, 26:510—539.

McGrattan, E.(2012) "Capital Taxation during the U.S. Great Depression", *Q J Econ*, 127:1515—1550.

Meltzer, A.(2003) *A History of the Federal Reserve Volume I: 1913—1951*. University of Chicago Press, Chicago.

Mishkin, F.(1978) "The Household Balance Sheet and the Great Depression", *J Econ Hist*, 38:918—937.

Mitchener, K., Richardson, G.(2013) "Does 'Skin in the Game' Reduce Risk Taking? Leverage, Liability and the Long-run Consequences of New Deal Banking Reforms", *Explor Econ Hist*, 50:508—525.

Neumann, T., Fishback, P., Kantor, S.(2010) "The Dynamics of Relief Spending and the Private Urban Labor Market during the New Deal", *J Econ Hist*, 70:195—220.

Neumann, T., Taylor J, Fishback, P.(2013) "Comparisons of Weekly Hours over the Past Century and the Importance of Work Sharing Policies in the 1930s", *Am Econ Rev Pap Proc*, 102:105—110.

Ohanian, L.(2001) "Why Did Productivity Fall so Much during the Great Depression?", *Am Econ Rev Pap Proc*, 91:34—38.

Ohanian, L.(2009) "What-or Who-started the Great Depression?", *J Econ Theory*, 144:2310—2335.

Olney, M.(1991) *Buy Now, Pay Later: Advertising, Credit, and Consumer Durables*. University of North arolina Press, Chapel Hill.

Parker, R.(2002) *Reflections on the Great Depression*. Edward Elgar, Northampton.

Parker, R. (2007) *The Economics of the Great Depression: A Twenty-first Century Look back at the Economics of the Interwar Era*. Edward Elgar, Northampton.

Parsons, D. (1991) "Male Retirement Behavior in the United States 1930—1950", *J Econ Hist*, 51:657—674.

Peppers, L. (1973) "Full Employment Surplus Analysis and Structural Change: The 1930s", *Explor Econ Hist*, 10:197—210.

Richardson, G., Troost, W. (2009) "Monetary Intervention Mitigated Panics during the Great Depression: Quasi-experimental Evidence from A Federal Reserve District Border 1929—1933", *J Polit Econ*, 119:1031—1073.

Romer, C. (1990) "The Great Crash and the Onset of the Great Depression", *Q J Econ*, 105:597—624.

Romer, C. (1992) "What Ended the Great Depression?", *J Econ Hist*, 52:757—784.

Roosevelt, F.D. (1933) "Inaugural Address of Franklin Delano Roosevelt", downloaded on 10 June 2010 from http://www2.bartleby.com/124/pres49.html.

Rose, J. (2010) "Hoover's Truce: Wage Rigidity in the Onset of the Great Depression", *J Econ Hist*, 70:843—870.

Rose, J. (2011) "The Incredible HOLC: Mortgage Relief during the Great Depression", *J Money Credit Bank*, 43:1073—1107.

Rucker, R., Alston, L. (1987) "Farm Failures and Government Intervention: A Case Study of the 1930s", *Am Econ Rev*, 77:724—730.

Schumpeter, J. (1939) *Business Cycles (abridged)*. McGraw Hill, New York.

Smiley, G. (2002) *Rethinking the Great Depression: A New View of Its Causes and Consequences*. Ivan R Dee, Chicago.

Stoian, A., Fishback, P. (2010) "Welfare Spending and Mortality Rates for the Elderly before the Social Security Era", *Explor Econ Hist*, 47:1—27.

Taylor, J. (2007) "Cartel Codes Attributes and Cartel Performance: An Industry-level Analysis of the National Industrial Recovery Act", *J Law Econ*, 50:597—624.

Taylor, J. (2011) "Work-sharing during the Great Depression: Did the President's Reemployment Agreement Promote Reemployment?", *Economica*, 78:133—158.

Temin, P. (1976) *Did Monetary Forces Cause the Great Depression*. W. W. Norton, New York.

Temin, P. (1989) *Lessons from the Great Depression*. MIT Press, Cambridge.

Temin, P., Wigmore, B. (1990) "The End of One Big Deflation", *Explor Econ Hist*, 27:483—502.

Vickers, C., Ziebarth, N. (2014) "Did the National Industrial Recovery Act Foster Collusion? Evidence from the Macaroni Industry", *J Econ Hist*, 74:831—862.

Wallis, J., Benjamin, D. (1981) "Public Relief and Private Employment in the Great Depression", *J Econ Hist*, 41:97—102.

Wheelock, D. (1991) *The Strategy and Consistency of Federal Reserve Monetary Policy 1924—1933*. Cambridge University Press, New York.

Wicker, E. (1966) *Federal Reserve Monetary Policy, 1917—1933*. Random House, New York.

Williamson, S., Officer, L. (2014) "Measuring Worth", data downloaded on 10 October from http:// www.measuringworth.com/.

第七章

战争的计量史学方法

亚里 · 埃洛兰塔

摘要

本章是对经济史学者从历史学、政治学、社会学和经济学等多方面研究战争的观点的评论。在这里,笔者首先回顾了针对前现代时期的一些学术研究,特别是关于欧洲民族国家的形成和冲突问题。很明显,欧洲人在这一时期通过技术革新和反复的战争展现出暴力方面的比较优势。财政创新和扩张是其中的关键。革命时代与拿破仑战争标志着战争性质的改变以及全面战争与工业时代的到来。对于经济史学者来说,世界大战时期也许是其近来最有代表性的研究领域。新的数据和研究揭示了战争动员的机制,并强调了资源对于决定这些冲突结果的重要性。相反,对冷战时期的研究相对较少,至少从冲突或军事支出的角度看是如此。鉴于新数据的可获得性和许多档案的开放,这种状况极有可能在不远的将来发生变化。经济史学者在研究国家形成、帝国和民主等长期现象方面显然产生了影响。而由于新的面板和时间序列技术、计算能力的迅速发展以及许多新的在线数据库的产生,计量史学非常适合研究这些主题。

关键词

经济史　国防经济学　战争　计量史学　军费支出　国家形成

引　言

1300

计量史学对经济史学产生的理论与方法层面的影响，表现为经济理论和定量方法的使用，这已在许多将建模和计量作为经济史分析前沿的研究中得到广泛认可。相比之下，经济史学者对战争的定量研究比较少见，尽管在过去20年左右的时间里，逐渐有了一些这样的研究。以世界大战为例，不同学者基于不同的理论和方法背景，对某一特定冲突（或和平时代）的研究范式也不尽相同。总体而言，历史学者，特别是外交和军事历史学者，一直专注于解释世界大战或某一特定战争的起源，他们也研究其他大大小小的冲突。这些研究大多没有充分关注对战争的定量研究，比如，保罗·肯尼迪的《大国的兴衰：1500—2000年的经济变革与军事冲突》（Paul Kennedy, 1989）没有对霸权过度扩张的假说进行定量检验，也没有可靠的数据支持其研究结果（Eloranta, 2003, 2005）。

对战争的成本和影响的经济史研究并不充分，而经济学者也没有全心全意地研究冲突问题。例如，对国防经济和军事支出模式的研究与冷战时期军事预算和军事机构的巨大扩张有关。研究第二次世界大战后的政府扩张需要运用经济学的方法和工具，且至少具有三个特征：(1)所涉及的个人和组织（影响的私人和公共领域，例如订约）；(2)在预算过程和分配过程中，不同机构和组织安排的相互影响所带来的理论挑战；(3)军事开支的性质，或者更准确地说，作为一种公共品的国防及其潜在的破坏力（Sandler and Hartley, 1995）。国防经济学这个小领域的大多数研究分析的时间跨度较为有限，往往集中在1945年以后。更长时期的发展和历史问题通常不受国防经济学的关注，尽管许多理论观点和工具对长期分析也是有用的。

1301

研究政治和冲突问题的科学家，包括和平科学，通常与国防经济学者有着相似的研究领域，但他们从更长远的视野看待历史，关注最具破坏性的冲突背后的原因以及国家形成的决定因素。在这些相似的领域中，最重要的工作之一是1963年春开始的战争相关因素（Correlates of War, COW）项目。这一项目以及与之有松散联系的研究人员对有关冲突的研究产生了重大影响，更不用说它在构造比较统计数据方面的重要性（Singer，1979，1981，1990）。此外，这些贡献对研究军事开支和战争的长期动态变化有很大帮助。例如，根据国家形成研究的主要贡献者之一查尔斯·蒂利的说法，强制（统治者对暴力的垄断和向外施加强制的能力）和资本（为战争提供资金的手段）是欧洲在近代早期称霸世界的关键因素（Charles Tilly，1990）。战争、国家形成和技术优势是同一过程中相互关联的基本要素。

本章回顾了这些跨学科观点在战争研究中的一些应用，特别关注定量方法所带来的发现。首先，笔者分析了针对中世纪和近代早期的一些学术研究，特别是欧洲民族国家的形成和冲突。其次，笔者回顾了一些关于法国大革命和拿破仑战争的观点，特别是冲突性质的改变和全面战争的到来。再次，笔者探讨了成果最丰富的研究主题之一——世界大战时代，特别讨论了从计量角度的研究。此外，相对而言，冷战时期是研究冲突的经济史学者尚未探索的领域，而国防经济学者在这方面做了更多的工作。最后，笔者讨论了一些针对长期过程的研究，特别是国家形成、帝国、民主和军事支出。

主题1：中世纪和近代早期战争

近代早期的新兴民族国家更有能力进行战争。一方面，频繁的战争、新的火药技术和战争的商业化促使它们为了备战而整合资源；另一方面，统治者最终必须分出部分主权以获取其所需的国内外信贷。荷兰和英国在这方面做得最好，后者在第一次世界大战前夕建立了一个横跨全球的帝国。

中世纪时期，随着罗马帝国的崩溃（或至少是西半部的崩溃）和野蛮民族的入侵，欧洲封建制度诞生，在这一制度中，封建领主为社区提供保护以获得服务或财物。第一个千年结束后，该统治体系通常被用来调动人力和物力用于大规模军事行动（France，2001）。除了拜占庭帝国之外，大多数欧洲社会与中国封建王朝、伊斯兰帝国的辉煌与成就相比都相形见绌。但是，封建制度下的基督教西欧国家似乎更具稳定性，有着更长的统治者任期，这导致了欧洲军事复兴（Blaydes and Chaney，2013）。此外，直到12世纪和十字军东征，封建君主才开始进行更大规模的行动，这些行动需要补充日常收入来资助军事冲突。然而，中世纪国王的政治野心是未来的先兆，并导致了短期财政赤字，这使得长期信贷和长期军事行动变得困难（Webber and Wildavsky，1986；Eloranta，2005）。

战争和技术创新——特别是火药，终于来到欧洲，因而军队得以进攻和保卫更大范围的领土。这也使欧洲 14 世纪、15 世纪战争的商业化成为可能，因为封建军队被职业雇佣军所替代。在战争商业化时代，随着欧洲国家开始建立海外帝国，海上力量变得日益重要。葡萄牙、荷兰和英格兰分别因为在拿破仑战争前进行舰队和商业大规模扩张而成为"系统领导者"（systemic leaders）。在争取世界领导地位的斗争中的早期胜利者，如英格兰，由于可以获得廉价信贷，因此能够有效地调动有限的资源来支付军事开支（Thomas，1983；Modelski and Thompson，1988；Ferguson，2001；Eloranta，2003）。

经济史学者最近越来越多地研究这些早期的军队扩张、民族国家扩张和信用扩张。例如理查德・邦尼（Richard Bonney，1999a）①、菲利浦・霍夫曼和彼得・林德特（Philip Hoffman et al.，2002）②建立的项目和数据库等说明了财政发展更广泛的趋势，但他们通常没有在分析中明确地使用经济计量技术或经济理论。相反，他们提供数据供其他人使用。有许多更有趣的研究关注包括中世纪在内的历史时期中的各种事件，其中之一便是布劳尔和范图伊尔的著作《城堡、战斗与炸弹：经济学如何解释军事史》（Brauer and van Tuyll，2008），该书认为，可以用经济学理论中的逻辑解释军事史上的事件和结果。如此明确地运用经济理论来解释军事决策，至今在文献中尚属罕见。作者们研究的问题之一是中世纪和近代早期城堡的位置和布局。他们使用机会成本和沉没成本的概念来解释如下问题：随着城堡不断向外扩张——特别是 14 世纪后，欧洲国家为何在火药武器出现后依然使用效率低下的武器。此外，他们还认为，更大的城堡的边际收益逐渐递减，虽然在这方面还有更多问题有待研究。

现有文献表明，新兴民族国家开始发展更集中和更具生产性的收入-支出制度，其目标是加强国家权力，特别是专制时代的国家权力。这也体现了

1303

① 欧洲国家金融数据库（http://www.esfdb.org/）的统筹者。

② 全球价格和收入历史集团（http://gpih.ucdavis.edu/）的创始人。

战争规模和成本的增加。比如，在三十年战争中，有10万—20万人参战，而在20年后的西班牙王位继承战争中，双方参战人数均在45万—50万人之间。尽管如此，三十年战争在破坏力方面堪比最大的全球性战争。查尔斯·蒂利(Tilly, 1990)估计战争死亡人数超过200万。亨利·卡门则强调在德国的土地上，这场战争造成了大规模破坏以及经济混乱，特别是对平民来说(Henry Kamen, 1968; Tilly, 1990)。从多方面看，特别是考虑到大量的平民伤亡，这是一场全面战争。计量史学者尚未用模型和人口统计学家经常使用的其他工具来评估这一冲突与经济相关的问题，以真正充分地解答这一冲突的规模和范围。例如，战争对劳动力需求的影响是否与黑死病疫情相似？

另一个问题涉及西班牙帝国的成本，以及该国扩张的资金提供模式是否长期经济衰退的根源？随着17世纪武装冲突规模的不断扩大，欧洲参战国越来越依赖于长期信贷，因为无论哪个政府，一旦耗尽了金钱，就不得不立即投降。比如，尽管西班牙在17世纪所谓的衰落的原因仍有争议，但我们仍然可以认为，随着17世纪接连不断的军事行动，王室信用的缺乏和政府财政管理的不善导致了其巨额赤字支出。因此，西班牙王室在16世纪和17世纪一再违约，这多次迫使西班牙结束其军事活动(Kamen, 2004, 2008)。但这就是故事的全部吗？

道格拉斯·C.诺思(North, 1990, 1993)一再指出，新统一的西班牙(其收复失地运动于1492年完成)早期所采用的制度框架从长远来看是一个障碍，并导致西班牙失去了与法国、荷兰和英国等新兴大国竞争的优势。然而，亨利·卡门(Kamen, 2004)持相反观点，他强调西班牙成为帝国与早期的成功不同。西班牙通过帝国建设发展了军事优势，且由于其将扩张外包给了外国银行和资本，因而其失去优势的时间大大晚于诺思所认为的时间。卡门不同意长期衰落的论断，至少对诺思等学者的观点持反对态度。我们很难确定这段时间内反复出现的冲突和随之而来的债务在经济衰退中起到了多少作用。计量史学者也许能在这场争论中提供最有力的论据。毛里齐奥·德雷利希曼和汉斯-约阿希姆·福特(Mauricio Drelichman and Hans-Joachim Voth, 2011, 2014)对西班牙国王腓力二世的研究表明，尽管国王多次违约，但他在每次违约后很快就能借到更多债务。根据他们的研究结果，放款人往往能够借助动荡的西班牙债务关系迅速发展起来，而现成的合同结构为借贷双方分担风险提供了机会。因此,西班牙的衰落也许确实与其制度框架有关,但它或许并非不合理的发展模式,而是一种可以使君主在许多方面长期扩张帝国的机制。 1304

主题 2:革命战争和拿破仑战争

18 世纪,随着欧洲人口的快速增长,军队的规模也不断扩大。在西欧,七年战争(1756—1763 年)愈演愈烈,最终导致了法国大革命和拿破仑征服欧洲(1792—1815 年)。在军队规模的扩大中可以看到,以征兵和消耗战为新内容的革命战争带来了新的战争模式。例如,法国军队规模在 1793 年增加到 65 万人,是 1789 年的 3.5 倍多。同样地,英国军队规模从 1783 年的 5.7 万人增加到 1816 年的 25.5 万人。1816 年,俄国军队规模已经达到了 80 万人,且在整个 19 世纪一直维持这个数字。然而,大国战争的实际规模和平均持续时间都在明显下降。战争的性质改变了(Eloranta, 2005)。

以法国为例,其面临的一个关键问题是如何为这些战争提供资金。根据理查德·邦尼(Bonney, 1999b, 1999c)的数据,在"国家伟大"(national greatness)的时代,法国武装力量的成本惊人,1708—1714 年平均军费支出为 2.18 亿里弗,而在 1672—1678 年法荷战争期间,其平均军费的名义价格只有 9 900 万。这既是由于军队规模的增长,也是由于法国货币购买力的下降所导致的。然而,战争的总负担在这一时期仍然大致相等,至少按军事支出的预算份额来衡量是这样的(见表 7.1)。此外,与大多数欧洲君主国家一样,正是战争开支带来了法国的财政变化,特别是在拿破仑战争之后。在 1815 年至 1913 年间,法国公共支出增加了 444%,新兴财政国家也得到了巩固与加强。这也体现了法国信贷市场结构的变化。

18 世纪末,欧洲许多国家的军费开支相当一致,都是其最大的预算项目(表 7.1)。而且,尽管普鲁士的国防支出份额一直很高,但受这一时期各种冲突的影响,英国的国防支出份额时起时落。因此,由于交战方选择的方法,革命战争和拿破仑战争是真正的全面战争,影响了直接交战方以外的其他国家。战争的影响也波及了中立国家之间的关系。由于这些战争对所有国家的贸易关系产生了影响，许多国家争相寻找新的贸易渠道和来源。结果，弱国（美国）和/或小国（葡萄牙——既弱又小）的讨价还价能力有所增强，尽管这只是暂时的（Moreira and Eloranta，2011）。

表 7.1　17 世纪和 18 世纪英国、法国和普鲁士的国防支出份额（%）

英　国		法　国		普鲁士	
年　份	国防支出份额	年　份	国防支出份额	年　份	国防支出份额
1690	82	1620—1629	40	—	—
1700	66	1630—1639	35	—	—
1710	88	1640—1649	33	—	—
1720	68	1650—1659	21	1711—1720	78
1730	63	1660—1669	42	1721—1730	75
1741	77	1670—1679	65	1731—1740	82
1752	62	1680—1689	52	1741—1750	88
1760	88	1690—1699	76	1751—1760	90
1770	64	1726	35	1761—1770	91
1780	89	1751	41	1771—1780	91
1790	63	1775	30	1781—1790	78
1800	85	1788	25	1791—1800	82

资料来源：根据欧洲国家金融数据库（European State Finance Database，2013）计算得出。详情另见艾洛兰塔和兰德（Eloranta and Land，2011）的论文。

学者们很少关注战争时期较为弱小的国家，往往认为它们在冲突中所起的作用微不足道。莫雷拉和艾洛兰塔（Moreira and Eloranta，2011）认为，这是一个错误的假设，特别是在重大冲突的情况下。例如，美国比较弱小，且在这一时期大多保持中立，因为它存在时间短，军事力量有限。然而，美国早在第二次世界大战后成为霸权国家之前，就已经在世界贸易中发挥了重要作用。归根结底，大部分分析聚焦于英国和法国等大帝国是自然而然的。毕竟，将英国这样一个帝国的演变——从 16 世纪的弱小开端，发展到建立海军并对西班牙无敌舰队取得第一次重大胜利，再到 19 世纪成为统治世界的多元文化、工业化帝国——概念化是令人震惊的。也许正是这些竞争的激烈性质和大国之间的全面战争，解释了为什么它们不得不依靠联盟和较弱小的国家来补充它们的战争力量，并获得关键战略资源。因此，即使是像英国这样

1305

的大国，也不得不容忍中立国的活动，这有时会损害它们自己的战争利益。

近几年来，许多学者分析了像世界大战那样的重大战争造成的破坏。鲁文・格利克和阿兰・泰勒（Reuven Glick and Alan Taylor, 2010）使用计量经济学重力模型，利用大型数据库研究了战争，特别是两次世界大战的间接经济影响。他们的分析侧重于贸易中断及其带来的经济损失，并得出了明确的结果：大规模战争扰乱了贸易，使其未能恢复到战前水平。此外，这些经济中断甚至影响了那些没有直接卷入冲突的国家。这些发现可能也适用于其他大规模冲突，包括前工业化时代的大规模冲突。

此外，许多学者怀疑经济战的有效性，包括从相当温和的政策措施和压力到全面战争背景下的彻底经济战（O'Leary, 1985; Førland, 1993; Naylor, 2001）。兰斯・戴维斯和斯坦利・恩格曼（Lance Davis and Stanley Engerman, 2006）研究了一种跨越几个世纪的特殊形式的经济战，即海上封锁。他们同样强调了维持成功封锁的代价和挑战。例如，在拿破仑战争期间，对于封锁的合法性，尤其是在中立问题上，各国并没有达成那样明确的协议。正如他们所指出的，封锁的成功程度也往往难以评估（Crouzet, 1964）。实际战争时期，即使是封锁，都可能在破坏贸易的同时带来巨大的机会。正如其他学者所提出的，相对价格和巨额利润的上升可能是这些风险状况反而导致贸易增加的原因（Thornton and Ekelund, 2004）。此外，以戴维・贝尔（David Bell, 2007）为代表的最近的学术研究，无疑将革命战争和随后发生的拿破仑战争归为与世界大战相同的类别。最后，凯文・奥罗克（Kevin O'Rourke, 2006）通过集中分析贸易收缩，为革命战争和拿破仑战争提供了计量史学视角的见解。他的研究结果表明，在交战国中，英国受到的影响最小，而法国和美国受到的影响更大。美国的福利损失约为5%—6%，可以说是十分巨大。

1306

主题3：世界大战

第一次世界大战之前的四十年是军备竞赛不断加剧的时期。正如埃洛兰塔（Eloranta, 2007）所指出的那样，大国承受军事负担的时间也各不相同，这表明它们对外部和内部压力的反应不同。尽管如此，总体的、系统性的实际军事支出在整个时期都呈现出明显的上升趋势。此外，在埃洛兰塔（Eloranta，2007）考察的16个国家的总（实际）开支中，日俄战争的影响巨大，因为它们都是大国，而且仅俄国的军事开支就十分庞大。俄国的意外战败，以及无畏战舰的到来，引发了更加激烈的军备竞赛（Hobson，1993）。表7.2列出了最重要的参与国的军事支出基本数据。

表7.2　1870—1913年16国军事负担（即军事开支占GDP百分比）与国防份额（即军事开支占中央政府支出百分比）

国家（或组织）	平均军事负担（%）	军事负担（标准差）	平均国防份额（%）	国防份额（标准差）
奥匈帝国*	3.47	0.98	12.03	3.69
比利时	1.88	0.48	14.54	3.67
丹麦	1.89	0.50	29.93	7.47
法国*	3.68	0.55	25.91	3.69
德意志帝国*	2.56	0.42	54.12	13.45
意大利*	2.75	0.68	21.69	5.22
日本*	4.99	4.63	32.24	17.59
荷兰	2.77	0.32	26.18	2.65
挪威	约5.54	1.37	85.33	29.48
葡萄牙	1.34	0.14	18.95	2.32
俄国*	3.87	1.63	27.91	5.56
西班牙	2.01	0.64	21.35	6.22
瑞典	2.13	0.21	35.93	3.99
瑞士	1.12	0.32	60.21	5.66
英国*	2.63	0.97	37.52	7.89
美国*	0.74	0.25	29.43	10.50
大国（标记*的国家）	3.09	1.26	30.11	8.45
中小国家（未标记*的国家）	2.33	0.50	36.55	7.68

资料来源：详细数据参见Eloranta，2007。

1914年8月，这一军事力量在欧洲释放，带来了可怕的后果——引发了持续4年多的第一次世界大战。另一场全面战争已经开始，且发生在工业时代。大约900万战斗人员和1 200万平民在第一次世界大战中丧生，随之而来的，还有主要集中在法国、比利时和波兰的财产损失。许多新的研究分析了这场战争，特别是斯蒂芬·布罗德贝里和马克·哈里森（Stephen Broadberry and Mark Harrison，2005a）主编的《第一次世界大战经济学》。我们对战争造成的经济损失了解多少？根据龙多·卡梅伦和拉里·尼尔（Rondo Cameron and Larry Neal, 2003）的数据，第一次世界大战造成的直接经济损失约为1 800亿—2 300亿美元（以1914年价格为标准），而间接财产和资本损失达到1 500亿美元以上。根据布罗德贝里和哈里森（Broadberry and Harrison, 2005b）的研究，战争经济损失可能高达6 920亿美元（以1938年价格为标准）。但是它们需要调动多少资源，以及战争的人力成本是多少呢？ 1307

第一次世界大战的早期阶段包括动员部队和调动即时经济以进行战争。对德国来说，在敌对势力的地缘政治包围下迅速取得胜利是最可行的战略（Ferguson, 1999）。冲突可能会被延长，德国及其盟友奥匈帝国必须在两条战线上打一场消耗战的可能性，并没有得到认真考虑（Stevenson, 2011; Strachan, 2011）。英国是一个国家主导工业动员的例子。国家参与的主要形式是征用和合作，而不是命令和强制。通过引进新的制造商参与战争生产、建立新的公共工厂以及在国外购买军火，政府无意中促进了工业的分散并促进了制造商之间的竞争。同样，原材料以市场为基础的交易机制并没有消失，政府在这一领域的控制只是一种被迫的临时措施。在战争的前两年里，政府基本上没有干预食物问题。与所有主要大陆国家不同，英国从未建立对粮食的完全垄断。直到战争结束前五个月，才针对其他的一些食物实行配给。总而言之，英国工业是以资本主义市场经济，而不是由政府主导经济的方式运作的（Blum and Eloranta, 2013）。 1308

市场经济的许多特征完全适用于战时法国经济。法国经济比任何其他经济体系都更能体现生产的自我动员和自我组织性。虽然工业动员是由政府推动的，但企业家本身在组织大规模武器和弹药生产方面发挥了主要作用。法国的资源配置机构，即公会，代表着一种虚弱的、临时性的企业组织。在战争期间的大约3年里，法国当局对食品的监管措施非常少。当局实施的少数管制主要是对一些食品进行价格控制。由于从海外大量进口食品，似乎没有必要采取更严厉的食品管制措施。仅在1917年末，政府实行了粮食垄断和面包配给措施（Blum and Eloranta, 2013）。

协约国中的大国们在战争期间也能够更有效地调动资源。尽管最初同盟国在资源有限的情况下做得很好，但协约国能够在后方和前线更好地调动其优越得多的经济和军事资源。它们更民主的制度比专制的对手更能支持满足全面战争的需求，特别是能够比对手更有效地动员社会。因此，较富裕的国家为战争调动了更多的人力和物力，事实证明，其战争工业很有能力适应战争机器的需要(Broadberry and Harrison, 2005b)。

此外，在战时的限制条件下，拥有大量农民人口反而成为粮食生产的障碍。在较贫穷的国家，甚至在富裕的德国，战争动员行动夺走了农业资源，农民宁愿囤积粮食也不愿将其以低价出售。正如阿夫纳·奥弗(Avner Offer, 1989)所指出的，食物(或者说食物的匮乏)在德国的崩溃中起到了决定性作用。德国的问题并不在于其无法调动战争资源，而在于其主要盟友奥匈帝国是一个资源有限、无法有效调动资源的穷国。事实证明，协约国对资源的集体动员是德国难以克服的巨大障碍(Blum, 2011, 2013; Blum and Eloranta, 2013)。

归根结底，资源和动员是同盟国的弱点，导致它们在1918年春季供应线过度紧张之后失败。1918年停火和1919年《凡尔赛和约》签订后，德国经历了政治动荡和经济混乱。军事失败、经济耗尽、赔偿负担、战争债务以及不确定的政治前景之间复杂的相互影响过程，为德国此后三十年的动荡奠定了基础。战争和战时经济的一个后果是1921—1923年的恶性通货膨胀，这被认为是导致魏玛共和国毁灭的一个原因。到1923年，食品价格和零售商价格的平均价格指数分别为1 980亿和1 660亿，而工资上涨则不成比例。1923年熟练工人的工资指数(以1913年价格为1)为850亿，而相应的非熟练工人和公务员的数值则分别为1 000亿和560亿(Blum, 2013; Blum and Eloranta, 2013)。尽管恶性通胀刺激了经济，特别是刺激了出口部门，并帮助消除了大量的国内债务和非赔偿性外债，但通胀的总效应是灾难性的。德国GDP从1922年到1923年下降了三分之一。

1309

此外，阿尔布雷希特·里奇尔(Albrecht Ritschl, 2005)指出，和平的条件既过于宽松，又过于苛刻，而德国，特别是德国公众，认为这场冲突结束的方式是不切实际的。他坚持认为，德国军队在技术上被击败了，但德国还没有被盟军入侵。德国领导人没有被俘，首都也没有被围困或征服，事实上，德国领土大体上毫发无损，皇帝设法逃到了中立的荷兰。很快，谣言传开了，说后方士气低落破坏了军事力量——“背后捅刀”的传说就这样诞生了。在缺乏明显证据的情况下，很难理解这是一场不可避免的失败，而1945年，盟军的另一个联盟完成了这一任务。对战争失败和金融灾难的“真实”原因的幻想，助长了右翼宣传人士煽动对少数民族和政治少数群体的仇恨。

关于宏观经济后果，范斯坦等人(Feinstein et al., 1997)总结了战争导致的四个直接经济结果：(1)两次直接外生冲击，即战争后供给和需求中断以及过剩的动员生产(和军事)能力；(2)经济环境更加僵化，部分原因是工资灵活性下降；(3)财政结构变弱，因为各经济体必须承担新的、更多的公共支出以及以战前税收水平为主而获得的债务；(4)脆弱的国际货币体系。这场战争的“赢家”，至少在经济增长效应方面，似乎是中立国，比如北欧国家，它们的表现超过了其他西方国家。

罗纳德·芬德利和凯文·奥罗克(Ronald Findlay and Kevin O'Rourke, 2007)总结了世界大战带来的挑战对全球贸易和政治所导致的后果。首先，战争期间有三次战时调整，产生了严重的后果：(1)非欧洲生产商在战争期间和随后的价格竞争中提升了它们的地位；(2)战时工业扩张，在战后难以改变方向；(3)非欧洲国家工业化的推进。在更广泛的影响方面，他们列出了以下内容：(1)动荡的国内政治的重要性增加；(2)战争债务的遗留；(3)回归金本位制的困难；(4)新民族国家的建立；(5)俄国十月革命和社会主义国家建立；(6)第一次世界大战造成的不稳定和条件，将导致第二次世界大战。

关于两次世界大战之间的时期，特别是有关解除武装和重整军备的研究很多。例如，关于德国重整军备的研究通常集中在战争时期。然而，马克斯·汉特克和马克·施珀雷尔(Max Hantke and Mark Spoerer, 2010)利用反事实分析等计量史学技术，研究了20世纪20年代隐藏的军费开支。他们的基本目标是分析《凡尔赛和约》(即赔偿问题)对德国经济的重要性。为了达到这个目的，他们设计了一个精巧的策略。他们的反事实框架试图分析，如果没有对德国武装部队的条约限制，“正常的”、不受限制的军事支出会对德国经济产生什么影响。通过这样做，他们得出结论：支出的规模及其影响基本一致，而魏玛经济的失败是由于其国内政策。这种失败的核心是财政影响以及领土和工业能力丧失所造成的限制。在所涉及的一些技术方面，汉克特和施珀雷尔在重构德国动荡的20年代预算数字时体现出相当大的独创性。关于赔偿及其影响的讨论也让人想起尤金·怀特(Eugene White, 2001)有关1870—1871年佛朗哥-普鲁士战争及其后果方面的著作。

1310

此外，人们可能会问，为什么国际联盟最终未能实现其最基本的目标——广泛裁军。埃洛兰塔(Eloranta, 2011)指出，国际联盟的失败有两个重要方面：第一，未能为其成员提供充分的安全保障(像一个可信的联盟)；第二，该组织未能实现其在20世纪20—30年代制定的裁军目标。因此，由于其内在制度性矛盾，它从一开始就注定要失败。从经济理论和经济计量分析的角度来看，国际联盟也可以被作为军事联盟进行建模和分析。埃洛兰塔(Eloranta, 2011)的分析结果相当有说服力：国际联盟并不是一个纯粹的公益联盟，这推动了20世纪30年代的军备竞赛。

在两次世界大战之间，许多国家尽管有裁军的倾向，但依然维持着相当高的军费支出，尤其是在20世纪20年代。20世纪30年代中期标志着激烈的重整军备的开始，而一些独裁政权早在30年代早期就开始重整军备了。在希特勒统治下的德国将其军事负担从1933年的1.6%增加到1938年的18.9%，一项重整军备计划将创造性资金供给与承诺为德国人提供枪支和黄油相结合。墨索里尼为实现新罗马帝国所付出的努力并不那么成功，20世纪30年代其军事负担在4%到5%之间波动(1938年为5.0%)。日本的重整军备运动可能是最令人印象深刻的，在1938年，其军事负担高达22.7%，国防支出份额超过50%。对法国和苏联等许多国家来说，30年代技术变革的快速步伐使得许多早期的军备在两三年后就过时了(Eloranta, 2002)。

马克·托马斯(Mark Thomas, 1983)用调整后的20世纪30年代投入-产出表分析了英国重整军备的问题，以考察经济中的因果相关性。他认为重整军备有助于减轻衰退的影响，这本质上是对政府的财政政策提出了凯恩斯主义的论点。克拉夫茨和米尔斯(Crafts and Mills, 2013)近期对此提出了质疑，证明了其乘数效应较低，在0.3—0.8范围内。他们还详细讨论了以前被用于估计影响的模型，并指出理论研究结果基本上依赖于模型。他们选择使用的是较新的时间序列技术，其中考虑到了潜在的内生性问题。这场争论至今仍远远没有结束，这些情况也适用于有关20世纪30年代更广泛的计划(如新政)的辩论。①

1311

① 费什巴克和卡恰诺夫斯卡娅的研究(Fishback and Kachanovskaya, 2010)是这一争论的一个例子。

在第二次世界大战的初始阶段(1939 年到 1942 年年初),从战略和经济潜力方面来说,轴心国占优。在那之后,随着美国和苏联加入盟军,消耗战的趋势被扭转,开始有利于同盟国。例如,1943 年同盟国的 GDP 总额为 22 230亿美元(按 1990 年价格计算),而轴心国仅为 8 950 亿美元。此外,第二次世界大战对参战国经济的影响要深远得多。例如,第一次世界大战高峰期的英国军事负担大约为 27%,而在整个第二次世界大战期间,其军事负担水平一直超过 50%(Harrison, 1998; Eloranta, 2003)。

其他大国的军费负担也位于类似的水平。只有美国庞大的经济资源才使其军事负担得以减少。英国和美国还有效地调动了中央/联邦政府的开支以用于军事。从这个意义上说,苏联的情况最差,一方面,与其他大国相比,其军事人员在人口中所占的比例相对较小。另一方面,苏联拥有的经济和人口资源最终确保了其得以在德国的进攻中生存下来。总的来说,德国和苏联的人员损失最大,是其他大国的许多倍。与第一次世界大战相比,第二次世界大战更具破坏性和致命性,战争造成的经济损失总额超过 40 000 亿美元(以 1938 年价格计算)。战后,欧洲的工业和农业生产仅相当于 1938 年总量的一半(Harrison, 1996, 1998, 2000)。

第二次世界大战在最近的经济史研究中被广泛地涉及。由马克·哈里森主编的《第二次世界大战经济学》就是这些成果的一个很好的集合。例如,尽管英国和德国在战争中的表现有显著不同,但战争本身导致了同样极端的经济活动:两国的失业率都几乎为零,而且经济倾向于军备生产。从 1933 年到 1944 年,德国的 GDP 和人均 GDP 每年都在上升。自然,战争的结束给德国带来了经济崩溃,德国在 1945 年和 1946 年都出现了严重的衰退(其幅度分别是 33%和 50%)。同样,英国的 GDP 和人均 GDP 也出现了大幅增长。然而到 1943 年,英国的经济增长开始放缓,到 1944 年和 1945 年,GDP 都有所下降,尽管其破坏性不像德国经济恶化那样严重 1312 (Broadberry and Howlett, 1998; Abelshauser, 2000)。

此外,德国的弹药总产量在战争期间每年都逐月增加,直到 1944 年 9 月产量才开始下降。然而,德国机床生产率在整个战争期间都在下降,降至 1939 年水平的 79%。甚至煤炭生产率也有所下降,从 1939 年最高点的人均 100 吨下降到 75 吨。部分生产率损失是由劳动力短缺或劳动纠纷造成的。虽然英国的煤炭产量下降,但农业部门的效率似乎奇迹般地提高了。即使有很大一部分有经验的工人因被征召入伍而离开生产,而且食品进口减少了70%甚至更多,但农业生产使每个雇员产出的热量比1937年水平增加了近77%。虽然失去了有经验的劳动力,但农业部门通过雇用妇女、志愿劳动力以及战俘,使就业人数有所增加。总的来说,一个部门在战争期间的发展是成功还是失败因行业而异(Broadberry and Howlett, 1998; Abelshauser, 2000)。

最后,战争对这些经济体的经济发展产生了短期和长期影响。在德国,配给制度在战争之前就已经开始实施。此外,普通家庭的生活成本稳步上升,特别是食物成本。到1944年,食品价格上涨到1938年价格的113%,服装价格上涨到1938年价格的141%。由于配给制与物价上涨,工人家庭成员的平均卡路里摄入量从1939—1940年的2 435卡路里下降到1945—1946年的1 412卡路里(Abelshouser, 2000)。当然,战后德国及其经济的解体无疑使人们相信第二次世界大战对欧洲经济的破坏力。即使是战胜国,例如英国,也遭受了重大损失。基于实物资本来衡量,英国损失了其战前财富的18.6%(Broadberry and Howlett, 1998)。这让许多人担心国家会计划继续进行工业国有化(尽管这一担忧从未成真)。最后,欧洲每个国家都感受到了战争带来的经济上的痛苦。

主题4:冷战及其后

第二次世界大战的结束带来了新的全球秩序,美国和苏联成为全球安全事务中最主要的参与者。1949年,北大西洋公约组织(简称北约)成立后,西方国家形成了强大的军事防御同盟。1955年,因战争而崛起的苏联随后也建立了华沙条约组织(简称华约)。冷战也意味着大多数西方国家公共开支和税收水平的改变。在福利和社会支出增加后,军事支出水平也在冷战初期达到高峰。美国的军事负担在1952—1954年间增长了10%以上,在战后(直到1991年)始终保持在6.7%的高平均值上。英国和法国在朝鲜战争后也纷纷效法美国(Eloranta, 2003)。

冷战涉及大规模的军备竞赛,核武器是其主要投入项目。苏联在20世纪50年代的军费支出约为美国的60%—70%,在20世纪70年代一度略高于美国(参见图7.1)。尽管如此,美国在核弹头方面仍保持着对苏联的巨大优势。通过比较支出金额,北约在20世纪70年代和80年代初期的支出以2∶1领先于华约。技术进步导致士兵人均成本的增加是引发这场军备竞赛的部分原因——据估计,战后的技术进步使得实际成本大约平均每年增加5.5%。然而,随着核武器和其他新式武器系统的引进,"物超所值"的效应大幅增加(Ferguson, 2001; Eloranta, 2005)。 1313

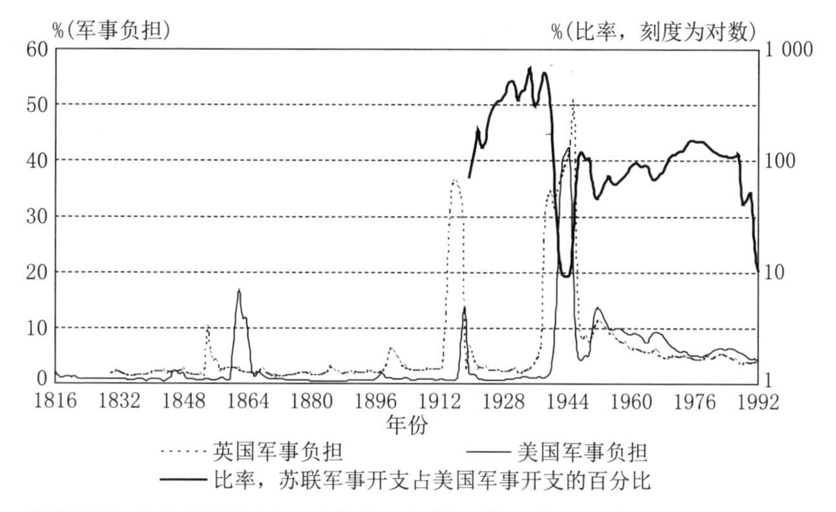

资料来源:有关数据来源和计算方法的详细信息参见埃洛兰塔的研究(Eloranta, 2005)。

图7.1 1816—1993年美国和英国的军事负担
以及苏联的军事开支占美国军事开支的百分比

虽然当前对第二次世界大战的研究已经非常详尽,但对冷战冲突及其军事支出的研究较少。一些主题如所谓的军工复合体(MIC)已经被探讨过,它指的是军事和工业部门对彼此政策的影响,而更为负面的含义是指在这种勾结关系中,军火商很可能对政府购买和外交政策产生过大的影响。事实上,这种类型的互动起源可以追溯到更为久远的历史。正如保罗·科伊斯蒂宁(Paul Koistinen, 1980)所强调的那样,第一次世界大战是政商关系的分水岭,因为在这场全面冲突中,政府经常请商人来制定供应决策。实际上, 1314

多数政府在世界大战期间都需要核心商业精英的专业知识。美国早在1940年以前就产生了某种形式的MIC，二战前的其他国家，如苏联，也有类似的发展。冷战只是强化了这些趋势（Koistinen, 1980; Harrison, 2003; Eloranta, 2009）。如罗伯特·希格斯（Trevino and Higgs, 1992; Robert Higgs, 1994）的研究表明，1948—1989年间，领先的国防承包公司的财务情况平均来说要比同类的大公司好得多。尽管如此，他的研究并不支持国防承包商利润异常的规范性结论。

经济史学者对冷战军备竞赛并没有进行太多研究——大部分研究是国防经济学者进行的。从曼瑟·奥尔森和理查德·泽克豪泽有关北约的开创性研究（Mancur Olson and Richard Zeckhauser, 1966）开始，关于联盟中的集体安全条款以及这一条款对军费开支的影响就有了许多可检验的假设。奥尔森和泽克豪泽提出的逻辑说明，纯公共利益联盟的特点是小国（或穷国）搭便车，因为它们的合理预期是在统一的防御安排下得到大国的军事援助。例如，最近的研究发现，纯粹的公共利益联盟概念只能用于大约1966年以前的北约，从那以后战略原则的改变迫使成员国更多地依赖它们自己的军事供应（Sandler and Hartley, 1999）。

当然，正如笔者所认为的那样，基于公共品理论的解释，以及借助溢出效应的防御供给的次优性解释，是具有坚实理论基础的。事实上，奥尔森和泽克豪泽（Olson and Zeckhauser, 1966）运用斯皮尔曼等级相关系数检验发现，北约成员国的国民生产总值（GNP）与其1964年的军事负担之间存在显著的正相关，这表明较小的成员国有明显的搭便车行为。后来的研究明确地用纯公共利益联盟的概念描述北约，直到1966年，变量之间的等级正相关性不再具有统计意义（Sandler and Murdoch, 1990; Sandler and Hartley, 1999）。

另一个有趣的研究领域是关于冷战是如何结束的问题。这显然是一个充满政治重要性和学术争论的话题。可能的解释因素确实有很多（参见例如Kegley, 1994）。此外，关于苏联解体的争论也很激烈。经济史学者也参与了这场争论。例如，马克·哈里森（Harrison, 2002）对这一问题进行了分析，研究发现，管制体系本身并不一定是不稳定的；相反，这种稳定是以基于政治强制力的水平和应用的平衡为条件的。以苏联为例，改革（perestroika）所带来的强制力减弱瓦解了这一体系。哈里森采用了关于军事开支的历史统计和档案数据来证明他的观点。

然而，尽管经济史学者进行了这些分析，但他们在对冷战的规模和范围以及军备竞赛影响的讨论中还不够活跃。他们对所谓的“经济增长的黄金时代”(1950—1973年)、欧盟的演变和马歇尔计划更感兴趣(Maddison，1989，2001；Berger and Ritschl，1995；Eichengreen，1995；Ritschl，2004)。而关于冷战的研究大部分被国防经济学者和政治学者占据了。在不久的将来，各种档案和新数据源的开放必将改变这种状况。

1315

主题5：长期分析（军费开支、社会结构和帝国）

经济史学者通常比经济学者对社会的长期发展更感兴趣。政治和战争科学家以及社会学者一直对同样的问题甚至时间段感兴趣，但并不总是从相同的角度或使用相同的方法来研究。然而，尽管一些周期理论家和冲突科学家一直对自1648年以来现代民族国家和几个国家体系的形成感兴趣，但他们并没有对前现代社会和战争表现出任何真正的兴趣(Wright，1942；Blainey，1973；Levy，1985，1998；Geller and Singer，1998)。经济史学者不断将他们的研究扩展到更早的时期，特别是由于现在有了新的数据可用于进一步分析诸如国家形成等问题。

政治学者也在探寻发展模式，如发展浪潮。根据乔治·莫德尔斯基和威廉·R.汤普森(George Modelski and William R. Thompson，1988，1996)的研究，对于将康德拉捷夫长波周期理论作为世界领导模式发展的解释力量的支持者来说，一国崛起的关键方面是海军力量。在大多数对霸权模式的研究中，针对国家之间在争夺军事和经济领导地位的竞争中军费开支部分的研究较少。例如，人们常认为，不平衡的经济增长水平导致各国为经济和军事实力而竞争。因此，领导国必须将越来越多的资源用于军备，以保持其地位，而其他国家，即所谓的跟随者，可以从对经济活动的其他领域的更大投资中受益。因此，跟随者国家在由霸权维系稳定的国际体系中搭便车。这种发展模式假说的一个内在假设是，军费开支最终不利于经济发展，而这一概念经常受到实证研究的挑战(Kennedy, 1989; Eloranta, 2005)。

根据国家的长期政权特征来对国家的军事(或预算)支出行为建模的可信尝试相对较少。这里将特别阐述三个:韦伯-威尔达夫斯基(Carolyn Webber and Niall Wildavsky, 1986)的预算模型、理查德·邦尼(Richard Bonney, 1999a)的财政制度模型,以及尼尔·弗格森(Niall Ferguson, 2001)的公共债务与政府形式之间相互作用的模型。卡罗琳·韦伯和阿伦·威尔达夫斯基认为,每种政治文化都会产生其特有的预算目标,即市场制度中的生产力,基于宗派(与既定权威持不同意见的特定群体)以及等级制度中更复杂程序的再分配。

1316

然而,他们的模型本质上是静态的。模型没有提供线索,以说明为什么国家的行为会随着时间的推移而改变,特别是从长期来看。理查德·邦尼(Richard Bonney, 1999a)在他关于早期现代国家的著作中已经解决了这个问题。他强调,各国的收入和税收制度——任何军事上成功的民族国家的支柱——会随着时间的推移而发展。例如,在近代早期大多数欧洲国家中,政府成为争端的仲裁者和社会中特定基本权利的捍卫者。中世纪时,欧洲的财政制度相对落后和专制,统治者大多是掠夺性的[或"流动的匪帮",来自曼瑟·奥尔森(Olson, 1993)所创造的称谓]。在他的模型中,这是所谓的贡赋国家的阶段。接下来在演变中,分别成为领地国家(统治者是固定的匪帮,提供一些公共产品)、税收国家(更多地依赖信贷和税收),最后是财政国家(体现出更复杂的财政和政治结构)。像 19 世纪英国这样的超级大国必须成为一个财政国家才能主宰世界,因为帝国承受着所有支出负担(Ferguson, 2003)。

虽然上面提到的两种模型都提供了重要线索,以解释各国如何以及为什么要在财政上为战争做准备,或它们如何以及为何能在战争中幸存下来,但尼尔·弗格森(Ferguson, 2001, 2006)的研究为这一过程提供了最完整的描述。他坚持认为,战争塑造了所有现代经济生活中最重要的机构:税收机构、中央银行、债券市场和证券交易所。此外,他认为,公共债务工具的发明与更民主的政府形式和军事霸权齐头并进——自此才有了所谓的荷兰模式或英国模式。这些制度类型在经济上也是最有效的,反过来又加强了这种财政制度模式的成功。事实上,在历史上大部分时间里,军费开支可能是财政创新的主要原因。弗格森的模型强调,一个国家要在他国的挑战中生存下来,采用合适的制度类型、技术以及外部野心的充分帮助都十分重要。然而在通常情况下,这些模型都没有大量使用定量检验或方法来证明它们的论点,因而这个研究领域在未来可以有更多成果。

计量史学者已经带来了很多东西,特别是关于国家的长期发展、政权类型和金融/财政演变。例如,菲利普·霍夫曼表明,分析工业革命之前几个世纪的军事部门和技术是可能的。他主要基于对价格数据的分析,发现西欧早在1800年之前就在军事方面形成了比较优势。欧洲军事工业在近代早期表现出巨大的生产力增长,使其具有了优势,尤其在火药技术方面(Hoffman and Rosenthal, 1997; Hoffman, 2011)。霍夫曼(Hoffman, 2012)还引入了一个有趣的(且可检验的)模型来解释这种比较优势的来源,即锦标赛模型。在这种模型中,赢得战争和通过技术发展获得对竞争对手的优势是错综复杂地交织在一起的。这导致了欧洲在军事发展上的优势,并推动了帝国的建设。

经济史学者也积极参与了关于帝国(例如大英帝国)的扩张、运作和盈利能力的讨论。当然,这种评论文章可以追溯到几个世纪前像亚当·斯密(Adam Smith, 1776)或约翰·霍布森(John Hobson, 1965 reprint)这样的关键人物,他们对大英帝国的盈利能力持怀疑态度,而他们最终从帝国受益。最近,包括阿夫纳·奥弗(Offer, 1993)、帕特里克·奥布莱恩(Patrick O'Brien, 1988)、兰斯·戴维斯和罗伯特·赫滕巴克(Lance Davis and Robert Huttenback, 1982, 1986)以及尼尔·弗格森(Ferguson, 2003, 2004)在内的几位学者都对这个问题发表了意见。经济史学者的各种工具被用来解决这些问题。戴维斯和赫滕巴克基于计量经济学的运用和建模,坚持认为帝国的利润不足以推动英国整体经济增长,而中产阶级承担的相对成本份额高于精英阶层。一方面,与此相关的是,奥布莱恩与斯密、霍布森的观点一样,认为帝国是一种不必要的开支,它以高昂的代价将英国拖入众多冲突,而且代价的分摊是不平等的,主要由本土英国人承担。另一方面,奥弗批判了其中的一些发现,特别是数据解决方案以及军费开支在帝国建设中的作用。他用联盟理论来解释帝国内部支出分配不均的问题。弗格森还以不同的方式试图强调帝国的一些好处,例如,进行大范围贸易的能力。

计量史学者作出重大贡献的另一系列问题，是长期视角下的国家形成。除了笔者已经讨论过的学者外，马克・丁赛科(Mark Dincecco, 2009, 2010; Dincecco and Prado, 2012)对围绕欧洲国家财政革命的讨论作出了一些重大贡献。他代表性地采用了新的面板数据和相关技术，得出如下发现：中央集权和对政治权力的限制导致欧洲国家收入增加；前现代战争的伤亡与财政制度相关；财政能力的提高可能导致更高的经济回报；以及以莱茵河为界的东欧和西欧，从1789年后在制度上开始分化。此外，著名政治学家戴维・斯塔萨维奇(David Stasavage)等人以类似的方法研究发现，在1600年至2000年间，导致大规模军队兴衰的最大因素是交通和通信技术的变化，以及为满足20世纪全面战争需求的动员导致了财富实质性再分配和累进税的出现(Onorato et al., 2012; Scheve and Stasavage, 2010)。

相反地，马克・哈里森和尼古劳斯・沃尔夫(Mark Harrison and Nikolaus Wolf, 2011)研究了国家发展的另一个方面，即民主国家和战争的发展。所谓民主和平论，意味着民主国家不相互争斗，是广泛和非常跨学科的(参见例如Russet, 1993; De Mesquita et al., 1999; Choi, 2011; Gowa, 2011; Dafoe and Russett, 2013)。哈里森和沃尔夫(Harrison and Wolf, 2014)认为，这一被广泛接受的论点可能并不总是成立，特别是在分析1870年以来各个国家的发展时。他们指出，贸易和民主并非总是有助于避免冲突，相反，它们事实上会带来战争能力和冲突频率的提高。这一观点引发了关于民主和平概念合理性的一些讨论(Gleditsch and Pickering, 2014; Harrison and Wolf, 2014)。

1318

结　语

本章旨在回顾经济史学家应用于战争研究的历史学、政治学、社会学和经济学的许多视角，特别是理论和定量视角如何丰富了关于冲突的原因、形成、成本和结果的讨论。笔者认为，经济史学者——使用从简单的数据工具到更复杂的计量经济学的各种技术——经常扩大讨论的范围，既可以对冲突和政治进行更全面的长期分析，也可以对特定的冲突和时期进行更深入的经济分析。

本章首先回顾了一些关于中世纪和近代早期的学术研究，特别是关于欧洲民族国家的形成以及冲突在这些过程中所起的作用。在回顾的最后分析长期过程时，笔者又回归到了这些主题。总而言之，现在相当清楚的是，欧洲在这个时期形成了军事方面的相对优势，这是通过技术创新和反复的战争实现的。财政创新和扩张是其中的关键部分。然后，笔者开始讨论历史上的一个关键时期，即革命时期和拿破仑战争时期。这一时期代表了战争性质的改变，即全面战争战术和战略正式到来、新型国家出现以及工业时代到来。19 世纪是一个冲突相对较少的全球化时期，但它也为破坏性的 20 世纪做好了铺垫。

世界大战时期也许是最近经济史学者最有代表性的研究领域。许多学者现在已经深入研究了冲突的经济层面和影响，以及两次世界大战期间的裁军/重整军备问题。新的数据和学术研究已经表明了动员的机制，并强调了资源在决定这些冲突结果中的重要性。相反，对冷战时期的相关研究较少，至少从冲突或军费开支的角度来看是这样。鉴于新数据的可获得性和许多档案的开放，这种状况极有可能在不远的将来发生变化。经济史学者在研究国家形成、帝国和民主等长期现象方面显然产生了影响。比较研究是这些新的学术研究的核心，而特别是由于新的面板数据和时间序列技术的可获得性、计算能力的迅速发展以及许多新的在线数据库的创建，计量史学非常适合用来研究这些主题。

参考文献

Abelshauser, W.(2000) “Germany: Guns, Butter, and Economic Miracles”, in Harrison, M.(ed) *The Economics of World War II. Six Great Powers in International Comparison*. Cambridge University Press, Cambridge, pp.122—176.

Bell, D.(2007) *The First Total War: Napoleon's Europe and the Birth of Warfare as We Know It*. Houghton Mifflin Harcourt, New York.

Berge, H., Ritschl, A.(1995) “Germany and the Political Economy of the Marshall Plan, 1947—1952: A Re-revisionist View”, in Eichengreen, B.(ed) *Europe's Postwar Recovery*. Cambridge University Press, Cambridge, pp.199—245.

Blainey, G.(1973) *The Causes of War*. Free Press, New York.

Blaydes, L., Chaney, E.(2013) “The Feudal Revolution and Europe's Rise: Political Divergence of the Christian West and the Muslim World before 1500 CE”, *Am Polit Sci Rev*, 107(01):16—34.

Blum, M.(2011) “Government Decisions before and during the First World War and the Living Standards in Germany during a Drastic

Natural Experiment", *Explor Econ Hist*, 48(4): 556—567.

Blum, M.(2013) "War, Food Rationing, and Socioeconomic Inequality in Germany during the First World War", *Econ Hist Rev*, 66(4): 1063—1083.

Blum, M., Eloranta, J. (2013) "War Zones, Economic Challenges, and Well-being—Perspectives on Germany during the First World War", in Miller, N.(ed) *War: Global Assessment, Public Attitudes and Psychological Effect*. Nova Publishers, New York.

Bonney, R.(ed) (1999a) *The Rise of the Fiscal State in Europe c. 1200—1815*. Oxford University Press, Oxford.

Bonney, R. (1999b) "Introduction", in Bonney, R.(ed) *The Rise of the Fiscal State in Europe c. 1200—1815*. Oxford University Press, Oxford, pp.1—17.

Bonney, R. (1999c) "France, 1494—1815", in Bonney, R.(ed) *The Rise of the Fiscal State in Europe c. 1200—1815*. Oxford University Press, Oxford.

Brauer J, Tuyll, H. V. (2008) *Castles, Battles & Bombs. How Economics Explains Military History*. Chicago University Press, Chicago.

Broadberry, S., Harrison, M.(eds) (2005a) *The Economics of World War I*. Cambridge University Press, Cambridge, UK.

Broadberry, S., Harrison, M. (2005b) "The Economics of World War I: An Overview", in Broadberry, S., Harrison, M. (eds) *The Economics of World War I*. The Cambridge University Press, Cambridge, UK.

Broadberry, S., Howlett, P.(1998) "The United Kingdom: 'Victory at All Costs'", in Harrison, M. (ed) *The Economics of World War II. Six Great Powers in International Comparisons*. Cambridge University Press, Cambridge, UK.

Cameron, R., Neal, L.(2003) *A Concise Economic History of the World. From Paleolithic Times to the Present*. Oxford University Press, Oxford.

Choi, S.W.(2011) "Re-evaluating Capitalist and Democratic Peace Models 1", *Int Stud Q*, 55(3):759—769.

Crafts, N., Mills, T.C.(2013) "Rearmament to the Rescue? New Estimates of the Impact of 'Keynesian' Policies in 1930s' Britain", *J Econ Hist*, 73(04):1077—1104.

Crouzet, F.(1964) "Wars, Blockade, and Economic Change in Europe, 1792—1815", *J Econ Hist*, 24(4):567—588.

Dafoe, A., Russett, B.(2013) "Does Capitalism Account for the Democratic Peace? The Evidence Still Says No", in Schneider, G., Gleditsch, N.P.(eds) *Assessing the Capitalist Peace*. Routledge, New York, pp.110—126.

Davis, L. E., Huttenback, R. A. (1982) "The Political Economy of British Imperialism: Measures Of Benefits and Support", *J Econ Hist*, 42(01):119—130.

Davis, L. E., Huttenback, R. A. (1986) *Mammon and the Pursuit of Empire: The Political Economy of British Imperialism, 1860—1912*. Cambridge University Press, Cambridge.

Davis, L.E., Engerman, S.L.(2006) *Naval Blockades in Peace and War: An Economic History since 1750*. Cambridge University Press, Cambridge/New York.

De Mesquita, B.B., Morrow, J.D., Siverson, R.M., Smith, A.(1999) "An Institutional Explanation of the Democratic Peace", *Am Polit Sci Rev*, 93(4):791—807.

Dincecco, M.(2009) "Fiscal Centralization, Limited Government, and Public Revenues in Europe, 1650—1913", *J Econ Hist*, 69(01): 48—103.

Dincecco, M.(2010) "Fragmented Authority from Ancien Régime to Modernity: A Quantitative Analysis", *J Inst Econ*, 6(3):305.

Dincecco, M., Prado, M. (2012) "Warfare, Fiscal Capacity, and Performance", *J Econ Growth*, 17(3):171—203.

Drelichman, M., Voth, H. J. (2011) "Lending to the Borrower from Hell: Debt and Default in the Age of Philip II* ", *Econ J*,

121(557):1205—1227.

Drelichman, M., Voth, H-J.(2014) *Lending to the Borrower from Hell: Debt, Taxes, and Default in the Age of Philip II*. Princeton University Press, Princeton.

Eichengreen, B.(1995) *Europe's Postwar Recovery*. Cambridge University Press, Cambridge.

Eloranta, J.(2002) "External Security by Domestic Choices: Military Spending as An Impure Public Good among Eleven European States, 1920—1938", dissertation, European University Institute.

Eloranta, J.(2003) "National Defense", in Mokyr, J.(ed) *The Oxford Encyclopedia of Economic History*. The Oxford University Press, Oxford, pp.30—33.

Eloranta, J.(2005) "Military Spending Patterns in History", EH.Net Encyclopedia. Accessed 1 Mar 2008 http://eh.net/encyclopedia/article/eloranta.military.

Eloranta, J.(2007) "From the Great Illusion to the Great War: Military Spending Behaviour of the Great Powers, 1870—1913", *Eur Rev Econ Hist*, 11(2):255—283.

Eloranta, J.(2009) "Rent Seeking and Collusion in the Military Allocation Decisions of Finland, Sweden, and Great Britain, 1920—381", *Econ Hist Rev*, 62(1):23—44.

Eloranta, J.(2011) "Why Did the League of Nations Fail?", *Cliometrica*, 5(1):27—52.

Eloranta, J., Land. J/(2011) "Hollow Victory? Britain's Public Debt and the Seven Years' War", *Essays Econ Business Hist*, 29:101—118.

European State Finance Database.(2013) Online database, managed by Richard Bonney. http://www.esfdb.org/Default.aspx. Accessed 1 Mar 2013.

Feinstein, C.H., Temin, P., Toniolo, G.(1997) *The European Economy between the Wars*. Oxford University Press, Oxford/New York.

Ferguson, N.(1999) *The Pity of War. Explaining World War I*. Basic Books, New York.

Ferguson, N.(2001) *The Cash Nexus: Money and Power in the Modern World, 1700—2000*. Basic Books, New York.

Ferguson, N.(2003) *Empire: The Rise and Demise of the British World Order and the Lessons for Global Power*. Basic Books, New York.

Ferguson, N.(2004) *Colossus: The Price of America's Empire*. Penguin Press, New York.

Ferguson, N.(2006) *The War of the World: Twentieth-century Conflict and the Descent of the West*. Allen Lane, London.

Findlay, R., O'Rourke, K.(2007) *Power and Plenty: Trade, War, and the World Economy in the Second Millennium*. Princeton University Press, Princeton.

Fishback, P.V, Kachanovskaya, V.(2010) *In search of the Multiplier for Federal Spending in the States during the New Deal*. National Bureau of Economic Research, Cambridge, MA.

Førland, T.E.(1993) "The History of Economic Warfare: International Law, Effectiveness, Strategies", *J Peace Res*, 30:151—162.

France, J.(2001) "Recent Writing on Medieval Warfare: From the Fall of Rome to c. 1300", *J Mil Hist*, 65(2):441—473.

Geller, D.S., Singer, J.D.(1998) *Nations at War: A Scientific Study of International Conflict*. Cambridge University Press, Cambridge/New York.

Gleditsch, K.S., Pickering, S.(2014) "Wars are Becoming Less Frequent: A Response to Harrison and Wolf", *Econ Hist Rev*, 67(1):214—230.

Glick, R., Taylor, A.M.(2010) "Collateral Damage: Trade Disruption and the Economic Impact of War", *Rev Econ Stat*, 92(1):102—127.

Gowa, J.(2011) "The Democratic Peace after the Cold War", *Econ Polit*, 23(2):153—171.

Hantke, M., Spoerer, M.(2010) "The Imposed Gift of Versailles: The Fiscal Effects of Restricting the Size of Germany's Armed Forces, 1924—9", *Econ Hist Rev*, 63(4):849—864.

Harrison, M.(1996) *Accounting for War: Soviet Production, Employment, and the Defence Burden, 1940—1945*. Cambridge University Press, Cambridge.

Harrison, M.(1998) "The Economics of World War II: An Overview", in Harrison, M.(ed) *The Economics of World War II. Six Great Powers in International Comparisons*. Cambridge University Press, Cambridge, UK.

Harrison, M.(2000) "The Soviet Union: The Defeated Victor", in Harrison, M.(ed) *The Economics of World War II. Six Great Powers in International Comparison*. Cambridge University Press, Cambridge, pp.268—301.

Harrison, M.(2002) "Coercion, Compliance, and the Collapse of the Soviet Command Economy", *Econ Hist Rev*, 55(3):397—433.

Harrison, M.(2003) "Soviet Industry and the Red Army under Stalin: A Military-industrial Complex?", *Les Cahiers du Monde russe*, 44(2—3):323—342.

Harrison, M., Wolf, N.(2011) "The Frequency of Wars", *Econ Hist Rev*, 65(3):1055—1076.

Harrison, M., Wolf, N.(2014) "The Frequency of Wars: Reply to Gleditsch and Pickering", *Econ Hist Rev*, 67(1):231—239.

Higgs, R.(1994) "The Cold War Economy. Opportunity Costs, Ideology, and the Politics of Crisis", *Explor Econ Hist*, 31(3):283—312.

Hobson, J. A.(1965 reprint) *Imperialism*. University of Michigan Press, Ann Arbor.

Hobson, J. M.(1993) "The Military-extraction Gap and the Wary Titan: The Fiscal Sociology of British Defence Policy 1870—1914", *J Eur Econ Hist*, 22(3):466—507.

Hoffman, P., Rosenthal, J.L.(1997) "The Political Economy of Warfare and Taxation in Early Modern Europe: Historical Lessons for Economic Development", in Drobak, J., Nye, J.V.(eds) *The Frontiers of the New Institutional Economics*. Academic Press, San Diego, pp.31—55.

Hoffman, P. T., Jacks, D. S., Levin, P. A., Lindert, P. H.(2002) "Real Inequality in Europe since 1500", *J Econ Hist*, 62(02):322—355.

Hoffman, P. T.(2011) "Prices, the Military Revolution, and Western Europe's Comparative Advantage in Violence", *Econ Hist Rev*, 64(s1):39—59.

Hoffman, P.T.(2012) "Why Was It Europeans Who Conquered the World?", *J Econ Hist*, 72(03):601—633.

Kamen, H.(1968) "The Economic and Social Consequences of the Thirty Years' War", *Past Present*, 39(1):44—61.

Kamen, H.(2004) *Empire: How Spain Became A World Power, 1492—1763*. HarperCollins, New York.

Kamen, H.(2008) *Imagining Spain: Historical Myth & National Identity*. Yale University Press, New Haven/London.

Kegley, C. W., Jr.(1994) "How Did the Cold War Die? Principles for An Autopsy", *Mershon Int Stud Rev*, 38:11—41.

Kennedy, P.(1989) *The Rise and Fall of the Great Powers. Economic Change and Military Conflict from 1500 to 2000*. Fontana, London.

Koistinen, P. A. C.(1980) *The Military-industrial Complex. A Historical Perspective. Foreword by Congressman Les Aspin*. Praeger Publishers, New York.

Levy, J. S.(1985) "Theories of General War", *World Polit*, 37(3):344—374.

Levy, J.S.(1998) "The Causes of War and the Conditions of Peace", *Ann Rev Polit Sci*, 1(1):139.

Maddison, A.(1989) *The World Economy in the 20th century*. OECD Publications and Information Center Distributor, Paris.

Maddison, A.(2001) *The World Economy: A Millennial Perspective*. OECD, Paris.

Modelski, G., Thompson, W.R.(1988) *Seapower in Global Politics, 1494—1993*. Macmillan Press, Houndmills.

Modelski, G., Thompson, W. R. (1996) *Leading Sectors and World Powers. The Coevolution of Global Politics and Economics*. University of South Carolina Press, Columbia.

Moreira, C., Eloranta, J.(2011) "Importance of 'Weak' States during Conflicts: Portuguese Trade with the United States during the Revolutionary and Napoleonic Wars", *Revista de Historia Económica*, 29(03):393—423.

Naylor, R. T. (2001) *Economic Warfare: Sanctions, Embargo Busting, and Their Human Cost*. Northeastern University Press, Boston.

North, D.C.(1990) *Institutions, Institutional Change, and Economic Performance*. Cambridge University Press, Cambridge/New York.

North, D.C.(1993) "Institutions and Credible Commitment", *J Inst Theoretical Econ*, 149:11—23.

O'Brien, P.K.(1988) "The Costs and Benefits of British Imperialism, 1846—1914", *Past Present*, 120:163—200.

Offer, A.(1989) *The First World War: An Agrarian Interpretation*. Clarendon Press, Oxford.

Offer, A. (1993) "The British Empire, 1870—1914: A Waste of Money?", *Econ Hist Rev*, 46(2):215—238.

Olson, M., Zeckhauser, R. (1966) "An Economic Theory of Alliances", *Rev Econ Stat*, 48(3):266—279.

Olson, M.(1993) "Dictatorship, Democracy, and Development", *Am Polit Sci Rev*, 87(3):567—576.

O'Leary, J. P. (1985) "Economic Warfare and Strategic Economics", *Comp Strategy*, 5(2):179—206.

Onorato, M. G., Scheve, K., Stasavage, D.(2012) "Technology and the Era of the Mass Army", IMT Lucca EIC working papers series. Lucca, IMT Lucca, 5.

O'Rourke, K. (2006) "The Worldwide Economic Impact of the French Revolutionary and Napoleonic Wars, 1793—1815", *J Global Hist*, 1(1):123—149.

Ritschl, A. (2004) "The Marshall Plan, 1948—1951", EH. Net Encyclopedia. Accessed 5 Aug 2009 http://eh.net/encyclopedia/the-marshall-plan-1948-1951/.

Ritschl, A. (2005) "The Pity of Peace: Germany's Economy at War, 1914—1918 and beyond", in Broadberry, S., Harrison, M. (eds) *The Economics of World War I*. Cambridge University Press, Cambridge, p 41.

Russett, B. (1993) *Grasping the Democratic Peace. Principles for A Post-cold War World*. Princeton University Press, Princeton.

Sandler, T., Hartley, K.(1995) *The Economics of Defense*. Cambridge University Press, Cambridge.

Sandler, T., Hartley, K.(1999) *The Political Economy of NATO. Past, Present, and into the 21st Century*. Cambridge University Press, New York.

Sandler, T., Murdoch, J.C.(1990) "Nash-Cournot or Lindahl Behavior? An Empirical Test for the Nato Allies", *Quart J Econ*, 105(4):875—894.

Scheve, K., Stasavage, D. (2010) "The Conscription of Wealth: Mass Warfare and the Demand for Progressive Taxation", *Int Organ*, 64(4):529—562.

Singer, J.D.(1979) *The Correlates of War I: Research Origins and Rationale*. Free Press, New York.

Singer, J.D.(1981) "Accounting for International War: The State of the Discipline", *J Peace Res*, 18(1, Special Issue on Causes of War):1—18.

Singer, J.D.(1990) "Variables, Indicators, and Data. The Measurement Problem in Macropolitical Research", in Singer, J. D., Diehl, P.(eds) *Measuring the Correlates of War*. University of Michigan Press, Ann Arbor.

Smith, A.(1776) *An Inquiry into the Nature and Causes of the Wealth of Nations*. Edwin Canna, London.

Stevenson, D.(2011) "From Balkan Conflict to Global Conflict: The Spread of the First

World War, 1914—1918", *Foreign Policy Anal*, 7:169—182.

Strachan, H.(2011) "Clausewitz and the First World War", *J Mil Hist*, 75:367—391.

Thomas, M.(1983) "Rearmament and Economic Recovery in the Late 1930s*", *Econ Hist Rev*, 36(4):552—579.

Thornton, M., Ekelund, R.B.(2004) *Tariffs, Blockades, and Inflation: The Economics of the Civil War*. Scholarly Resources Inc., Wilmington, Delaware.

Tilly, C.(1990) *Coercion, Capital, and European States, AD 990—1990*. Basil Blackwell, Cambridge, MA.

Trevino, R., Higgs, R.(1992) "Profits of US Defense Contractors", *Def Peace Econ*, 3(3):211—218.

Webber, C., Wildavsky, A.(1986) *A History of Taxation and Expenditure in the Western World*. Simon and Schuster, New York.

White, E.N.(2001) "Making the French Pay: The Costs and Consequences of the Napoleonic Reparations", *Eur Rev Econ Hist*, 5(3): 337—365.

Wright, Q.(1942) *A Study of War*. The University of Chicago Press, Chicago.

第八章

战争与灾难时代的计量史学

罗杰·兰塞姆

摘要

在一篇探讨计量史学和经济史学在更为宽泛的历史和经济学学科背景下的定位的文章中，克劳德·迪博尔特和迈克尔·豪珀特指出：

> 或许经济史面临的最大挑战是，在追求真理的过程中，经济史既太大又太小。从历史意义上讲，我们试图准确地汇编与给定研究主题相关的所有史实。话题越小，就越容易收集和整理所有相关的史实，结果也可能越严谨……但对于旨在发掘普遍性真理的历史学者来说，经济学，就像历史主题中的任何其他传统部分一样，是一个过于狭隘的概念。(Diebolt and Haupert, 2018：3)

学者们倾向于停留在他们所在的学科范围内，这使得对普遍真理的探索变得更为复杂。军事史学者撰写军事历史，经济史学者关注经济历史和发展问题，而计量史学者则专注于使用经济理论和统计方法来更精确地描述过去。这一挑战在20世纪的战争和经济学研究中表现得最为明显。

关键词

灾难　计量史学　战争

引 言

1324

在一篇探讨计量史学和经济史学在更为宽泛的历史和经济学学科背景下的定位的文章中，克劳德·迪博尔特和迈克尔·豪珀特指出：

> 或许经济史面临的最大挑战是，在追求真理的过程中，经济史既太大又太小。从历史意义上讲，我们试图准确地汇编与给定研究主题相关的所有史实。话题越小，就越容易收集和整理所有相关的史实，结果也可能越严谨……但对于旨在发掘普遍性真理的历史学者来说，经济学，就像历史主题中的任何其他传统部分一样，是一个过于狭隘的概念。(Diebolt and Haupert, 2018:3)

学者们倾向于停留在他们所在的学科范围内，这使得对普遍真理的探索变得更为复杂。军事史学者撰写军事历史，经济史学者关注经济历史和发展问题，而计量史学者则专注于使用经济理论和统计方法来更精确地描述过去。这一挑战在20世纪的战争和经济学研究中表现得最为明显。

灾难时代

众所周知，第一次世界大战及其后果是一个巨大的转折点，它从根本上改变了20世纪世界历史的进程。以下这些事件发生得过于突然，从而使战争及其后果所导致的变化更加剧烈。在5年的时间里，德意志帝国、哈布斯堡帝国、俄罗斯帝国和奥斯曼帝国被推翻，取而代之的是一系列政治体制截然不同的新民族国家。“第一次世界大战的战斗损失，”历史学家迈克尔·克劳菲特写道，“在人类历史上是前所未有的。即使是17世纪和18世纪欧洲大陆战争中规模最大的战役，与之相比也相形见绌。”(Michael Clodfelter, 2002: 479)如果再加上苏俄内战和第一次世界大战结束后的领土冲突造成的死亡人

1325

数，至少有 1 200 万人丧生。第二次世界大战则更加死伤惨重。“第二次世界大战的伤亡人数，”迈克尔·克劳菲特说，“超过 3 000 万，大概率在3 000 万至4 000 万之间，有些学者估计高达 5 500 万。”(Clodfelter，2002：581)这些估计表明，如果将非战斗人员(包括在战争中丧生的 700 万大屠杀受害者)包括在内，两次世界大战的直接后果可能是多达 8 000 万至 1 亿人死亡。

战争只是故事的一部分。军事史学者倾向于将第一次世界大战结束后的 20 年视为 1939 年二战爆发之前的暂时平静。对经济史学者来说，两次世界大战之间的岁月并不“平静”；那是一段经济和社会剧烈动荡的时期，人们努力从一战后期的破坏和混乱中向某种“正常状态”恢复，但紧接着到来的却是全球性的大萧条。战争带来了经济的不确定性，其中典型的表现是国际金融市场的不稳定、战前贸易模式的崩溃、工业国家的普遍失业以及战后立即使几个国家陷入瘫痪的恶性通货膨胀。历史学家埃里克·霍布斯鲍姆

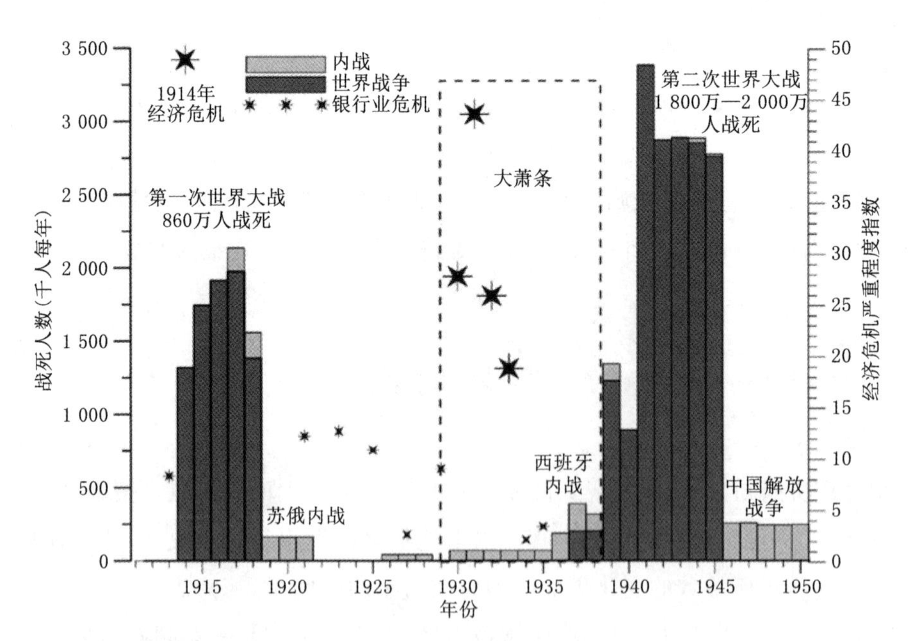

资料来源：军人死亡数据来自战争相关因素数据库(Correlates of War Project，2010)和克劳菲特(Clodfelter，2002)的著作。银行业恐慌的日期和相对严重程度来自莱因哈特和罗戈夫(Reinhart and Rogoff，2009)以及金德尔伯格和阿利伯(Kindleberger and Aliber，2005)的研究。对危机严重程度的衡量标准是将当年经历银行危机的国家数量，按这些国家在世界国民生产总值中的比重进行加权所得。

图 8.1　1914—1945 年的灾难时代

将第一次世界大战爆发到第二次世界大战结束的这段时期描述为一个“灾难时代”。“四十年来，”他写道，“（西方文明）从一场灾难跌跌撞撞地走向另一场。有时，即使是聪明的保守派也不会对它的存活下注。”（Eric Hobsbawm, 1994:7）图8.1简要介绍了构成灾难时代的经济和军事事件。除了“世界大战”之外，苏俄、中国和西班牙的内战也引起了世界大国的关注。

一战的经济学

计量史学者对这些变化的经济影响进行了大量的量化研究，包括战争期间和战后五个大国的军费开支及国民收入。他们的估计显示，在1913年刚

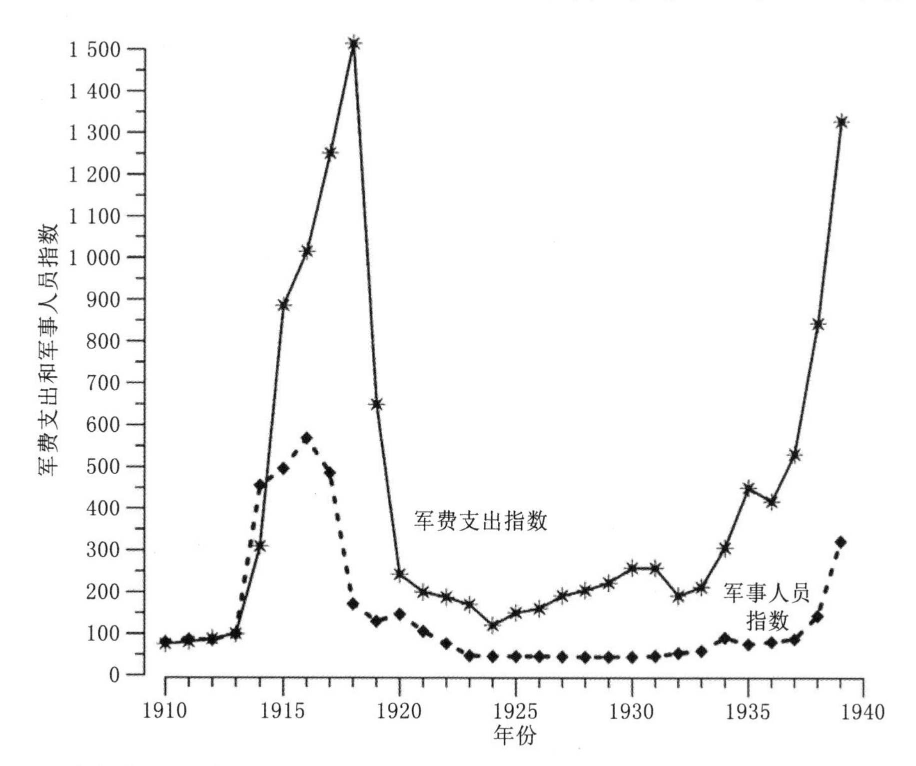

资料来源：军事人员和以英镑为单位的年度军费支出来自战争相关因素数据库（Correlates of War Project, 2010）。代表性国家包括法国、英国、俄罗斯、德国、意大利、日本、美国和1918年前的奥匈帝国。

图8.2　1900—1939年主要大国军费支出和军事人员指数(以1913年为基期＝100)

刚超过4.68亿英镑的五个大国的总军费开支，在1914年跃升至41亿英镑，并在1915年(一战开始后的第一个完整年度)飙升至4万亿英镑以上。在1913年刚刚超过500万的军事人员总数，到1915年增加到2 550万。图8.2描绘了从1910年到1940年的军事开支和军事人员数量。战争期间开支的大幅增长与战争结束后的大量复员是相对应的。随着战后大量人员从前线返回，以及政府支出回落到战前水平，一系列全新的挑战出现了。

从1913年到1918年，动员战争资源这一需求对交战国政府支出的构成也产生了显著影响。图8.3显示了战争期间五个大国的军事支出占国民收入的份额。1913年，法国、英国和德国都将国民收入的10%左右用于军费

1326

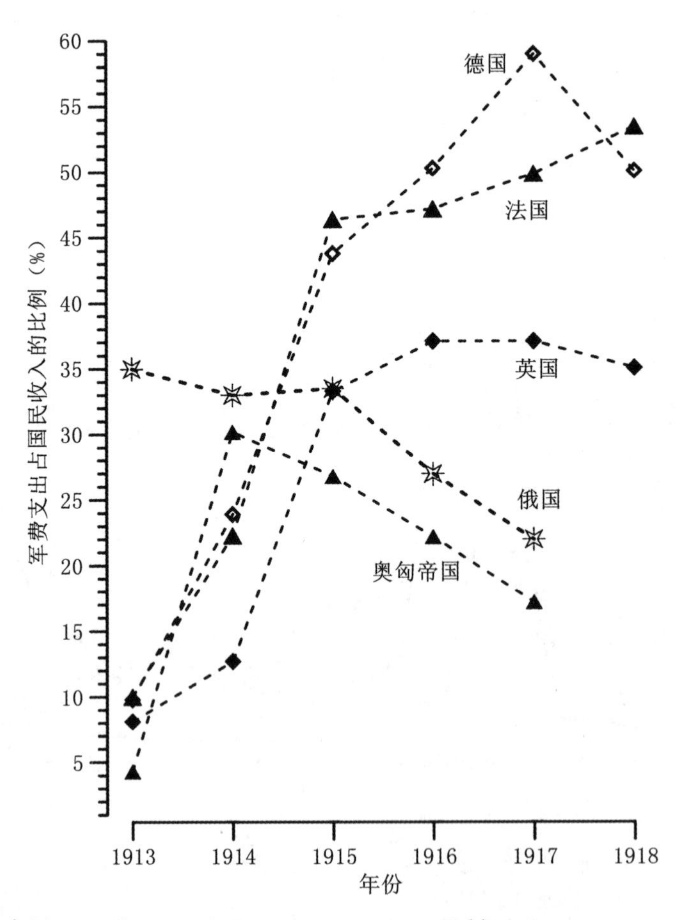

资料来源：Broadberry and Harrison，2005：15，Table 1.5。

图8.3　1913—1918年五个欧洲大国的军费支出占国民收入的比例

开支;对于法国和德国来说,军费开支到 1914 年底翻了一番,到 1915 年底接近 50%。这三个国家的军费开支在国民收入中所占份额至一战结束前均保持在 1915 年的水平或高于该水平。在战争开始后的一年半中,奥匈帝国的军费开支在国民收入中所占份额也急剧增加。然而,与西欧较发达的经济体不同,奥地利人无法维持他们的战争投入,在一战的最后 3 年中,其军费开支占国民收入的比例实际上有所下降。尚未从 1905 年日俄战争的灾难性损失中恢复元气的俄国人,在 1913 年已经将国民收入的三分之一用于军费开支,而他们的战争开支在 1915 年底后急剧下降。此起彼伏的国内骚乱和反战运动导致国防开支相比国民收入有所下降。奥匈帝国和俄国都发现它们的经济难以支撑战争的巨额开支。

除了必须满足军队的需求外,政府还必须设法花钱购买战争所需的商品和服务。人们很快发现,和平时期政府的税收制度无法满足发动一场大战的需要。增加收入的一个明显的替代方案是发行政府债券。然而,即使是对于像英国这样拥有发达资本市场的国家来说,发行债券也无法弥补战争的成本。在没有任何其他机制的情况下,政府被迫简单地印钞来支付巨额预算赤字。货币供应量突然增加的结果是,在敌对行动爆发后的几个月内,交战国的消费者价格水平开始显著上涨。图 8.4 展示了英国、德国、法国、俄国和奥匈帝国在战争期间和战后的消费价格数据。

1327

高通货膨胀率是交战国在战前的 30 年中都没有经历过的现象,而这种现象在每个国家都持续了好几年。通货膨胀的巨大优势在于它是一种任何人都无法避免的税。消费者以更高价格的形式为同一批商品支付了相当于"通货膨胀税"的费用。在一战期间,英法两国都设法将通货膨胀的恶劣影响限制在了物价翻倍的范围内,但其他国家就没有那么成功了。在德国,一战结束时物价翻了两番,并且之后通货膨胀继续螺旋上涨至失控地步。到 1924 年,德国货币已经变得一文不值。战后的俄国和奥匈帝国也经历了类似的恶性通货膨胀。

1328

第一次世界大战通常被描述为这样一场战争,在其中,工业革命产生了能够提供武器、弹药和 20 世纪战争中军队所需技能的经济。然而,正如历史学家阿夫纳·奥弗所指出的那样,最终迫使德国和奥匈帝国退出战争的是食物短缺,而非武器短缺(Offer, 1989, 2000)。在这两个国家,农业都是相当劳动密集型的,男性被征召入伍造成的劳动力短缺严重限制了农业生

1329

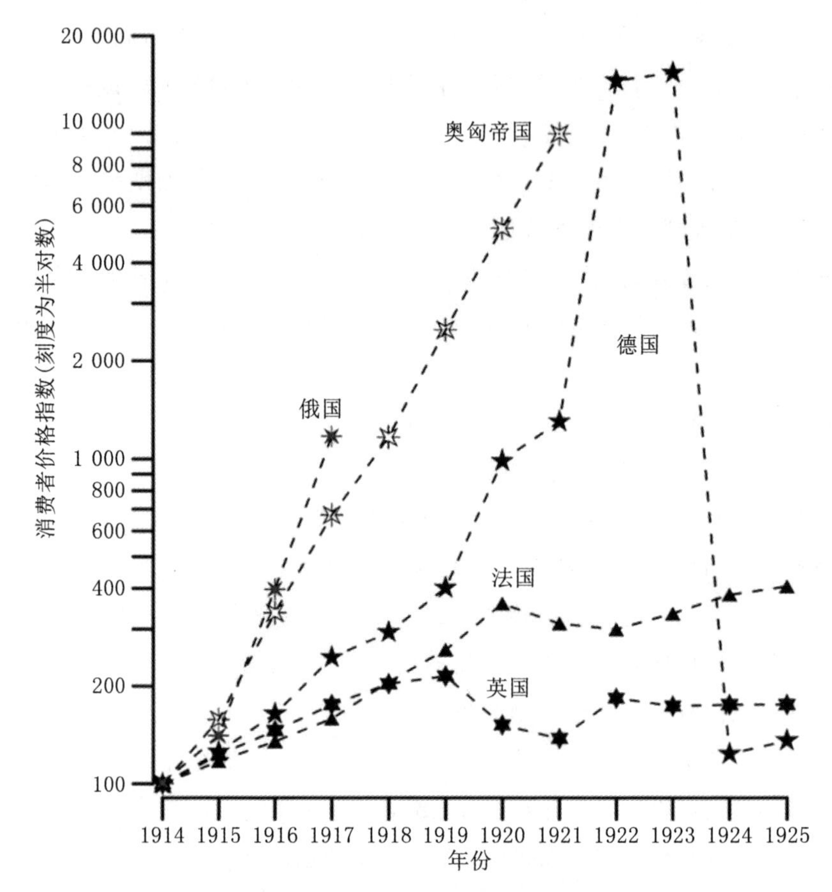

资料来源：Mitchell，1998：865—866。所有指数都以1914年为基期＝100。

图8.4　1914—1925年五个欧洲大国的消费者价格指数

产。英国的封锁导致的进口化肥短缺加剧了这一问题。国际贸易的崩溃意味着进口食品不再可得。其结果是在整个战争期间，后方的粮食供应一直处于危机之中。

食品供应不足并不是1914年国际贸易崩溃造成的唯一问题。战争对国际贸易体系的影响扰乱了交战国和中立国的贸易商品市场。进出口额的统计数据通常被用于衡量国际贸易。然而，高通货膨胀率使人们难以从这些数据中推断出实际贸易量。然而，对于特定商品而言，有足够的数据可以支撑芬德利和奥罗克的结论，即"可以肯定地得出结论，在冲突期间贸易量急剧下降，即使下降幅度未知。然而，这种综合效应掩盖了各个国家彼此非常不同的经历"(Findlay and O'Rourke，2007：435)。

1330

海上战争

依靠贸易来供应食品和其他商品的情况，导致了一场以海上封锁形式展开的“经济战”，其目的是限制各国进出口货物的能力。对于协约国来说，这涉及封锁英吉利海峡的西端和北端。然而，阻止属于中立国家的船只存在一些问题。据历史学家马克·弗雷估计，荷兰对德国的出口在1914年至1916年间翻了两倍多，荷兰食品占到德国食品进口总量的50%(Mark Frey, 2000)。对于德国来说，封锁英国需要用到潜艇。1915年，德国宣布任何驶入不列颠群岛附近的船只都会受到德国U型潜艇的攻击。从军事角度来看，此次行动是成功的，但德国对中立舰的无差别攻击引起了美国和其他中立国的强烈反对，放任U型潜艇无限制攻击的政策仅持续了几个月就被取消了。当德国人在1917年年初恢复无限制潜艇战时，U型潜艇能轻松完成每月击沉60万吨船只的指标，然而，这还不足以让英国的经济伤筋动骨。到1918年中期，协约国海军能够通过使用护航系统大幅降低船只被击沉的风险，使U型潜艇带来的损失不再威胁英国的粮食供应。

在一战的后果中，封锁是一个主要的影响因素吗？计量史学者兰斯·戴维斯和斯坦利·恩格曼对第一次世界大战期间各国对德国的封锁进行了量化分析，并得出结论认为，“在德国粮食产量的减少中，大约只有四分之一是由他国封锁直接导致的。其他四分之三的减少额可归因于国内粮食产量的下降”(Davis and Engerman, 2006:230)。英国对德国的封锁更为有效。历史学家阿尔布雷希特·里奇尔认为：“德国在规划未来任何战争时，一个重要的考量因素就是如何应对外国的持续封锁。”(Albrecht Ritschl, 2005:654—655)另见哈达赫(Hardach, 1977:148—150)以及戴维斯和恩格曼(Davis and Engerman, 2006:Chap.6)的研究。

胜利的混沌

1919年在巴黎和会上达成的条约基本没有注意到东欧和苏俄建立新政

府并重新划分边界后所带来的经济挑战。对于沙俄灭亡后所产生的领土问题,“四人会议”几乎没有兴趣继续插手。英国、法国和美国都大幅缩减了它们的军队规模,并将缩减后的规模一直维持到二战前夕。一战后的军费开支指数也急剧下降,直到20世纪30年代中期才再度开始增加。

1331

到1920年,英国设法阻止了通货膨胀引起的价格上涨,并成功稳定住物价直至1925年。法国人选择推行了一项政策来减缓战时物价的上涨,但他们并没有试图回到战争前的价格水平。到1917年底,奥匈帝国和俄国经济最终在恶性通货膨胀的重压下崩溃。新成立的魏玛共和国则继承了比1913年高4倍的物价水平,并很快发现自己陷入了价格暴涨之中,物价的飞涨最终迫使政府在1924年重估货币体系。如图8.4所示,战后各个经济体的通货膨胀所造成的经济混乱,是在战争失败后成立的魏玛共和国出现政治和经济重组的一个重要因素(Feldman, 1997)。

起初,人们大多将与战后经济混乱相关的经济和政治问题归罪于《凡尔赛和约》的缺陷。1919年夏天,曾作为英国驻巴黎代表团成员的约翰·梅纳德·凯恩斯回到英国,对条约本身和拟订该条约的政客进行了措辞严厉的控告。根据凯恩斯的说法,该条约:

> ……未包含任何复兴欧洲经济的条款——它没有考虑如何把战败的中欧帝国们变成我们友好的邻邦,没有考虑如何使那些新成立的国家稳定下来,没有考虑如何挽回俄国的局势;在巴黎,对于修复法国和意大利混乱的财政状况,或者调整新旧世界的各种体系,和会也没有作出任何安排。(Keynes, 1920:226)

凯恩斯将《凡尔赛和约》的缺陷归咎于“四人会议”在巴黎和会上进行审议时所采取的褊狭态度。然而,《凡尔赛和约》只是1918年后建立和平世界的漫长进程的第一步。协约国与其他中欧帝国签署了另外四项条约。同时,中欧地区新成立的国家之间由于边界问题导致的军事冲突仍持续了4年[①]。玛格

① 其他条约是:1919年9月10日与奥地利签署的《圣日耳曼昂莱条约》;1919年11月27日与保加利亚签订的《塞纳河畔讷伊条约》;1920年6月4日与匈牙利签订的《特里亚农条约》;以及1920年8月10日与奥斯曼帝国签订的《色佛尔条约》。另见赫尼格(Henig, 1995)、伯梅克等人(Boemeke et al., 1998)、兰塞姆(Ransom, 2018:Chap.8)的研究。

丽特·麦克米伦指出，和平缔造者“无法预见未来，他们当然也无法控制它。这取决于他们的继任者。1939年第二次世界大战的爆发，是过去20年里各国采取的和未采取的决策的结果，而不是由1919年和会上作出的安排所直接导致的”（Margaret MacMillan, 2001：493—494）。

到1925年，德国、法国和英国以物价稳定的形式恢复了经济平稳运行的表象，但战时动员所造成的经济紊乱极大地改变了全球市场秩序。在战前，国际贸易的金融稳定性依赖于金本位制，即国际信贷和债务支付的基本机制。货币可按需求被兑换成黄金，并以固定汇率与国际接轨。黄金运输是国际收支结算的最终手段。金本位制的崩溃和由此导致的汇率大幅波动，反映了信心的丧失以及对不稳定市场的持续性恐慌。在一个对未知充满恐慌的世界里，维系全球支付系统的纽带被扯断了。[①]国际资本市场的另一个不确定因素来自协约国决定要求战败的德国人支付赔偿金。经过深思熟虑，协约国要求的赔偿金额定为1 320亿金马克，并被拆分为3次德国政府“债券”，于数年内发行。随着情势的变化，德国人最终只支付了大约200亿金马克。大多数经济史学者认为，赔偿金带来的影响更多是在政治层面而非经济层面（Ferguson, 1999; Ritschl, 2005; Marks, 2013）。支付赔款最终变成了一只政治皮球，围绕着德国国会大厦和盟国政府被踢来踢去，直到阿道夫·希特勒在1933年拒绝了剩余的债务。

1332

经济崩溃：大崩盘

1929年10月29日，随着纽约证券交易所股票价格的暴跌，之前种种经济乱象都到达了巅峰。图8.5显示了1929年10月至1934年1月纽约证券交易所股票收盘价的月度指数。在1929年的“黑色星期四”，股票指数下跌36点，而这仅是接下来3年股价一路暴跌的开始。到1932年7月，股票价

① 关于汇率和金本位制的问题导致人们丧失信心的更多信息，请参见艾肯格林和特明（Eichengreen and Temin, 1997）、艾肯格林（Eichengreen, 1992, 1991）、兰塞姆（Ransom, 2018）、芬德利和奥罗克（Findlay and O'Rourke, 2007：Chap.3）、沃尔夫（Wolf, 2013）的研究。

格指数跌至 1929 年的 12.3%。整个 20 世纪 30 年代是一个商品价格下跌、工业产出和国内生产总值下降、国际贸易崩溃以及全球失业率居高不下的时代。

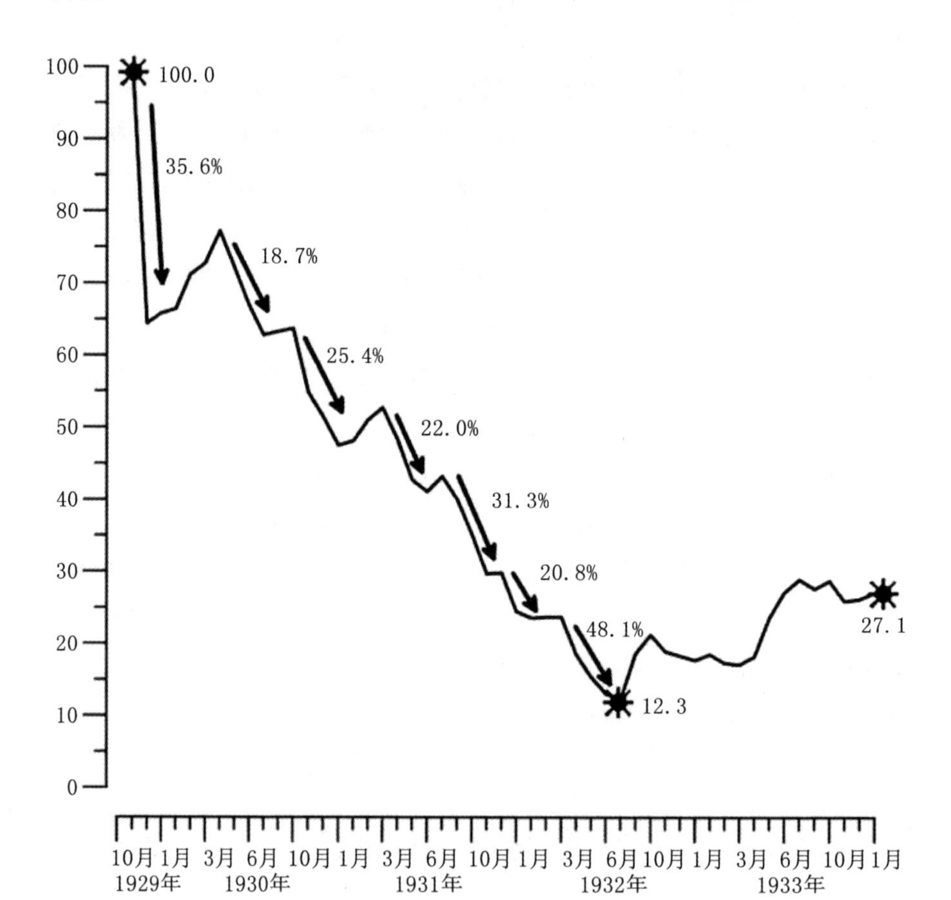

资料来源：Ransom，1981：118—119。

图 8.5　1929 年 10 月—1934 年 1 月纽约时报股票指数的平均收盘价值

大崩盘变成了大萧条。

当全球经济的基石在全球性经济恐慌的压力下崩溃时，人们仍在战争的混乱局面中挣扎，尚未恢复过来。图 8.6 展示了衡量 1929—1938 年全球经济表现的四个指标（Crafts and Fearon，2013b）。显而易见的是，所有这些指数都有大幅的变化。GDP 指数在 3 年内下降了 15%，到 20 世纪 30 年代末仅比 1929 年的水平高 5%。国际贸易的停滞也很明显。波动最大的两个指标是就业水平和消费者价格指数。经历了十年失控的全球通货膨胀之后，1333 到1933年，30年代的物价水平下降了30%。全球失业率指数在1933年达到30%，到1939年仍然高达15%。

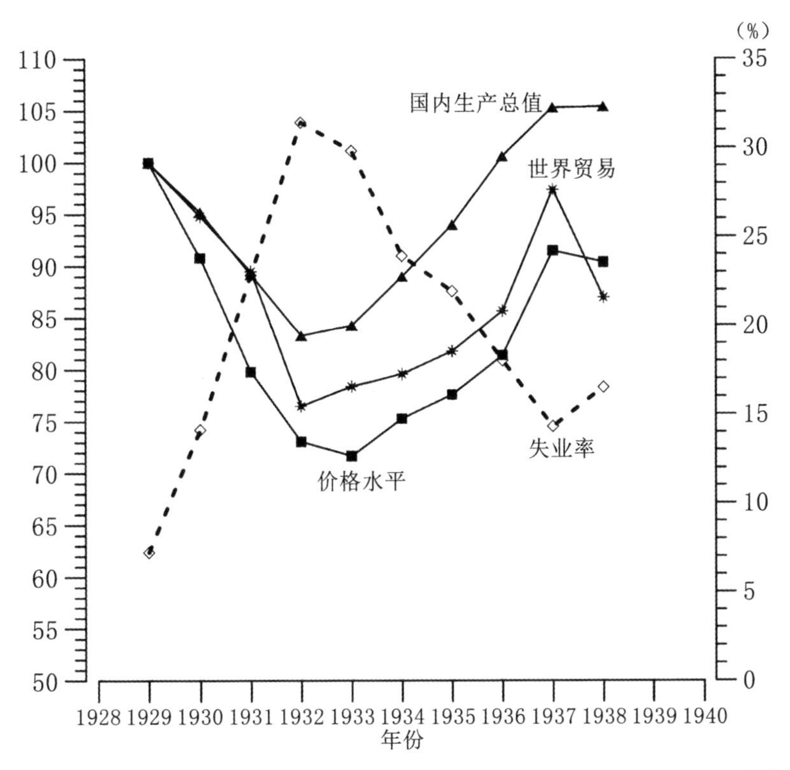

资料来源：克拉夫茨和费伦(Crafts and Fearon, 2013b: Table 1.1, 1)的著作。作者引用的国内生产总值数据来自麦迪逊(Maddison, 2010)所整理的数据的西欧和欧洲部分；价格水平数据来自国际联盟(Nations, 1941)的统计中的17个国家；失业率数据来自艾肯格林和哈顿(Eichengreen and Hatton, 1988)著作中收录的11个国家；世界贸易数据来自麦迪逊(Maddison, 1985)著作中收录的16个国家。

图8.6 1929—1939年欧洲大萧条

关于市场应该如何运行的现有经济理论无法解释这些现象。“就当今经济理论的标准体系而言，”经济学家海曼·明斯基观察到，“金融体系自身的不稳定性，是根本不存在的事。”(Hyman Minsky, 1982: 13—14)查尔斯·金德尔伯格——可能是最著名的金融危机记录者，将其称为不易解释的“耐寒多年生植物”。“我朋友中的计量经济学者告诉我，”金德尔伯格说，“像恐慌这样罕见的事件不能用正常的回归技术来处理，而是必须作为外生的‘虚拟

变量'来引入。"(Charles Kindleberger, 1978:8)

面对现实情况与经济模型的理论假设不相符的情况,20 世纪 30 年代的经济学家寻找新的方法来解释当下正在发生的事情。1936 年,约翰·梅纳德·凯恩斯发表了《就业、利息和货币通论》(Keynes, 1936)。凯恩斯的宏观经济方法对现有的经济市场范式提出了挑战,后者认为就业和生产的总水平将始终朝着保证资源充分利用的均衡状态发展。凯恩斯则认为,有时扩大政府支出的范围是消除失业的唯一有效途径。

凯恩斯的宏观经济模型使衡量 20 世纪 30 年代的经济崩溃对世界经济的影响程度成为可能,但其理论框架本身并不能解释全球经济崩溃的原因。凯恩斯本人在《就业、利息和货币通论》结尾处分析"动物精神"在引发经济繁荣——正是经济繁荣导致了大萧条——的过程中所起的作用时也承认了这一点。当学者们寻找理解大萧条的关键点时,他们意识到经济的崩溃其实和第一次世界大战所带来的政治和社会巨变息息相关(Crafts and Fearon, 2013b; Temin, 1981, 1989; Feinstein et al., 2008)。

1918 年后,政策制定者面临的问题根源于一个不可回避的事实,那就是尽管第一次世界大战十分惨烈,但其几乎无法解决 1914 年欧洲主要国家之间存在的任何政治问题。1920 年巴黎和会上签订的五项条约引发了一系列新问题,表现为德意志帝国、奥匈帝国和俄罗斯帝国的崩溃和随后民族国家的崛起。虽然在 1919 年至 1937 年间,欧洲主要大国之间没有爆发大规模军事冲突,但发生了许多"边界冲突"和三场内战,不时引起第三方的干预。

两次世界大战期间,新领导人纷纷采取激进政策以维持或扩大本国在战后环境中的经济和军事地位。没有一个参战国对大战的结果感到满意。英国人的确保卫了他们的帝国,但代价是他们的经济几乎被耗尽,在未来二十年中,英国将艰难地维持其作为大国的经济地位。法国经济也被拉扯到了极限,同时法国人担心《凡尔赛和约》中限制德国在中欧重新确立其经济地位的条款力量不足。未来的二十年中,另一个不确定因素是英国和法国政府的频繁更迭。意大利则感觉自己在瓜分战利品时受到了愚弄,意大利民族主义者声称这阻碍了意大利成为"大国"的进程。战后的意大利政治动荡,政治情绪逐渐右倾,最终贝尼托·墨索里尼的法西斯政党在 1925 年控制了意大利政府。美国人则对战后的欧洲事务几乎没有兴趣。针对美国加入国际联盟一事，总统伍德罗·威尔逊未获得国内支持，美国参议院也没有批准《凡尔赛和约》。由于之前缺乏民主制度经验，并且面临着高度不确定的未来，战后新兴国家的政府纷纷转向威权统治，因为这是维持稳定政府的唯一途径。到大萧条结束时，中欧唯一成功保持了民主制度的国家是捷克斯洛伐克。

俄罗斯：苏维埃社会主义共和国联盟

战后混乱的局面所带来的最困难的挑战是俄罗斯帝国所面临的问题。1918 年 3 月，新成立的布尔什维克政府与德国签订了《布列斯特-立托夫斯克和约》，结束了德俄之间的战斗。苏俄同意放弃对波兰、芬兰和波罗的海国家的领土要求，德国人则继续占领俄国西部的部分地区，包括乌克兰和克里米亚。《凡尔赛和约》否决了将大片俄国领土割让给德国的做法。然而，该领土也并未被归还给俄国人(Ransom, 2018; Herwig, 1997; White, 1994)。协约国不承认布尔什维克政府，俄国人也没有被邀请参加 1919 年的巴黎和会。 1336

五年的激烈内战催生了苏俄的计划经济，经济活动的各个方面都受到国家的严格控制。弗拉基米尔·列宁提出了一套雄心勃勃的改革计划，它被称为“新经济政策”(NEP)。新经济政策放宽了对工农业产品价格和生产的严格限制，劳动力市场被赋予了更大的灵活性来满足生产者的需要，以及个人可以成立小企业。这些政策变化的直接影响是小型家庭农场生产的农业产量迅速扩大。相比之下，工业部门基本上仍处于国家控制之下，其产出仅略有增加。成立私营企业的机会造就了一个新的企业家群体——“私营企业家”(NEPmen)，他们在城市和农村地区成立了私营企业(Ball, 1987)。列宁认为新经济政策是一种临时措施，该措施有助于塑造依赖政府控制的同时也依赖市场的苏联经济(Fitzpatrick et al., 1991)。

1924 年 1 月 21 日，布尔什维克领导者去世了。弗拉基米·列宁是布尔什维克在苏俄内战中取得胜利的核心和灵魂人物，他的死促使渴望取代他的布尔什维克领导人对苏联政府领导权进行了激烈争夺。主要竞争者是列宁属意的接班人列昂·托洛茨基和苏联共产党总书记约瑟夫·斯大林。最终，斯大林利用他的政治地位成为苏联政府首脑（Kotkin，2014；Service，2006）。

斯大林一开始是列宁新经济政策的坚定支持者。然而，这两人后续逐渐疏远，因为斯大林开始相信，在一个其他所有大国都对苏联怀有敌意的世界里，即使列宁的新经济政策中嵌入的市场资本主义元素具备有限的作用，也不适合苏联。列宁曾希望将苏联融入全球经济，而斯大林则设想了一种以他所谓的“一国社会主义论”为特征的中央计划经济。他的主要目标是给保卫社会主义国家的军事机器提供经济基础。

经济史学者在对两次世界大战期间苏联的经济指标进行定量估计时投入了大量精力。图 8.7 展示了 1928—1938 年与人口和国民生产总值增长有关的数据。在 1932 年之前，GDP 和人口几乎没有增长。斯大林通过集体农场对农业进行重组的尝试是一场经济灾难，由此在 20 世纪 30 年代引发了一

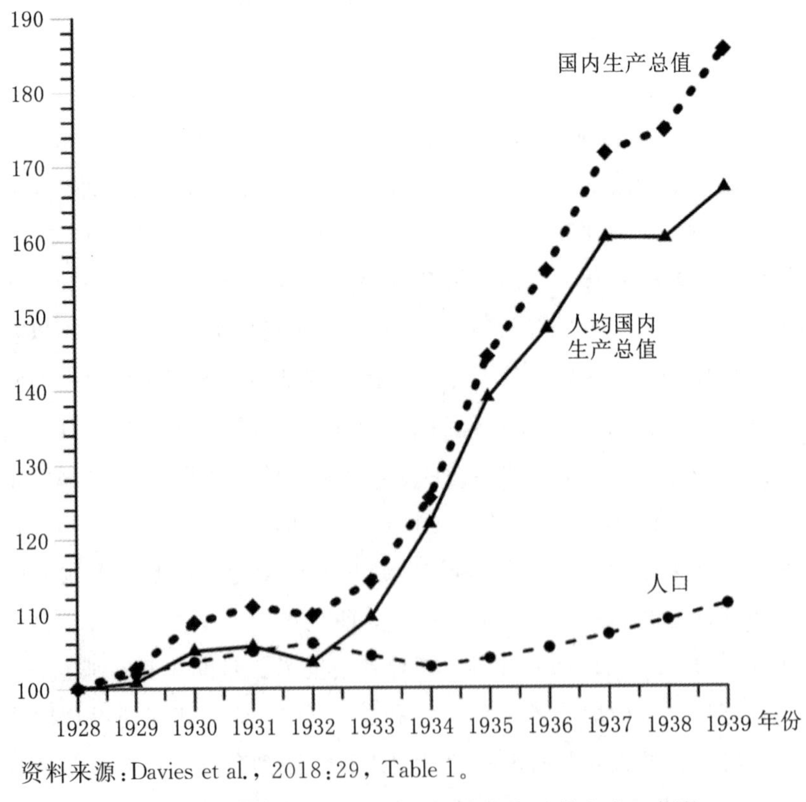

资料来源：Davies et al.，2018：29，Table 1。

图 8.7　1928—1939 年苏联的国内生产总值和人口指数

场粮食危机，使得许多农村地区都处于饥荒之中（Davies, 1980; Davies and Wheatcroft, 2004）。从全球角度来看，这些政策的主要作用是将苏联与西欧和中欧紧张的政治、经济局势隔离开来（Davies, 1989; Davies et al., 2018）。 1337 对斯大林来说，到 1937 年，所有其他大国都是苏联潜在的敌人。他下定决心，无论下一次打击可能落在哪里，苏联都会做好准备。

德国：纳粹党的崛起

到 1929 年，魏玛共和国已经设法使经济在一定程度上稳定下来。然而，政治局势仍不明朗。1923 年 11 月，以阿道夫·希特勒为首的一群民族主义社会党成员在慕尼黑上演了一场企图控制巴伐利亚政府的闹剧，但没有成功。希特勒和他的几个追随者在兰茨贝格监狱被判处 3 年徒刑。希特勒很好地利用了他的监狱时光，他每天花几个小时给同伴口述笔记，以便汇集成 1338 一本书，该书在 1925 年和 1926 年出版（Hitler, 1936）。1928 年夏天，希特勒写了第二份手稿，显然是打算作为《我的奋斗》的续集。这份手稿直到 1958 年才被人发现，并于 1961 年出版（Hitler, 1961）。希特勒的思想为他提供了政策蓝图，一旦他获得权力，就会将其付诸实践。这些政策的核心目的是扩大德国的边界，将希特勒眼中的“日耳曼人”全部包括进来。根据希特勒的说法，俾斯麦时期帝国的疆域“只包括德意志民族的一部分”。希特勒坚持认为，1914 年前的边境线“直接穿过德语区，甚至穿过至少以前是属于德意志联盟的部分，即使这些部分不是被正式承认的地区”（Hitler, 1961: 48—49）。希特勒打算看到德国政府收回这些地区。“对于当时严格意义上的民族国家来说，”他写道，“没有什么比将吞并欧洲的那些德意志地区作为外交政策的目标更明确了，追溯历史，这些地区显然不仅属于德意志民族，而且属于德意志帝国。”（Hitler, 1961:56）

1929 年的全球经济崩溃对德国经济造成了毁灭性影响。1929—1932 年，GDP 下降了 25%，失业率达到 31%（Crafts and Fearon, 2013a:3）。与经济危机相伴而来的是国会大厦内政治联盟的瓦解。纳粹党在 1932 年的联邦选举中脱颖而出，拥有 230 个席位，比其他任何政党都多，但还不足以组建政府。保罗·冯·兴登堡在1932年的总统选举中击败了希特勒,但他无法组建一个排除纳粹分子的政府。最终,总统意识到他别无选择,只能任命阿道夫·希特勒为德国总理。到1933年7月末,希特勒已经有效地控制了德国政府(Fischer, 1995; Abelsauer, 1998)。希特勒一出任总理,就开始扩大德国政府的开支。图8.8显示了1932—1938年德国政府支出的数据。1932年,政府支出占GDP的1.4%;到1938年,它已增长到19%。军费开支从约占总预算的四分之一增长到接近所有政府开支的四分之三。

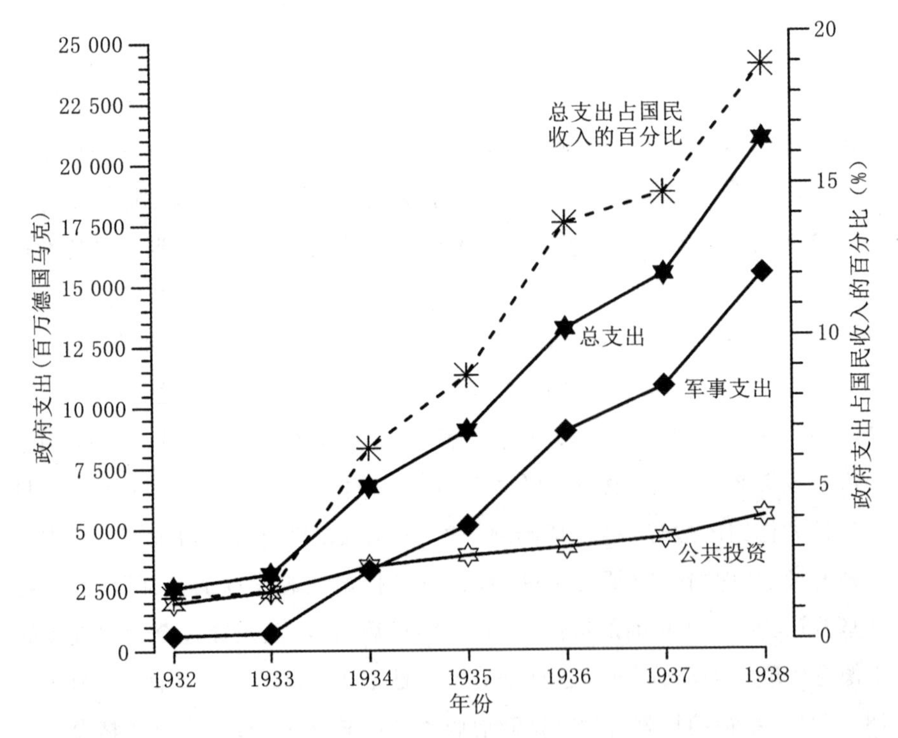

资料来源:Abelsauer, 1998。

图8.8 1932—1938年德国政府支出

1935年1月,在1920—1935年间经国际联盟授权由英国和法国占领和统治的德国萨尔地区选民进行公投,以压倒性多数选择回归德国。一年后,德军在没有遇到任何抵抗的情况下进军莱茵河左岸地区。希特勒为扩张帝国而瞄准的下一个目标是奥地利的日耳曼人口。虽然他最初在奥地利建立亲纳粹政府的计划没有成功,但当德国军队越过边境进入奥地利时,受到了奥地利人的热烈欢迎。随后，希特勒宣布德奥合并，于1938年3月13日由德国国会批准，并于4月10日通过全民公投。当时，还有320万德国人居住在苏台德地区——捷克斯洛伐克西部的一个地区，希特勒声称其应该被“还给”德国。尽管捷克政府强烈反对将该地区统一到德国，但没有一个西方大国准备反对希特勒的要求。1938年9月30日，贝尼托·墨索里尼鼓励希特勒在慕尼黑郊外召开一次会议，以确定苏台德地区德国人的命运。其结果是墨索里尼、希特勒、英国的内维尔·张伯伦和法国的爱德华·达拉第签署了一项协议，即德国人将占领苏台德地区。该协议实际上允许了希特勒控制整个捷克斯洛伐克(Weinberg，1995：Chaps.8 and 9；Ferguson，2006)。

1339

希特勒现在将注意力转向居住在波兰的德国人。斯大林不可能静静地看着德国吞并整个波兰，因此希特勒派他的外交大臣——约阿希姆·冯·里宾特洛甫——前往莫斯科与苏联签订《苏德互不侵犯条约》，其中包括一项分裂波兰的秘密协议。1939年9月1日，德军入侵波兰。这一次英国和法国都对德国宣战。

第二次世界大战开始了。

日本："旭日"帝国

当德国人和俄国人在战后重建他们的国家时，另一个帝国正在地球的另一端崛起。19世纪中叶以前，日本人一直与世隔绝，直到美国海军上将马休·佩里对东京湾进行了一系列访问，才迫使他们面向国际贸易市场开放本国经济。1868年，一群年轻的贵族和武士发动叛乱，让16岁的天皇掌管政府。尽管他们担心外国干预，但明治维新的领导人很快就被国际市场吸引。图8.9提供了1875年至1940年日本国内生产总值和对外贸易的数据。贸易——此处以进出口之和衡量其指数，提供了广泛的商品、服务和原材料。在第一次世界大战前的几年时间里，日本经济以GDP每年约2.5%的速度稳步增长。一战前，国际贸易是日本经济增长的重要推动因素，而在战后的20年中，这项因素变得高度不稳定。

1340

明治政府想动用武力来扩大其在朝鲜、中国大陆和台湾地区的影响力。

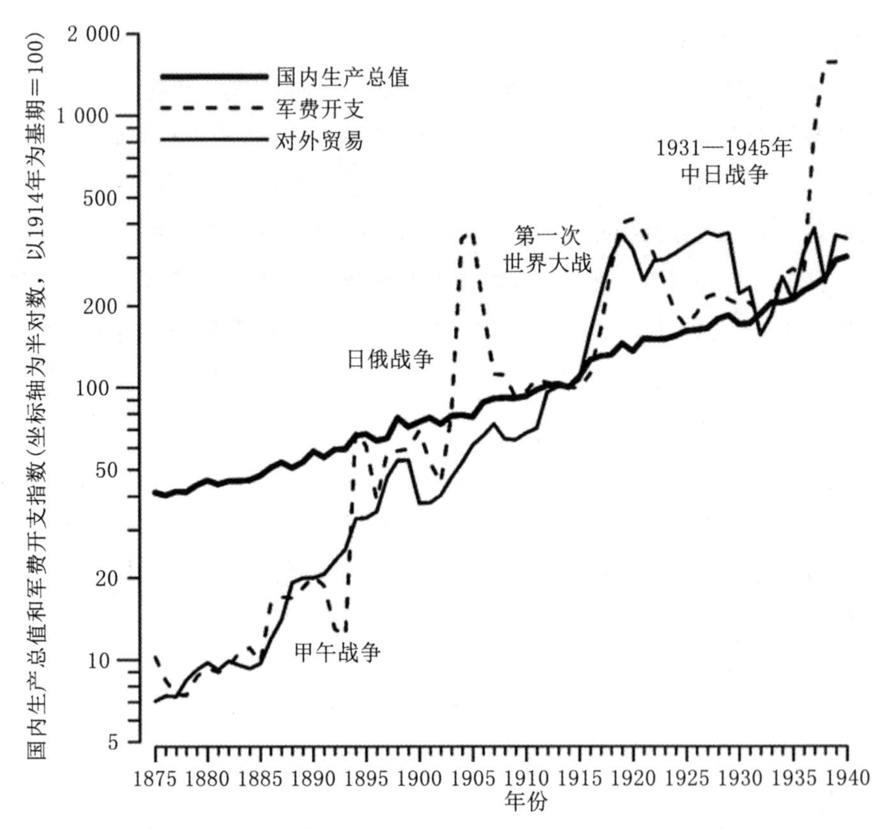

资料来源:国民生产总值数据来自麦迪逊(Maddison，2010)所整理的数据;军费开支数据来自战争相关因素数据库(Correlates of War Project，2010)。

图 8.9　1875—1940 年日本国内生产总值、对外贸易和军费开支

1895 年,中日甲午战争以《马关条约》结束。中国被迫在条约中给予日本与欧洲列强类似的最惠国待遇,且台湾被割让给日本(Paine，2003，2017)。1904 年,为争夺对中国东北的控制权,日本向俄国宣战。1905 年,美国总统老罗斯福居中调停,日俄通过谈判达成和解,战争结束(Jukes，2002；Ransom，2018)。日本人本可以在第一次世界大战中保持中立,但首相大隈重信认为欧洲战争是日本进一步扩大其太平洋帝国的良机。日本于 1914 年 8 月对德国宣战,并着手夺取德国在青岛的海军设施和在马绍尔群岛的殖民地。到战争结束时,日本已经成功地在亚洲攫取了要成为一个殖民帝国所需的核心利益。这些战争对日本军费开支的巨大影响在图 8.9中显而易见。

1341

在整个20世纪20年代，日本的官方政策是不插手中国事务。然而，他们却毫不犹豫地插手了中国东北的事务。当国民党和共产党之间的分歧演变为战争时，日本人看到了控制中国东北的机会。1931年9月10日①，一群低级军官在南满铁路沿线策划了一次小型爆炸，他们将此归咎于中国军队。"九一八事变"为日军占领奉天制造了借口。将军们很快发现，中国人无法抵抗日本的进一步进攻，几个月后，日军占领了整个中国东北。1932年2月，日本政府宣布中国东北独立成为一个国家，即伪满洲国。到1937年底，入侵的日军占领了中国东部沿海地区（Taylor, 2015）。

意大利：太小而不能成为大国

贝尼托·墨索里尼于1922年上台，他承诺将恢复意大利昔日的荣光。墨索里尼能作此承诺的基础是他将扩大意大利在北非的殖民地。1935年10月，意大利入侵埃塞俄比亚，并最终在1936年秋天成功征服了这个非洲国家。阿道夫·希特勒支持墨索里尼在非洲的行动，他们共同的目标是破坏《凡尔赛和约》并扩大他们的领土，这为两国逐渐成为紧密的军事经济联盟奠定了基础。1932年希特勒成为德国总理时，两国签署了《德意同盟条约》，这是法西斯意大利和纳粹德国之间达成的一项协议，最终促成二战轴心国的建立。

所有这一切发生的背景是对埃塞俄比亚出兵以及墨索里尼在西班牙内战中对弗朗西斯科·佛朗哥提供支持而导致意大利经济到达崩溃边缘。图8.10显示了意大利GDP和对外贸易数据（以进出口总额衡量）。从1929年到1938年，GDP还保持稳定，然而，在大崩盘之后，进出口指数急剧下降，并且在接下来的十年中都没有恢复。韦拉·扎玛尼认为，在战争期间，进口的减少导致意大利在获取战略原材料（尤其是液体燃料）方面十分困难（Vera Zamagni, 1998:187—188, Table 5.6）。图8.10还显示，1932年之后军费开支急剧上升，而在埃塞俄比亚和西班牙的军事行动显然是意大利1935—1937年军费开支和军事人员大幅增加的主要原因。 1342

① 原文有误，应为1931年9月18日。——译者注

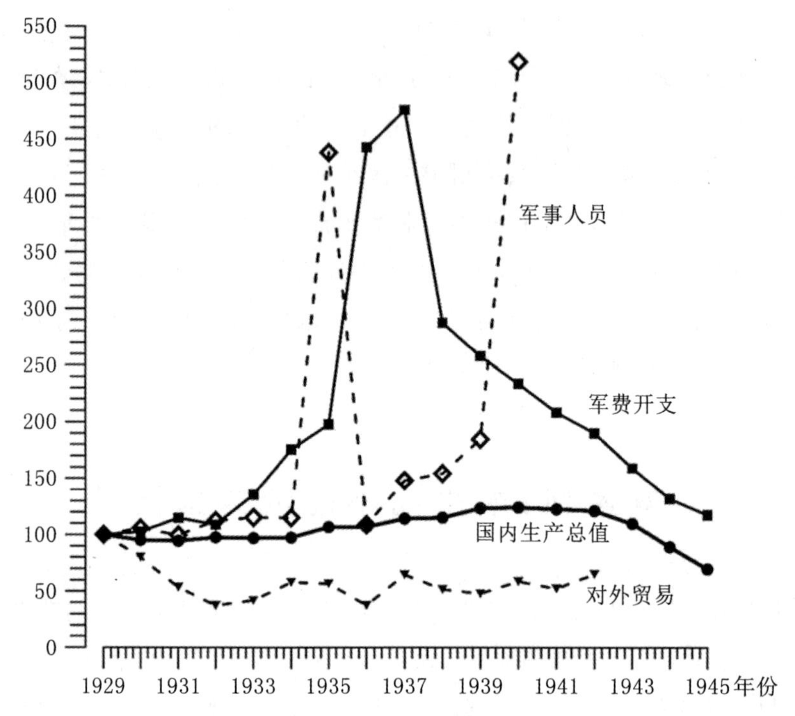

资料来源:国内生产总值数据来自麦迪逊(Maddison, 2010)所整理的数据;对外贸易、军事支出和军事人员数据来自战争相关因素数据库(Correlates of War Project, 2010)。

图 8.10　1929—1945 年意大利的国内生产总值、对外贸易、军事人员和支出(以 1929 年为基期=100)

墨索里尼还有另一个扩张领土的野心。在通过吞并埃塞俄比亚扩大了在北非的殖民地后,他将目光转移到了夺取苏伊士运河的计划上。1940 年春天,意大利军队在埃及对英国军队发动了一系列袭击(Ferris and Mawdsley, 2015a; Cldfelter, 2002)。回顾意大利的战争投入,韦拉·扎玛尼总结道:"如果将人员伤亡的损失也算在内的话,毫无疑问,二战给意大利带来的损失低于一战,也远低于许多其他参战国。但意大利在战争期间也无法实现任何大规模的经济扩张。"(Zamagni, 1998: 212)简而言之,意大利的经济基础无法支撑其参与第二次世界大战。当盟军在 1943 年 7 月成功登陆西西里岛时,墨索里尼政府被推翻,而一个由纳粹控制的傀儡政府使用德国军队继续在意大利与盟军作战(Moseley, 2006)。

闪电战:一种新型战争形式

1343

1940年春天,全球再次处于世界大战的边缘。日本人已经在中国打了两年。德国和苏联已经处理好波兰问题,而希特勒准备入侵法国。基本可以说,这次大战是1914—1918年大战的延续。至少对于西欧来说,历史是惊人的相似,两次战争都卷入了相同的国家。但是经过20年的政治和经济动荡,加之新的领导人和新的战争技术,1940年还是出现了截然不同的情况。1914年,欧洲大国被迫卷入了一场它们并不想要的战争。但到1939年,三个国家——德国、日本和意大利,都是有意识地实施那些它们知道最终会引发大战的政策。

第一次世界大战中主要战役的特点是经历长时间的激烈战斗,并且最终双方都无法宣布自己取得了胜利。比如西线的凡尔登战役(1916年)、索姆河战役(1916年)、帕斯尚尔战役(1917年)和鲁登道夫攻势(1918年),中东的加里波利战役(1915年),以及东线的布鲁西洛夫攻势(1916年)。以上这些战役都是大型阵地战,尽管造成了巨大的伤亡,但都没有创造出一个扭转战局的转折点。第一次世界大战是一场消耗战,不仅造成了可怕的伤亡,而且还以惊人的速度消耗了经济资源。最后,同盟国被迫要求停战的原因是经济崩溃,而非不利的军事结果(Ransom, 2018:Chaps.7 and 8)。

相比之下,第二次世界大战是一场运动战,而且战斗的结果能从根本上扭转战局。德国军队的闪电战战术在装甲师中将装甲车辆与步兵相结合,历史学家卡尔·海因茨·弗赖泽认为,“这与第一次世界大战的消耗战相比,引发了战争形象的变革,物理或非歼灭的原则被心理混乱的原则所取代”(Karl Heinz Frieser, 2015:351)。1940年5月,德军穿过比利时和荷兰,入侵法国。英国远征军被压在英吉利海峡的敦刻尔克,他们在那里设法撤退了30多万人,但几乎失去了所有的设备和车辆。面对德国向南部的进攻,法国军队崩溃了。1940年6月22日,在贡比涅,法国在1918年德国向同盟国投降时使用的同一辆火车上,与德国签署了停战协议。法国的北部和西部海岸及其腹地都已被德国人占领。剩下的第三共和国被菲利普·贝当领导的一个与纳粹合作的政府所取代。在6周的时间里，希特勒和他的将军们成功地完成了20年前他们在西线浴血战斗5年都未能完成的事情，而且他们付出的代价极低。

到1941年底，德意志第三帝国控制了法国西海岸到波兰与苏联边界之间的领土。表8.1总结了德意志帝国从1938年与奥地利合并到1941年4月入侵希腊和南斯拉夫之间所获的所有领土。除了德国军队占领的地区之外，保加利亚、罗马尼亚和匈牙利这三个国家都与纳粹政权结盟了。包括

1344

表8.1　1938—1941年的德国扩张

国　家	日　期	人口（百万）	领土面积（千平方英里）	GDP（百万美元）
通过兼并				
奥地利	1938年3月	6.8	84	24.2
捷克斯洛伐克	1938年3月	10.5	140	30.3
		17.3	**224**	**54.5**
通过军事力量				
波兰	1939年9月	35.1	389	76.6
挪威	1940年4月	2.9	323	11.6
丹麦	1940年4月	3.8	43	20.9
荷兰	1940年5月	8.7	33	44.5
比利时	1940年5月	8.4	30	39.6
法国	1940年5月	42.0	551	185.6
南斯拉夫	1941年4月	16.1	248	21.9
希腊	1941年4月	7.1	30	19.3
		124.1	**1 747**	**420.0**
盟国				
保加利亚	1941年5月	6.6	103	10.5
罗马尼亚	1941年4月	15.6	295	19.4
匈牙利	1941年6月	9.2	117	24.3
		31.4	**515**	**54.2**
德国	1938年	68.6	470	351.4
德国总收益		**172.8**	**2 486**	**528.7**

资料来源：人口数据源于麦迪逊（Maddison，2006）的统计、领土和国内生产总值源于哈里森（Harrison，1998a）的著作。

巴尔干半岛的三个盟友在内，第三帝国的领土从1938年的47万平方英里增加到1941年的250万平方英里，同时人口翻了一番。

希特勒曾希望英国在法国战败后退出战争。恰恰相反的是，温斯顿·丘吉尔在下议院坚定地宣布英国将继续战斗。希特勒和他的将军们并没有制定入侵英国的计划，并且很明显的是，英国舰队和皇家空军（RAF）对这一冒险的成功持怀疑态度。赫尔曼·戈林坚持认为，德国空军可以通过空袭迫使英国退出战争。"不列颠之战"于7月初开始，到8月，德国的空袭已经对英国的防御产生了压力。但德国空军亦无法承受其遭受的损失，希特勒和戈林决定将德国轰炸的重点从英国皇家空军基地转移到英国主要城市，尤其是伦敦。到10月初，虽然德军的空袭显然已经打击了英国人，但他们仍未放弃战斗。希特勒于1940年9月取消了"海狮计划"（Ferris and Mawdsley, 2015b）。

1345

1940年9月，德国、日本和意大利签署了三方条约，这是组成轴心国的一系列条约和协议中的最后一个。[①]希特勒希望依托三国军事目标的联系来帮助德国进行领土扩张。事实证明，这些新盟友让他喜忧参半。日本人一心扑在中国战场之上，无法立即向德国人提供任何对抗苏联的援助。墨索里尼则希望将英国人赶出埃及；然而，到2月底，意大利人却被一路向西驱赶至图卜鲁格，希特勒反而被迫前来营救他的盟友。1941年3月，他派欧文·隆美尔指挥非洲军团，稳定那里的局势。隆美尔成功地在秋季战役结束时将英国人赶回埃及。

当德国人控制欧洲时，日本人正在亚洲扩张他们的帝国版图。到1941年底，日本军队占领了中国东海岸从东北到中南半岛的所有主要城市（Van De Ven, 2015）。美国和英国虽强烈反对日本的侵略，但对日本在中国的军事推进却无能为力。1940年8月，日本外相松冈洋右宣布建立"大东亚共荣圈"（GEACS），旨在构建近卫内阁提出的大东亚新秩序。创建"大东亚共荣圈"背后的一个主要动力是日本需要确保自然资源获取途径，如石油和原材料，因为它们是日本军事工业综合体的重要组成部分。美国一直是钢

① 匈牙利（1940年11月）、保加利亚（1941年3月）和罗马尼亚（1941年11月）随后加入了三方协定。

铁和石油产品的主要供应国，同时美国金融机构又控制着日本国际贸易的支付渠道。1941 年 7 月 25 日，罗斯福发布行政命令，冻结日本在美国的所有资产，并禁止向日本出口石油和汽油。这一总统令的影响是巨大的。日本人开始疑神疑鬼，他们相信美国将卡住日本生存所需的资源(Miller, 2007)。美国的经济制裁使日本人愈发相信，对美国发动战争是日本在亚洲实现其帝国目标的必经之路。美国和英国军队都没有能力正式涉足中国战场。日本在中国以及东南亚实行军事侵略时，唯一的真正威胁就是美国海军。日本帝国海军已经开始紧锣密鼓地制定打击珍珠港的计划。

1346

巴巴罗萨：德国入侵苏联

在孤注一掷的前夕，希特勒给贝尼托·墨索里尼写了一封信，解释了他必须入侵苏联的原因。他向墨索里尼保证，消灭苏联人不仅能够为德国和意大利在东部提供安全保障，也能够让“日本从东亚地区极大地解脱出来，从而有可能通过日本更好地牵制住美国”(Hitler, 1941)。

1941 年 6 月 22 日凌晨 3 点，在苏联西部 1 800 英里的前线，德军发出了密集的炮火。德国入侵苏联的巴巴罗萨行动开始了。德军此次入侵行动的主体由三个集团军组成。北方集团军的目标是占领列宁格勒。中央集团军是三支集团军中规模最大的，其目标是莫斯科市。南方集团军的目标是基辅市和高加索地区的油田。

尽管英国和苏联情报部门都发出预警说德国正计划袭击苏联，斯大林还是被打了个措手不及。到 9 月底，阵线从北部的拉多加湖一直延伸到南部的克里米亚半岛顶部，形成了一条相当长的直线。德国军队占领了苏联的很大一部分领土，但他们还没有占领列宁格勒或莫斯科。夏天即将结束，苏联红军虽然受到重创，但仍在战场上坚持(Glantz, 2012)。10 月的第一场雨使双方的战况复杂化了，随着秋季的结束和冬季的到来，情况变得更糟。10 月初启动的“台风行动”，是德军在冬季的严寒袭来之前组织的最后一次攻占莫斯科的行动。德军在两周内成功包围了 3 支苏军，到 12 月初，莫斯科的尖塔已进入德军先遣部队的视线。但苏军坚守阵地。德军不得不停止对莫斯科的进攻。①

每个历史学家在记述巴巴罗萨行动时，都会提到苏联冬天的严寒是阻止德国在1941年底占领莫斯科的一个重要因素。但天气对双方都有影响。其实，此前苏军巨大的伤亡与德军在夏季的快速推进，掩盖了德国人也遭受了巨大伤亡这一事实，而如果不从其他前线调动部队，德国就无法弥补这些损失。相比之下，苏联能够从西伯利亚调来新的部队，同时新开发的火箭发射器和T-34坦克对苏军也有不小的助力(Clodfelter，2002)。斯大林在20世纪30年代后期对发展军工联合体的重视给苏联带来了巨大的回报。1941年，苏联的坦克产量已经超越了德国(Mawdsley，2009)。

这一切都意味着莫斯科之战的局势发生了戏剧性的转变，变得对苏联有利了。12月5日和6日，苏联发动了一次强烈反攻，将德国国防军推回了他们11月的阵地。这在当时至少使得苏联的首都被保卫住了。12月8日，希特勒发布直接指令，要求过度扩张的部队不惜一切代价坚守阵地。在苦等春天到来的时候，希特勒和他的将军们面临着艰难的选择：是应该增援莫斯科前线的部队，为攻占这座城市作出最后的努力，还是应该转向巩固他们在南方取得的成功。

1347

不论做出何种选择，都意味着另一场巨大的冒险，但他们必须做点什么。

“虎！虎！虎！”：日本偷袭珍珠港

当德国人努力占领莫斯科时，日本人的野心集中在东南亚。1937年日本入侵中国的战争全面爆发后，美日关系不断恶化。日本帝国海军总司令山本五十六开始着手制定一项旨在保护驻东南亚的日军免受美国干扰的计划。现有方案是，日本海军依托西太平洋岛屿为屏障，引诱美军进攻，进行一场巨大的防御战。山本五十六认为这并不能保护东南亚的日军。“驻扎

① 对1941年德国入侵苏联的记述来自纳戈尔斯基(Nagorski，2007)、温伯格(Weinberg，1995：Chap.5，1994)、斯通(Stone，2015)、奇蒂诺(Citino，1987：Chap.1)、克劳菲特(Clodfelter，2002)、格兰茨(Glantz，2012)的研究。

在夏威夷的美国舰队，"他指出，"就像一把架在我们脖子上的匕首。如果日本对美宣战，我们南进行动的范围将立即面临严重的定点威胁。"(Potter, 1967: 84)1940年8月，当山本五十六向海军最高司令部提出让日本海军攻击珍珠港的美国舰队的计划时，这个想法并没有被立即接受。然而，外交上的失利和经济上的困难，促使越来越多的人同意山本五十六关于日本海军必须采取进攻的观点。反观华盛顿一边，国务卿科德尔·赫尔和总统罗斯福继续加强美国对日本出口的禁运。汽油和石油供应的减少是这当中的关键因素。11月初，日本首相东条英机首次向裕仁天皇介绍了山本五十六的计划。11月5日，在天皇还没有听说这个计划的时候，山本五十六就已经暗中准备让"联合舰队"(珍珠港特遣队的名字)在单冠湾(千岛群岛中的一个偏远海湾)集结了，目的是补充燃料并准备对夏威夷发动攻击。等到裕仁天皇正式签发攻击命令时，日本海军的航母部队早已启航驶向打击目标了(Kuehn, 2015; Prange, 1981: Part I)。

这是一支令人印象深刻的舰队：总共有31艘舰艇，包括6艘航母、2艘战列舰、2艘重型巡洋舰和9艘日本海军最新的驱逐舰。日本海军的特混舰队在海上的威力，与德国人的装甲军团的陆上力量相当：其打击力量是世界上任何其他海军舰队都无法比拟的。当双方的外交官还在为争取对方的让步而相互辩论时，日军的航母早已飞速驶过北太平洋。日本帝国海军中只有少数人知道完整的计划内容，就连首相东条英机也只听取了该计划中最基本的简况。1941年12月7日早晨6点，183架飞机从停泊在瓦胡岛以北230英里的日本航空母舰上起飞，在火奴鲁鲁广播电台信号的引导下飞往珍珠港。2小时后，珍珠港燃起了熊熊烈火。日军在本次偷袭中损失了55名飞行员；美国则损失了8艘战列舰和10倍于日军的人员，另有3艘巡洋舰和3艘驱逐舰或沉或损，驻扎在基地的231架飞机中有一半以上被损毁。

1348

自此，美日之间的太平洋战争打响了。虽然人们普遍认为这次偷袭是一项杰出的军事计划和对美国人巧妙的战术打击，但正如约翰·基根所说，"珍珠港不是特拉法尔加"(John Keegan, 1989: 255)。珍珠港被袭无疑给美国敲响了一记"警钟"，将其拖入了一场他们原本坚决不想参与的战争，而美国一旦参战，日本就不太可能获胜了。这次偷袭中最致命的缺陷是当时没有一艘美国航空母舰停靠在珍珠港，这意味着美国海军仍有潜力破坏日本在东南亚的计划。山本五十六必须再想出一个摧毁美国舰队的计划(Prange，1981)。

开端的终结：中途岛和斯大林格勒

山本五十六在珍珠港的豪赌确实为日军在东南亚的经营带来了可观的回报。到1942年4月末，日本人事实上已经接管了英国、荷兰和美国在东南亚的殖民地。所有这一切，都是在没有损失一艘舰队航母、战列舰或重型巡洋舰的情况下完成的。尽管偷袭珍珠港存在致命的缺陷，但这次攻击成功地让美国舰队短期内无法干预日本在东南亚的行动。日本的势力范围已经扩展到南至澳大利亚，东至新几内亚北部的所罗门群岛了。

此时，日本最高指挥部有数种选择。其中一条就是重启日本海军在1940年提出的初始计划，即在东南亚新占地区的东部构筑强大的防线。正如他们在争论是否偷袭珍珠港时所说的那样，这一战略的支持者希望引诱美国舰队向西行驶，这样日本舰队就可以在本国水域与敌人交战。山本五十六再一次面临说服同僚的挑战，他坚持日本海军不能坐以待毙，等着美国人来追赶他们。珍珠港被袭似乎暂时让美国在太平洋插不上手，同时日本海军在东南亚和印度洋海域的行动已经压制了其他列强的舰队。日军在1942年2月和3月取得成功后，其在中国的陆上作战已经没有任何更大的获益空间了。这使得陆军将目光投向南方，以寻求下一步行动，海军对此十分赞成，因为澳大利亚北部和所罗门群岛以东的地区是当时防线中最薄弱的环节。

1349

基于以上的考虑，日军最终采取的计划是海陆联合行动，其主要目标是占领新几内亚的莫尔斯比港，并巩固所罗门群岛的据点。美国则希望消除日本对莫尔斯比港的威胁。该行动的结果是美日之间爆发了珊瑚海海战。这场海战是航母编队远距离以舰载机形式实施交战的，双方军舰并未碰面。表面上，日本人似乎在珊瑚海海战中占了上风，仅有一艘护航航母沉没和一艘舰队航母受损，而美国人失去了他们最大的航母，另外还有一艘航母严重受损；然而，大多数历史学者认为，美国人从这场战斗中获得了巨大的战略优势。因为日本人取消了对莫尔斯比港的进攻，这打破了日本加强其新建立的帝国南部地区防御的计划。

日本撤退的决定是对南太平洋日军的一次重大打击。虽然当时日本在太平洋战争中仍然保持着主动权，但珊瑚海海战是美国取得主动权的第一小步。山本五十六希望引诱美国海军进行一次大型的舰队战斗，以便利用日本海军航空母舰的绝对优势摧毁美国航母。日本帝国海军组建了一个特遣部队，其中包括日本海军6艘航空母舰中的4艘。日本人不知道的是，美国的情报部门已成功地破译了日本海军的密码，使他们能够掌握日军的全部作战计划。美国海军上将切斯特·尼米兹凭借此意料之外的优势，将他麾下3艘舰队航母全部派去攻击威克岛附近的日本舰队。尼米兹的计划很简单，美军将部队部署在中途岛北部偏东的地方，等待日本人的到来。因此，进入陷阱的是山本五十六和他的日本海军，而非美国海军。

第二次世界大战中最重要的海战在6月5日早晨太阳升起时开始，到傍晚日落时分结束。双方都陷入了一场绝望的战斗，都看不到对方在做什么——事实上，在战斗的大部分时间里，他们甚至根本不知道敌人在哪里。双方都派出飞机寻找并消灭敌人，但收效甚微。而后幸运的是，来自“约克城”号航空母舰的两个俯冲轰炸机中队发现了正在为攻击中途岛准备飞机的日本舰队。在不到15分钟的时间里，美国飞机成功地摧毁了敌方一半的航空母舰以及大部分飞机。到6月6日早上，双方的损失都一目了然。日军失去了全部4艘舰队航母以及250多架飞机，损失了3 000多人——其中包括第一航空战队的250名精锐。美军则在此次行动中仅损失了1艘航母、100架飞机和300名士兵(Parshall and Tully, 1962; Thomas, 2006)。

中途岛海战是海军历史上最具决定性意义的胜利之一。日本人损失了4艘无可替代的航空母舰。即使在最好的情况下，任何新船也都无法及时准备好应对美国海军不断增强的力量。与日本海军面临的惨淡形势相反的是，在中途岛海战中，美国已经有6艘新的埃塞克斯级舰队航母动工建造，其中有4艘将在1942年底之前服役。在中途岛海战之前，日本尚且能够与美国海军交换航母损失，而不会影响航母舰队的行动能力。但等到中途岛海战之后，在余下的战争中，美国只在敌人的行动中损失了两艘航母。尽管未来几个月内还会爆发数场海战，太平洋海战的最终结果至此已经尘

1350

埃落定了。美国人在系统性地摧毁日本帝国海军部队的同时继续扩大自身舰队的能力，从而注定了日军最终的失败。美国的经济实力决定了战争的结果。

当日本人努力守住他们亚洲帝国的南部边界时，德国人正在考虑他们对苏联采取的战略。在对现状进行评估后，希特勒决定不再继续围绕莫斯科开展战斗，而是发动了一项名为“蓝色行动”的新战略，让德军向南推进到迈科普和斯塔夫罗波尔的油田，然后沿着顿涅茨走廊向南推进到斯大林格勒。“蓝色行动”背后有着很大的经济意义，即德国和苏联经济都需要高加索的石油。然而，鉴于1942年初德军在苏联的处境，这是一项充满挑战的计划。当时的德国国防军人手不足、伤亡严重，它只是在前一年夏季闯入苏联境内的一只纸老虎。在得到来自亚得里亚海的意大利、匈牙利和罗马尼亚部队的50多个师的支持后，德军将其阵线向东推进到顿河，向南推进到斯大林格勒和高加索山脉。到1942年夏末，德国在苏联领土内的阵线呈不规则的弧线，从列宁格勒郊区向南延伸到莫斯科以西的前线，向南到沃罗涅日和顿河西岸的斯大林格勒。看起来希特勒似乎依然能够赢得他在1941年6月所下的赌注。如果希特勒的军队能够通过占领斯大林格勒来锚定东部战线的南端，他相信他可以通过对列宁格勒和莫斯科的袭击来完成对苏联的征服(Weinberg, 2015)。

弗里德里希·冯·保卢斯将军的第六集团军于1942年8月末抵达斯大林格勒的边界。德军迈着缓慢但坚定的步伐，深入了这座城市，11月11日，冯·保卢斯发起最后一次进攻，实际到达了河边，而这也是他们所能到达的尽头了。德军已经是强弩之末，而重新集结的苏军已经足以发动大规模反击。11月23日，苏军在城市西部会合，超过25万德国士兵被困在苏军编织的“口袋”之中。1943年2月2日，冯·保卢斯率领他的部队向苏军投降。

斯大林格勒保卫战对苏联来说是一场巨大的胜利。包括囚犯在内，双方的死亡人数总计超过750 000人。德军除了损失惨重之外，整个军队的投降对纳粹来说也是一次巨大的心理打击，同时也极大地鼓舞了苏联的士气。苏联人的反击除了缓解斯大林格勒的压力外，还迫使德国人放弃了高加索——这最初是夏季攻势的主要焦点。

1351 战争的天平开始无可逆转地倒向了有利于同盟国的一方。

二战的经济学

如果军事家、政治家和战略家从第一次世界大战中汲取了经验教训的话，那这个教训一定是发动一场战争既是对军事的考验，也是对经济的挑战。经济史学者汇总了大量反映主要大国经济表现的数据。有关战争的一张计量史学图较好地反映了上述军事事件。图 8.11 和图 8.12 显示了战争期间主要大国的 GDP 和军事人员数据。数据显示，在战争的头两年，轴心国

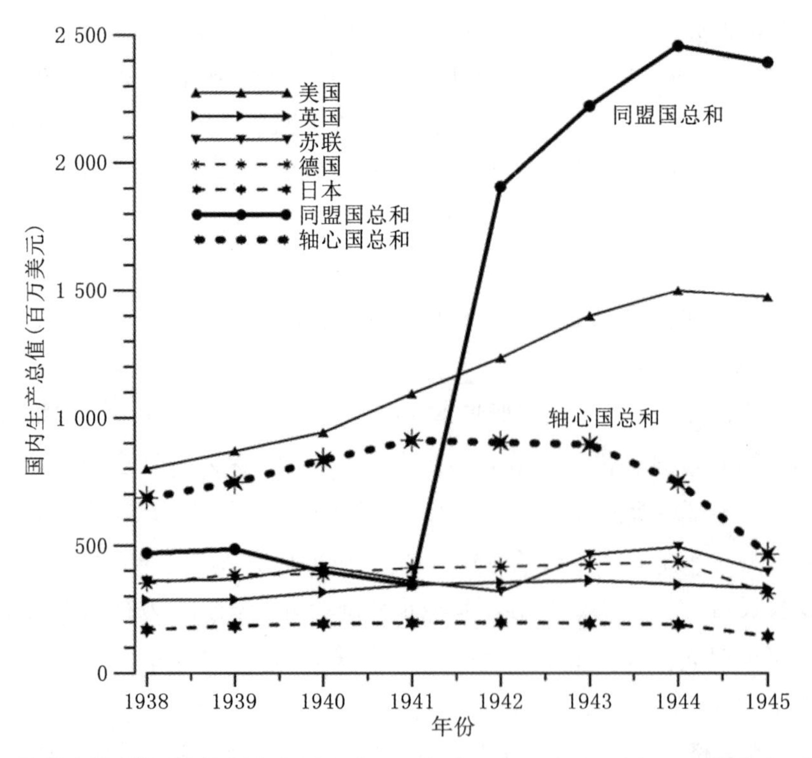

资料来源：美国的数据来自罗考夫(Rockoff，1998:86，Table 3.2)的研究；英国的数据来自布罗德贝里和霍利特(Broadberry and Howlett，1998:51，Table 2.1)的研究；苏联的数据来自哈里森(Harrison，1998b:278，Table 7.5)的研究；德国的数据来自阿贝尔绍尔(Abelsauer，1998:135，Table 4.12)的研究；日本的数据来自原(Hara，1998:261，Table 6.13)的研究。

图 8.11　1938—1945 年主要大国的国内生产总值

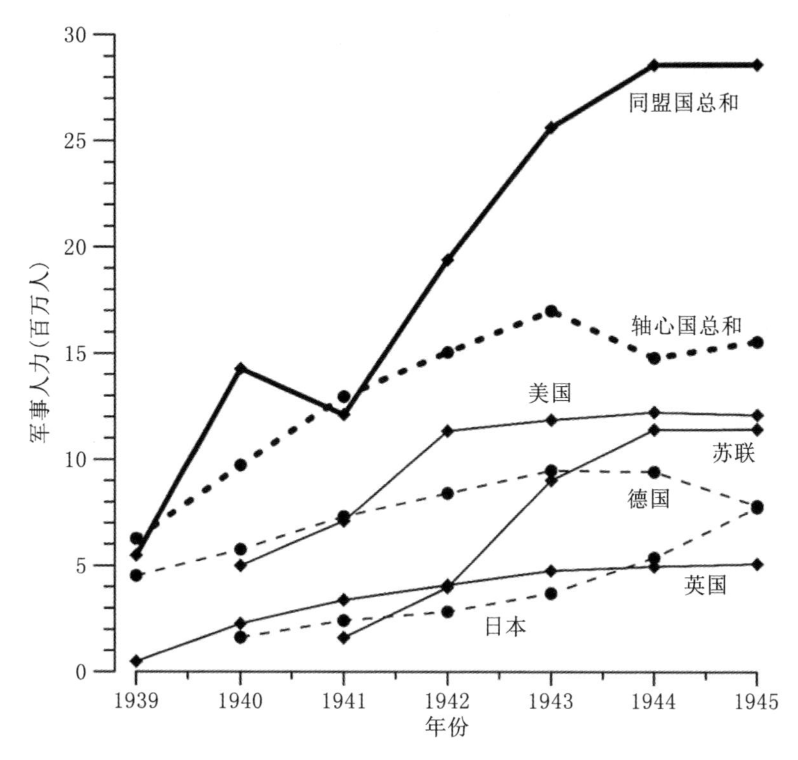

资料来源：Correlates of War Project，2010。

图 8.12　1939—1945 年主要大国的军事人力

由军事胜利带来的经济资源大大超过了同盟国。然而，当美国和苏联在 1942 年加入战斗时，经济实力对比发生了戏剧性转变，变得有利于同盟国了。 1352

1918 年，英国人仍在试图寻找对他们的坦克的最优使用方法。英国坦克是为堑壕战而研发的，普遍体积庞大而且十分笨重，非常容易成为反坦克炮的攻击目标。到 1940 年，德国人研发出了体积更小、机动性更强的坦克。当其与受过专门训练的步兵部队相结合时，这些坦克立即成为闪电战战略核心装甲部队的骨干。在一战结束时仍处于起步阶段的飞机，到 1940 年已经发展成为对付敌军和敌国民众的宝贵武器。在一场投入包括数千辆装甲车和战斗机的新武器的战役中，武器的生产能力对战斗结果有着决定性作用。表 8.2 显示了战争期间美国、苏联、英国、德国和日本武器生产的数据。这些数据为图 8.10 和 8.11* 提供了支撑。鉴于 20 世纪 30 年代后期的战备

* 原文如此，疑应为“图 8.11 和图 8.12”。——译者注

表 8.2 主要大国武器产量

坦克和机动火炮(台)								
	美国	苏联	英国	盟国	德国	日本	轴心国	盟军/轴心国
1939 年			300	300	700	200	900	0.33
1940 年			1 400	1 400	2 200	1 000	3 200	0.44
1941 年	900	4 800	4 800	10 500	3 800	1 000	4 800	2.19
1942 年	27 000	24 400	8 600	60 000	6 200	1 200	7 400	8.11
1943 年	38 500	24 100	7 500	70 100	10 700	800	11 500	6.10
1944 年	20 500	29 000	4 600	54 100	18 300	400	18 700	2.89
1945 年	12 600	20 500	2 100	35 200	4 400	200	4 600	7.65
总计	**99 500**	**102 800**	**29 300**	**231 600**	**46 300**	**4 800**	**51 100**	**4.53**
作战飞机(架)								
	美国	苏联	英国	盟国	德国	日本	轴心国	盟军/轴心国
1939 年			1 300	1 300	2 300	700	3 000	0.43
1940 年			8 600	8 600	6 600	2 200	8 800	0.98
1941 年	1 400	8 200	13 200	22 800	8 400	3 200	11 600	1.97
1942 年	24 900	21 700	17 700	64 300	11 600	6 300	17 900	3.59
1943 年	54 100	29 900	21 200	105 200	19 300	13 400	32 700	3.22
1944 年	74 100	33 200	22 700	130 000	34 100	8 300	42 400	3.07
1945 年	37 500	19 100	9 900	66 500	7 200	8 300	15 500	4.29
总计	**192 000**	**112 100**	**94 600**	**398 700**	**89 500**	**55 100**	**144 600**	**2.76**
海军舰艇(艘)								
	美国	苏联	英国	盟国	德国	日本	轴心国	盟军/轴心国
1939 年			57	57	15	21	36	1.58
1940 年			148	148	40	30	70	2.11
1941 年	544	62	236	842	196	49	245	3.44
1942 年	1 854	19	239	2 112	244	68	312	6.77
1943 年	2 654	13	224	2 891	270	122	392	7.38
1944 年	2 247	23	188	2 458	189	248	437	5.62
1945 年	1 513	11	64	1 588		51	51	31.14
总计	**8 812**	**161**	**1 156**	**10 129**	**954**	**589**	**1 543**	**6.56**

1353 情况,可以预计,在 1939 年战争爆发时,德国人和日本人拥有比盟军更多的坦克和飞机。然而,美国人和苏联人生产这些武器的能力很快扭转了军事

力量的对比，天平向同盟国一方倾斜了。在整个战争过程中，美国、苏联和英国生产的坦克总量几乎是德国和日本的5倍，战斗机总量几乎是德国和日本的3倍。1941年，苏联人生产的坦克和战斗机数量已经和德国人旗鼓相当。由于20世纪30年代肃反运动后苏联军队领导层的混乱，许多人认为苏联的军事力量比德国入侵者弱得多。显然事实并非如此，正如维克多·戴维斯·汉森所指出的：

> 德国是最先推行装甲作战的国家，但苏联制造了最多和最好的坦克，而英国和美国则部署了最有效的地面支援战斗轰炸机。盟军在装甲和火炮方面的巨大军事优势，使得德国坦克兵和装甲元帅的优势最终化为乌有。（Victor Davis Hansen，2017:504）

希特勒和他的将军们在1941年犯下的最大错误，也许是他们没有认识到苏联的经济实力。 1354

我们已经看到德国人是如何试图通过无限制潜艇战政策“饿死”英国，逼迫英国人屈服的。这是他们在1917—1918年对协约国发动的经济战的一部分，但没有成功。1939年，他们再次通过遏制不列颠群岛的进口，对同盟国船只发动经济战。图8.13显示了从1939年到1945年被德国人击沉的同盟国船只的数据。这一次，他们利用了法国西部海岸港口的优势，扩大了U型潜艇的保护范围，并利用飞机和水上飞机进行空中作战。前三年的战果令人印象深刻。到1942年，潜艇造成的航运量损失达到620万吨，空中作战造成的损失达70万吨。战争期间的损失总计超过1 400万吨，这是一个惊人的总数，但还不足以严重威胁从美国到英国人员和物资的流动。美国凭借其建造“自由轮”的能力在很大程度上抵消了德国U型潜艇击沉吨位的损失。戴维斯和恩格尔曼认为：“同盟国海军和空军在1943年底前有效地打破了经济封锁。”（Davis and Engerman，2006:287）

虽然德国在大西洋实施的经济封锁最终失败了，但美国对日本本土的海上封锁和空袭却取得了惊人的成功。“美国针对日本航运发起的袭击，”戴维斯和恩格尔曼指出，“也许是导致日本经济以及军队、海军力量的后勤保障崩溃的最具决定性的因素。”经济封锁带来的影响可以从战争期间日本人 1355

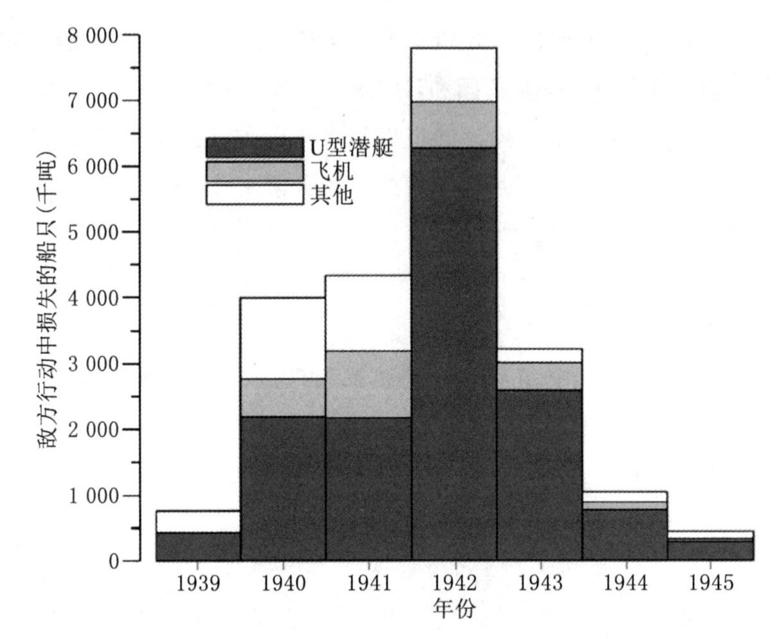

资料来源:Davis and Engerman, 2006:288, Table 6.3。"其他"包括充当袭击者和"未知原因"的水雷和武装水面舰艇。

图 8.13　1939—1945 年在敌方行动中损失的同盟国船只

日常用品消费量下降了 50%这一情况中看出(Davis and Engerman, 2006:378)。海上航运封锁的同时伴随着大规模空袭,这得益于 B-29 轰炸机的发展。根据文森特·汉森的说法:

> 轰炸机通过切断交通、港口、码头和工厂供应,给日本工业带来的损害相当于对工厂直接进行轰炸。超过 65 万吨日本商船被摧毁,另有 150 万吨商船也因无法停靠港口以及盟军控制了空中和海上通道而无法使用。(Vincent Hanson, 2017:114)

这些袭击最终在美国于 1945 年 8 月 6 日和 9 日分别在广岛和长崎投下原子弹的决定下达到高潮,这有效地结束了美国与日本的太平洋战争。鉴于已被轰炸的日本城市所遭受的损失,是否有必要使用原子弹是一个有争议的问题。但美国能在战争中花费数十亿美元研发原子弹和 B-29 轰炸机等超级武器,这件事本身就清晰地进一步证明了,经济实力是战争结果的决定性因素。

孤注一掷：灾难时代的战争豪赌

本章得出的一个基本结论是，到20世纪初，战争和经济二者是密不可分的，因此在决定一场大战最终结果的因素里，经济实力与军事实力同等重要。战场上的胜利是赢得一场大战的必要条件，但不是充分条件。1914年12月，德国陆军总司令埃里希·冯·法尔肯海因觐见德皇，敦促他在第一次马恩河战役后与协约国进行和谈。他解释说，"施里芬计划"没有成功，而德国不可能赢得一场旷日持久的消耗战(Ritschl，2005)。我们的计量史学者支持法尔肯海因对战争局势的早期评估。1918年春，德军再次到达距离巴黎40英里以内的地方，但德国经济无法同时支持战场上的部队和后方人口的消耗，这意味着德国人无法将他们在战场上的成功转化为第一次世界大战的最终胜利。1942年，巴巴罗萨行动将德国国防军带到了距莫斯科几英里的范围内，但事实证明，尽管德军在进攻时发挥出了最高水平，但面对苏联红军的反击，他们最终还是被迫放弃对苏联首都的进攻。德国在斯大林格勒的战败打破了纳粹赢得战争的幻想。在两次世界大战中，德国的经济水平都无法与其军事实力相匹配。分析日本在珍珠港和威克岛对美军的打击也可以得到类似的结论。日本帝国海军在中途岛的失败是一场经济和军事的双重灾难，因为人员和军舰的损失都是无法弥补的。

1356

虽然计量史学研究为盟军为何在两次世界大战中获胜的宏大图景提供了一个解释方向，但领导人在战争中坚持孤注一掷而不是选择其他保守政策，这背后的原因仍然是一个谜。经济学者和计量史学者习惯基于参与者的"理性"思维来对结果进行分析。然而，当选择在战场上豪赌时，理性思维似乎被约翰·梅纳德·凯恩斯所谓的"动物精神"压制了——这些决定是基于将军们的过度自信，认为他们的作战计划一定会成功，同时又担心如果不"做点什么"就会输掉战争而作出的。①换句话说，将军们表现出强烈的倾向，

---

① 凯恩斯使用"动物精神"一词来对导致大萧条的股市繁荣期间的投资者投机行为进行分析(Keynes，1936:129)。有关使用动物精神来解释涉及战争和经济的决策的更多信息，请参见Ransom，2018:Chap.1，2016。

愿意赌上一场战争(即使结果非常危险),而不接受失败风险更低的和平解决方案,因为他们把这视为一种赌博。政治领导人将有关军事战略的最终决定权交给将军的倾向,加强了各国选择战争而非和平的趋势。

结　语

计量史学者倾向于回避是什么"导致"战争的问题,并沿袭罗纳德·芬德利和凯文·奥罗克的先例,这两位计量史学者不情愿地承认,在他们对战争起因的分析中,第一次世界大战"表现得像'机械降魔'"(Findlay and O'Rourke, 2007:XXV)[①]。对于计量史学者来说,战争是外生事件,必须被纳入理论模型的假设之中。虽然这些模型不能解释战争的起因,但它们已经生成了大量令人印象深刻的经验数据,使我们能够研究灾难时代中战争的经济后果。

参考文献

Abelshauer, W.(1998) "Germany: Guns, Butter and Economic Miracles", in Harrison, M.(ed) *The Economics of World War II: Six Great Powers in International Comparison*. Cambridge University Press, Cambridge, pp.122—176.

Ball, A.(1987) *Russia's Last Capitalists: The NEPmen 1921—1929*. University of California Press, Berkley and Los Angeles.

Boemeke, M., Feldman, G., Glaser, E.(eds) (1998) *The Treaty of Versailles: A Reassessment after 75 Years*. Cambridge University Press, New York.

Broadberry, S., Harrison, M.(eds) (2005) *The Economics of World War I*. Cambridge University Press, New York.

Broadberry, S., Howlett, P.(1998) "The United Kingdom, 'Victory at All Costs'", in Harrison, M.(ed) *The Economics of World War II: Six Great Powers in International Comparison*. Cambridge University Press, Cambridge, pp.43—72.

Citino, R.(1987) *The German Way of Making War: From the Thirty Years' War to the Third Reich*. University Press of Kansas, Lawerence.

Clodfelter, M.(2002) *Warfare and Armed Conflicts: A Statistical Reference to Casualty and Other Figures, 1500—2000, 2nd edn.* McFarland & Company, Inc, Jefferson.

---

① 他们继续解释说:"当然不乏权威人士认为,19世纪后期世界经济的运作方式有助于解释第一次世界大战的爆发,但对导致这场灾难的原因仍然存在争议。"(Findlay and O'Rourke, 2007:XXV)

Correlates of War Project.(2010) National Material Capabilities Dataset (V 5.0). http://www.correlatesofwar.org/data-sets/national-material-capabilities.

Crafts, N., Fearon, P.(2013a) "Depression and Recovery in the 1930s: An Overview", in Crafts, N., Fearon, P.(eds) *The Great Depression of the 1930s*. Oxford University Press, Oxford, UK, pp.1—44.

Crafts, N., Fearon, P.(eds) (2013b) *The Great Depression of the 1930s: Lessons for Today*. Oxford University Press, Oxford, UK.

Davies, R.W.(1980) *The Socialist Offensive: The Collectivization of Soviet Agriculture. Vol. 1, The industrialisation of Soviet Russia*. Cambridge University Press, Cambridge.

Davies, R.W.(1989) *The Soviet Economy in Turmoil. Vol. 4, The Industrialisation of Soviet Russia*. Cambridge University Press, Cambridge.

Davies, R.W., Wheatcroft, S.G.(2004) *The Years of Hunger: Soviet Agriculture, 1931—1936. Vol. 5, The Industrialisation of Soviet Russia*. Cambridge University Press, Cambridge.

Davies, R.W., Harrison, M., Khlevniuk, O., Wheatcroft, S.G.(2018) "The Soviet Economy: The Late 1930's in Historical Perspective", working paper series, #363. Warrick.

Davis, L.E., Engerman, S.L.(2006) *Naval Blockades in Peace and War: An Economic History since 1750*. Cambridge University Press, New York.

Diebolt, C., Haupert, M.(2018) "We are All Ninjas: How Economic History Has Infiltrated the Economics Discipline", with Claude Diebolt, forthcoming Sartoniana Vol.32, 2019.

Eichengreen, B.(1991) "The Origins and Nature of the Great Slump, Revisited", working paper. University of California, Berkeley Department of economics, Berkeley.

Eichengreen, B.J (1992) *Golden Fetters: The Gold Standard and the Great Depression, 1919—1939*. Oxford University Press, New York.

Eichengreen, B., Hatton, T.(1988) *Interwar Unemployment in International Perspective: An Overview*. Kluwer Academic Publishers, London.

Eichengreen, B., Temin, P.(1997) "The Gold Standard and the Great Depression", working paper 6060. National Bureau of Economic Research, Cambridge, MA.

Feinstein, C., Temin, P., Toniolo, G.(2008) *The World Economy between the World Wars*. Oxford University Press, New York.

Feldman, G.(1997) *The Great Disorder: Politics, Economics, and Society in the German Inflation, 1914—1924*. Oxford University Press, New York.

Ferguson, N.(1999) *The Pity of War: Explaining World War I*. Basic Books, New York.

Ferguson, N.(2006) *The War of the World: Twentieth Century Conflict and the Descent of the West*. The Penguin Press, New York.

Ferris, J., Mawdsley, E.(2015a) "Introduction to Part I", in Ferris, J., Mawdsley, E.(eds) *Fighting the War*. Cambridge University Press, Cambridge, pp.21—27.

Ferris, J., Mawdsley, E.(2015b) "The War in the West, 1939—1940: The Battle of Britain?", in Ferris, J., Mawdsley, E.(eds) *Fighting the War*. Cambridge University Press, Cambridge, pp.315—335.

Findlay, R., O'Rourke, K. H.(2007) *Power and Plenty: Trade, War, and the World Economy in the Second Millennium*. Princeton University Press, Princeton.

Fischer, K.B.(1995) *Nazi Germany: A New History*. Continuum Publishing Company, New York.

Fitzpatrick, S., Rabinowitch, A., Stites, R.(eds) (1991) *Russia in the Ara of NEP: Explorations in Soviet Society and Culture*. Indiana University Press, Bloomington/Indianapolis.

Frey, M.(2000) "Bullying the Neutrals: The Case of the Netherlands", in Chickering,

R., Forster, S.(eds) *Great War, Total War: Combat and Mobilization on the Western Front, 1914—1918*. Cambridge University Press, New York, pp.247—264.

Frieser, K. H. (2015) "The War in the West, 1940: An Unplanned Blitzkrieg", in Ferris, J., Mawdsley, E. (eds) *Fighting the War*. Cambridge University Press, Cambridge, pp.287—314.

Glantz, D. (2012) *Barbarossa Derailed: The Battle for Smolensk 10 July—10 September 1941*. Helion & Company, Solihull.

Hanson, V.D.(2017) *The Second World Wars: How the First Global Conflict Was Fought and Won, Kindle edn*. Basic Books, New York.

Hara, A. (1998) "Japan: Guns before Rice", in Harrison, M.(ed) *The Economics of World War II: Six Great Powers in International Comparison*. Cambridge University Press, Cambridge, pp.224—267.

Hardach, G.(1977) *The First World War, 1914—1918*. University of California Press, Berkeley.

Harrison, M.(1998a) "The Soviet Union: The Defeated Victor", in Harrison, M. (ed) *The Economics of World War II: Six Great Powers in International Comparison*. Cambridge University Press, Cambridge, pp. 268—296.

Harrison, M.(ed) (1998b) *The Economics of World War II: Six Great Powers in International Comparison*. Cambridge University Press, New York.

Henig, R. (1995) Versailles and After, 1919—1933, 2nd edn. Routledge, New York.

Herwig, H.(1997) *The First World War: Germany and Austria-Hungary, 1914—1918*. Oxford University Press, New York.

Hitler, A.(1936) *My Battle*. Paternoster Library, London.

Hitler, A.(1941) "Letter to Benito Mussolini, June 21 1941", https://en.wikisource.org/wiki/Adolf_ Hitler%27s_Letter_to_Benito_Mussolini.

Hitler, A. (1961) *Hitler's Secret Book (trans: Attanasio S)*. Grove Press, New York.

Hobsbawm, E. (1994) *The Age of Extremes: A History of the World, 1914—1990*. Pantheon, New York.

Jukes, G. (2002) *The Russo-Japanese War, 1904—1905*. Osprey Publishing, Oxford.

Keegan, J. (1989) *The Second World War*. Viking, New York.

Keynes, J.M.(1920) *The Economic Consequences of the Peace*. Penguin Books, New York. Original Edition, 1920. Reprint, 1988.

Keynes, J.M.(1936) *The General Theory of Employment, Interest, and Money*. Harcourt Brace and World, New York.

Kindleberger, C.P.(1978) *Manias, Panics and Crashes: A History of Financial Crises, 1st edn*. Basic Books, New York. Original edition, 1975.

Kindleberger, C., Aliber, R.(2005) *Manias, Panics and Crashes: A History of Financial Crises, 5th edn*. Wiley, Hoboken.

Kotkin, S.(2014) *Stalin: Paradoxes of Power, 1878—1928, Kindle edn*. Penguin, New York.

Kuehn, J.T.(2015) "The War in the Pacific, 1941—1945", in Ferris, J., Mawdsley, E.(eds) *Fighting the War*. Cambridge University Press, Cambridge, pp.420—454.

MacMillan, M. (2001) *Paris 1919: Six Months That Changed the World*. Random House, New York.

Maddison, A. (1985) *Two Crises: Latin America and Asia, 1929—1938 and 1973—1983*. OECD, Paris.

Maddison, A.(2006) *The World Economy. 2 Vols. Vol. 2: Historical Statistics*. OECD, Paris.

Maddison, A.(2010) "Historical Statistics of the World Economy 1—2000", www.ggdc.net/maddison.

Marks, S. (2013) "Mistakes and Myths: The Allies, Germans and the Versailles Treaty, 1918—1921", *J Mod Hist*, 85(2):632.

Mawdsley, E. (2009) *World War II: A*

New History. Cambridge University Press, Cambridge 1358 R. Ransom.

Miller, E.S.(2007) *Bankrupting the Enemy: The U.S. Financial Siege of Japan before Pearl Harbor*. Naval Institute Press, Annapolis.

Minsky, H.(1982) "The Financial Instability Hypothesis: Capitalist Processes and the Behavior of the Economy", in Kindleberger, C. (ed) *Financial Crises: Theory, History, and Policy*. Cambridge University Press, New York, pp.13—47.

Mitchell, B.R.(1998) *European Historical Statistics, 1750—1993, 4th edn*. Stockton Press, New York.

Moseley, R. (2006) *The Last Days of Mussolini*. Sutton Publishing, Gloucestershire.

Nagorski, A.(2007) *The Greatest Battle: Stalin, Hitler and the Desperate Struggle for Moscow that Changed the Course of World War II*. Simon and Schuster, New York.

Nations, League of. (1941) *Statistical Yearbook, 1940/1*. Secretariat of the League of Nations, Geneva.

Offer, A.(1989) *The First World War: An Agrarian Interpretation*. Oxford University Press, New York.

Offer, A.(2000) "The Blockade of Germany and the Strategy of Starvation, 1914—1918: An Agency Perspective. Chap. 9", in Chickering, R., Forster, S.(eds) *Great War, Total War: Combat and Mobilization on the Western Front, 1914—1918*. Cambridge University Press, New York, pp.169—188.

Paine, S.C.M.(2003) *The First Sino-Japanese War of 1894—1895: Perceptions, Power, and Primacy*. Cambridge University Press, Cambridge.

Paine, S.C.M.(2017) *The Japanese Empire: Grand Strategy from the Meiji Restoration to the Pacific War*. Cambridge University Press, Cambridge.

Parshall, J., Tully, A. (1962) *Shattered Sword: The Untold Story of the Battle of Midway*. Potomac Books, Washington, DC.

Potter, J.D.(1967) *Yamamoto: The Man Who Menaced America*. Paperback Library, New York.

Prange, G.W.(1981) *At Dawn We Slept: The Untold Story of Pearl Harbor*. McGraw-Hill Book Company, New York.

Ransom, R.L.(1981) *Coping with Capitalism: The Economic Transformation of the United States, 1776—1980*. Prentice-Hall, Englewood Cliffs.

Ransom, R.L.(2018) *Gambling on War: Confidence, Fear, and the Tragedy of the First Word War*. Cambridge University Press, Cambridge.

Reinhart, C.M., Rogoff, K.S.(2009) *This Time Is Different: Eight Centuries of Financial Folly*. Princeton University Press, Princeton.

Ritschl, A. (2005) "The Pity of Peace: Germany's Economy at War, 1914—1918 and Beyond", in Broadberry, S., Harrison, M. (eds) *The Economics of World War I*. Cambridge University Press, New York, pp. 71—76.

Rockoff, H.(1998) "The United States; from Ploughshares to Swords", in Harrison, M.(ed) *The Economics of World War II: Six Great Powers in International Comparison*. Cambridge University Press, Cambridge, pp.81—117.

Service, R.(2006) *Stalin: A Biography, Kindle edn*. Belnap Press, New York.

Stone, D.(2015) "Operations on the Eastern Front, 1941—1945", in Ferris, J., Mawdsley, E.(eds) *Fighting the War*. Cambridge University Press, Cambridge, pp.331—356.

Taylor, J.(2015) "China's Long War with Japan", in Ferris, J., Mawdsley, E.(eds) *Fighting the War*. Cambridge University Press, Cambridge, pp.51—77.

Temin, P.(1981) "Notes on the Causes of the Great Depression", in Brunner, K.(ed) *The Great Depression Revisited*. Martinus-Nijhoff, Boston.

Temin, P.(1989) *Lessons from the Great*

Depression. The MIT Press, Cambridge, MA.

Thomas, E.(2006) *Sea of Thunder: Four Commanders and the Last Great Naval Campaign, 1941—1945*. Simon and Schuster, New York.

Van De Ven, H. (2015) "Campaigns in China, 1937—1945", in Ferris, J., Mawdsley, E.(eds) *Fighting the War*. Cambridge University Press, Cambridge, pp.256—286.

Weinberg, G. L. (1995) *Germany, Hitler and World War II*. Cambridge University Press, New York.

Weinberg, G. (2015) "German Strategy, 1939—1945", in Ferris, J., Mawdsley, E. (eds) *Fighting the War*. Cambridge University Press, Cambridge, pp.107—131.

White, J.(1994) *The Russian Revolution: A Short History*. Edward Arnold, New York.

Wolf, N.(2013) "Europe's Great Depression: Coordination Failure after the First World War", in Crafts, N., Fearon, P. (eds) *The Great Depression of the 1930s*. Oxford University Press, Oxford, UK, pp.74—109.

Zamagni, V.(1998) "Italy: How to Lose A War and Win the Peace", in Harrison, M. (ed) *The Economics of World War II: Six Great Powers in International Comparison*. Cambridge University Press, Cambridge, pp.177—224.

索　引

本索引词条后面的页码,均为英文原著页码,即中译本的正文页边码。

K

L

M

译后记

在经历了新冠疫情和国际局势有了若干新变化的今天，将健康、福利、战争等维度引入经济分析范畴，运用计量史学方法进行探索，无疑已具有高度的现实和前瞻意义。作为对以往经验的综合介绍，本卷许多章节发人深思，相信读者也会与译者有同样感触。

承蒙马国英老师和熊金武老师信任，委以本卷书稿的翻译工作。因时间仓促，中国政法大学商学院的研究生和本科生邱佶、侯冠宇、林鑫、陈柔兵、沙娅、余镐、唐世洲七名同学协助了本书的翻译，特别是唐世洲同学帮助一一核对了第八章中有关武器、战役等专有名词的中文表达，使该章的翻译能够顺利完成。此外，唐彬源、刘茹和其他编辑老师帮助勘正了本书翻译中一些错漏和不当之处，并对部分疑难词句的翻译提出了更为妥帖的建议。以上师友热情而耐心的帮助，为本书的翻译作出了全方位支持，谨在此致以衷心感谢。

由于时间和学力所限，译文中仍难免有谬误不妥之处，敬请读者不吝指正。

曾江　霍钊

2023年5月于北京

图书在版编目(CIP)数据

政府、健康与福利 /（法）克洛德・迪耶博，（美）迈克尔・豪珀特主编 ；曾江，霍钊译. — 上海 ：格致出版社 ：上海人民出版社，2023.12
（计量史学译丛）
ISBN 978 - 7 - 5432 - 3452 - 9

Ⅰ. ①政… Ⅱ. ①克… ②迈… ③曾… ④霍… Ⅲ. ①计量学-历史-世界 Ⅳ. ①TB9 - 091

中国国家版本馆 CIP 数据核字(2023)第 058865 号

责任编辑 刘 茹 顾 悦
装帧设计 路 静

计量史学译丛
政府、健康与福利
[法]克洛德・迪耶博 [美]迈克尔・豪珀特 主编
曾江 霍钊 译

出　　版 格致出版社
上海人民出版社
(201101 上海市闵行区号景路 159 弄 C 座)
发　　行 上海人民出版社发行中心
印　　刷 上海盛通时代印刷有限公司
开　　本 720×1000 1/16
印　　张 17.75
插　　页 3
字　　数 270,000
版　　次 2023 年 12 月第 1 版
印　　次 2023 年 12 月第 1 次印刷
ISBN 978 - 7 - 5432 - 3452 - 9/F・1501
定　　价 82.00 元

First published in English under the title
Handbook of Cliometrics
edited by Claude Diebolt and Michael Haupert, edition: 2

上海市版权局著作权合同登记号:图字 09-2023-0189 号